教育部高等学校电子信息类专业教学指导委员会规划教材

高等学校电子信息类专业系列教材

Information Theory and Coding Theory

（Second Edition）

信息论与编码理论

（第2版）

姜楠　王健　编著
Jiang Nan　Wang Jian

清华大学出版社

北京

<h1 style="text-align:center">内 容 简 介</h1>

本书系统讨论了香农信息理论中的基本概念和相关问题,介绍了信源、信道、信源编码、信道编码的一般原理和基本方法。全书分为8章,包括绪论、信息的统计度量、离散信源、离散信道、连续信源和连续信道、无失真信源编码、限失真信源编码、信道编码。

本书可作为信息工程、通信工程、信息安全、计算机应用等相关专业本科生和研究生的教材或教学参考书,也可作为从事信息理论、信息技术、通信系统、信息安全研究的科研和工程技术人员的参考用书。

本书配有电子教案、出题系统和实验系统,便于教学和自学。

本书封面贴有清华大学出版社防伪标签,无标签者不得销售。

版权所有,侵权必究。举报: 010-62782989,beiqinquan@tup.tsinghua.edu.cn。

图书在版编目(CIP)数据

信息论与编码理论/姜楠,王健编著. —2 版. —北京:清华大学出版社,2021.3(2024.1重印)
高等学校电子信息类专业系列教材
ISBN 978-7-302-57501-6

Ⅰ. ①信… Ⅱ. ①姜… ②王… Ⅲ. ①信息论—高等学校—教材 ②信源编码—高等学校—教材
Ⅳ. ①TN911.2

中国版本图书馆 CIP 数据核字(2021)第 021633 号

责任编辑:文　怡
封面设计:李召霞
责任校对:李建庄
责任印制:丛怀宇

出版发行:清华大学出版社
　　　　网　　　址:https://www.tup.com.cn,https://www.wqxuetang.com
　　　　地　　　址:北京清华大学学研大厦 A 座　　　　　邮　　编:100084
　　　　社 总 机:010-83470000　　　　　　　　　　　邮　　购:010-62786544
　　　　投稿与读者服务:010-62776969,c-service@tup.tsinghua.edu.cn
　　　　质量反馈:010-62772015,zhiliang@tup.tsinghua.edu.cn
　　　　课件下载:https://www.tup.com.cn,010-83470236
印 装 者:三河市铭诚印务有限公司
经　　销:全国新华书店
开　　本:185mm×260mm　　　印　　张:12.5　　　　字　　数:300 千字
版　　次:2010 年 8 月第 1 版　　2021 年 5 月第 2 版　　印　　次:2024 年 1 月第 4 次印刷
印　　数:3501～4500
定　　价:39.00 元

产品编号:090203-01

第2版前言

FOREWORD

　　自 2010 年本书第 1 版出版以来,受到广大教师和学生的欢迎,在此表示感谢。十年间,信息技术有了突飞猛进的发展,人工智能、移动通信、信息安全等领域的技术发展逐渐改变了人们的生产和生活方式。信息论的理论和方法在其中发挥了重要作用,也迫使编码技术有了进一步的发展。热心的老师和学生们也提出了不少合理化建议。因此,清华大学出版社和我们决定对第 1 版进行修订。

　　第 2 版在内容组织上没有发生大的变化,仅做了三处改动:增加了 2.3.6 节交叉熵和相对熵,将原 7.5.3 节离散余弦变换替换为变换编码的广泛应用,增加了 8.8 节简要介绍移动通信中的新型信道编码,便于选用本教材的教师继续按照原有教学计划组织教学。第 2 版仍然提供电子教案、习题答案、试题库、实验系统等资源。

　　第 2 版的主要变化体现在对例题和习题的改动。删除了使用过时技术做例子的例题,如与串口通信、MP3 等相关的例题已经删除。增加了更多以人工智能、机器学习、移动通信、信息安全等为背景的例题和习题。秉承第 1 版"通过读者身边看得见、摸得着的例子来解释"的原则,进一步加强工程背景,用学生熟知的例子引入知识点,逐步深入到理论背后的东西,增加学生的感性认识。避免单纯的公式形式化推导,重在讲明原理,重在对知识的灵活应用。此外,还进一步规范了文字描述,使得行文更加流畅。

　　第 2 版的修订得到了清华大学出版社一如既往的支持,在此表示感谢。第 2 版依然诚恳期望读者赐教和指正。

作　　者

2021 年 3 月

第1版前言
FOREWORD

信息论和编码理论是 20 世纪 40 年代末期由美国数学家香农等创立的,经过几十年的发展,现已成为信息科学的基础理论。

信息论和编码理论是从工程实践中抽象概括出来的理论知识,既具有很强的理论性,又有广泛的工程实践背景。初学者往往由于缺乏这种实践背景,很难理解其中的理论知识。本书力图通过读者身边看得见、摸得着的例子来解释这些理论问题。讲解深入浅出,重点在于对理论知识含义的说明,而非枯燥的证明。

本书共分 8 章。第 1 章是绪论,介绍信息、通信系统模型、离散与连续等内容。第 2 章介绍信息的统计度量,也是信息论的基本概念,包括自信息量、互信息量、平均自信息(熵)、平均互信息等,这一章是后续章节的基础。第 3 章和第 4 章分别讨论离散信源和离散信道。第 5 章概要介绍连续信源和连续信道。第 6 章和第 7 章分别讨论无失真信源编码和限失真信源编码。第 8 章讨论了信道编码。

本书作者一直从事"信息论与编码理论"的教学工作,为了满足信息安全、计算机、通信工程等相关专业人才培养的教学需要,在已有教学经验的基础上编写了本书,并开发了一套"信息论与编码理论实验系统"。该系统能够直观演示信源、信道、信源编译码、信道编译码对数据的处理过程,便于学生建立感性认识,加深对理论知识的理解。本书中多次用到实验系统的输出结果来说明问题。

本书由姜楠、王健共同编写。苏桂莲、李川编写了书中用到的 MATLAB 程序,姜志云、田秀珍、黄海波、杨晓燕绘制了书中用到的部分插图,王树更、马玉英、蔡智文设计了书中部分例子,张明子、秦国玲、葛永德、杨红林帮助整理了习题和习题答案,姚雅欣、王勇、陈丹威、刘伟参与了试题库管理系统的编写工作。清华大学出版社的陈志辉、文怡编辑为本书的出版做了大量的工作。本书出版得到了北京工业大学重点课程(群)优秀教学团队建设项目的资助。

由于作者水平和时间所限,书中难免有不妥之处,诚恳期望读者赐教和指正。

作　　者

2010 年 5 月

目 录
CONTENTS

<table>
<tr><td>第 1 章
CHAPTER 1</td><td>绪 论</td></tr>
</table>

　　信息科学以扩展人类的信息处理能力为主要研究目标,是现代科学技术进步的主要标志之一。作为信息科学的重要理论基础——信息论,是在长期的信息与通信工程实践中,与概率论、随机过程和数理统计等近代数学学科相结合而建立并发展起来的。它主要研究各类电子信息系统和通信系统中信息的描述、传输和处理的一般规律与基本关系,研究信息系统的有效性和可靠性。

1.1　信 息

1.1.1　信息的概念

　　信息论是应用近代数理统计方法研究信息的传输、存储与处理的科学。因此信息论的研究对象是"信息",那么什么是信息呢? 先来看一个例子。

　　【例 1-1】　张三用手机给李四发送一条消息,报告了一条新闻"某沿海地区发生了海啸",李四看过之后非常吃惊。

　　说明: 这个例子中涉及信号、消息、信息三个概念,如图 1-1 所示。

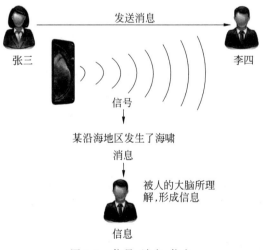

图 1-1　信号、消息、信息

　　(1) 信息首先被手机编码成无线电波发送出去,该无线电波是信息的载体,是实际存在的无线电"信号"。

（2）李四的手机接收到信号之后在屏幕上显示"某沿海地区发生了海啸"，这是一条"消息"。

（3）李四看到消息之后，会在大脑中形成自己的理解，有自己的感受，这是"信息"。

由此可以看出，信号是消息的表现形式，是物理的，如电信号、光信号等。消息是信息的载荷者，是信号的具体内容，不是物理的，但是又比较具体，如语言、文字、符号、图片等。信息包含在消息中，是通信系统中被传送的对象，消息被人的大脑所理解就形成了信息。

但是信息看不见摸不着，我们通过什么来研究它呢？要回答这个问题，大家先考虑一下例 1-1 中，李四看到消息之后为什么会吃惊呢，如果他收到的消息是"张三今天吃饭了"，他还会吃惊吗？

之所以看到不同的消息会有不同的感受，是因为消息所描述的事件发生的概率不同。"某沿海地区发生了海啸"发生的概率很小，属于小概率事件；"张三今天吃饭了"发生的概率很大，属于大概率事件。小概率事件一旦发生会引起人的关注，而针对大概率事件的发生，人们会司空见惯、视而不见。因此信息论中所指的信息是"概率信息"，即用概率来定义信息。事件发生的概率越大，它发生后提供的信息量越小；事件发生的概率越小，一旦该事件发生，它提供的信息量就越大。

概率信息是由美国数学家香农（C. E. Shannon）提出的，故又称为香农信息。

1.1.2　信息的性质

1. 信息是无形的

信息看不见、摸不着，不具有实体性。

2. 信息是可以共享的

信息易于复制，能以极快的速度传播，是一种可以共享的重要的社会资源。信息的交流不但不会使信息的持有者失去原有的信息，而且可以获得新的信息。

3. 信息是无限的

信息是无限的，有两个含义。

一是信息永远处在产生、更新和演变中，可以多人共享使用，是一个取之不尽、用之不竭的知识源泉。

二是信息在时间和空间上有可扩展性。例如天气预报数据，今天的天气预报只对今天起作用，明天就失去价值，但是将一段时间之内的数据积累起来作为历史资料，又可成为关于气候演变的重要信息，给人类造福。空间上的可扩展性更容易理解，一条新闻几小时内就可以传遍全球。

4. 信息是可度量的

信息论中一个重要问题就是要解决信息数量与质量的度量。在香农的信息定义中，信息量与事件发生的不确定性有关。

1.2　通信系统模型

信息论要研究信息，那在什么环境下研究信息呢？信息论是在通信系统环境下研究信息，信息论又称为通信的数学理论。因此通信系统模型（如图 1-2 所示）是信息论研究的基础。

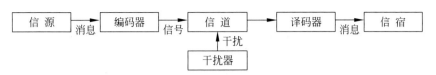

图 1-2　通信系统模型

1.2.1　信源和信宿

信源是产生消息和消息序列的源头,它可以是人、生物、机器或其他事物。信源发出的消息有语音、图像、文字等。信源发出的是消息而不是信息,这是因为信息看不见摸不着,只能通过消息来研究它。

信宿是消息的接收方,即接收消息的人或物。

1.2.2　编码器和译码器

所谓编码是将消息从一种表示形式变换为另外一种表示形式,根据编码的目的不同,编码器可以分为信源编码、保密编码、信道编码、调制编码四种。

信源编码的目的是压缩消息的数据量,使得消息能够被更经济地传送出去,即提高信息传送的有效性。

保密编码,又称为密码编码,它的目的是保证消息的安全性。

信道编码的目的是消除信道上噪声的影响,保证信宿接收到的消息与信源发送的消息一致,即提高信息传送的可靠性。

调制编码的目的是将消息变为能够传送的信号,如光信号、电信号等。

编码理论主要研究信源编码和信道编码,即解决信道传输的有效性和可靠性问题。保密编码和调制编码在本书中不涉及。

译码器的作用与编码器的作用正好相反,可以将接收到的信号恢复为原始的消息。

1.2.3　信道和噪声

信道是把信号从发射端传送到接收端的通道。信道可长可短,太空探测器与地球之间的通信、平时打电话发消息、面对面交谈、计算机内部内存和硬盘之间的通信,这些都是信道。

信道上总是存在干扰,各种各样的干扰会给信道上传输的信号带来噪声。通常这种干扰来自通信系统的外部,是通信系统所不能控制的,因此是不可避免的。例如卫星通信的信道经常受到太空中各种辐射的干扰。由于干扰的存在,使得发送的信号经常会发生错误,这也是信道编码产生的原因。

1.3　离散与连续

在 1.2.1 节中我们提到,因为信息看不见摸不着,只能通过消息来研究它。消息有两种形式:离散的和连续的。这两种消息有共同点,都是时间(或者空间)的函数,例如声音是时间的函数,图像是空间的函数(从信息论的角度,不区分时间和空间这两个概念)。但是,离散消息和连续消息在数学模型、数学工具、信息量计算方法、编码方法、工程应用等方面都存在很大的不同。因此有必要对两者做简单介绍。

离散消息和连续消息最主要的差别体现在值域。离散消息的值域取自于集合$\{x_1,$
$x_2,\cdots,x_n\}$，该集合是可数的。例如，二进制消息取自于$\{0,1\}$，英文取自于$\{a,b,\cdots,y,$
$z\}$，中文取自于汉字集合$\{$我，信，随，大，$\cdots\}$。连续消息的值域取自于区间$[a,b]$，区间
是不可数的。图1-3是离散消息和连续消息的例子，图(a)中的曲线是连续消息，因为消息
的取值范围为区间$[a,b]$，图(b)中的黑点是离散消息，因为消息的取值范围为集合$\{x_1,$
$x_2,x_3,x_4,x_5\}$。

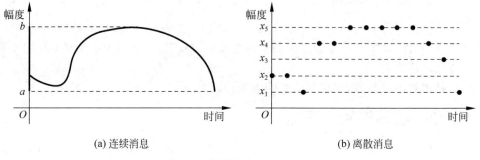

(a) 连续消息　　　　　　　　　　　　　(b) 离散消息

图 1-3　　离散消息和连续消息

还有一种介于两者之间的消息，在时间上是离散的，在幅度上是连续的，称为离散时间
消息。如图1-4(a)所示的黑点就是离散时间消息，时间轴上是离散的，而幅度轴上的取值范
围仍然是区间$[a,b]$，即可以在区间$[a,b]$内任意取值。图1-4(a)和图1-4(b)是离散时间
消息的两种表示形式。离散时间信号仍然是连续信号，信号的幅度只能在特定的时刻变化。

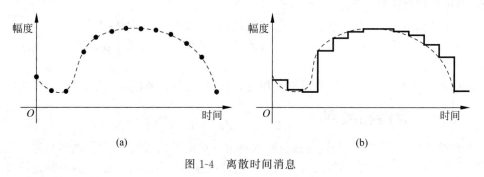

(a)　　　　　　　　　　　　　　　　(b)

图 1-4　　离散时间消息

本书以离散消息为主。

1.4　信息论和编码理论的形成和发展

1948年10月，香农在《贝尔系统技术学报》上发表了一篇题为《通信的数学理论》(*The
Mathematical Theory of Communication*)的论文(见图1-5)。在这篇论文中，香农阐述了
信息论的关键概念和方法，奠定了信息论的理论基础。这篇论文的发表标志着信息论的形
成，因此信息论又称为香农信息论。

其实，早在1948年之前，很多信息论和编码理论中的概念和研究方法就已经出现了，如
带宽、信息率、随机过程和数理统计的研究方法等。这些概念和方法的出现，与19世纪末到
20世纪40年代通信技术的大发展，以及两次世界大战密不可分(见图1-6)。电报、电话、电
视、传真、调频、扩频等通信成果和技术接连出现，一方面迫切需要产生一套理论来指导技术

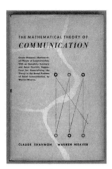

图 1-5　香农和《通信的数学理论》

的进一步发展,另一方面为理论的产生积累了经验、奠定了基础。两次世界大战促进了现代密码学的形成,以及保密编码的快速发展。因此 1948 年信息论的产生是通信技术和密码学发展的必然结果。

图 1-6　19 世纪末到 20 世纪 40 年代通信技术的大发展

此后,在信息论的理论框架下,信源编码、信道编码、保密编码基本平行发展,理论日趋完善,编码方法不断出现,效果越来越好。目前,信息论和编码理论的发展已经比较成熟,基本能够处理通信系统中遇到的各种情况。现在的发展主要集中在进一步研究信源和信道的特点,以及改善各种编码方法的效果。

1.5　本章小结

本章介绍了信息、通信系统模型、离散消息与连续消息、信息论和编码理论的形成和发展,见表 1-1。

表 1-1　本章小结

信息	概率信息
	性质:无形的、可共享的、无限的、可度量的

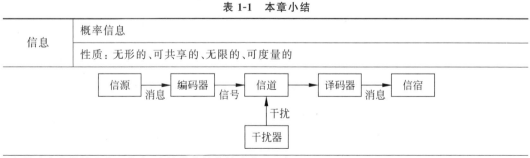

离散消息的值域取自于集合,连续消息的值域取自于区间
1948 年 10 月,香农在《贝尔系统技术学报》上发表了一篇题为《通信的数学理论》(*The Mathematical Theory of Communication*)的论文。

1.6　习题

1-1　一个通信系统的基本模型包括_____、_____、_____、_____、_____、_____六个组成部分。

1-2　_____于 1948 年 10 月发表了论文《通信的数学理论》，奠定了概率信息论的基础。

1-3　信息论的研究基础是_____。

1-4　信息论主要研究通信系统的_____性和_____性。

1-5　信息的性质包括_____、_____、_____、_____。

1-6　说明信息、消息及信号三者之间的联系与区别。

1-7　分别列举日常生活中大信息量和小信息量事件的例子。

第 2 章
CHAPTER 2

信息的统计度量

信息有大有小,可以定量度量。本章解决信息的定量度量问题,这是后续研究的基础。讨论时以离散消息为主,简要介绍连续消息的度量。

2.1 自信息和条件自信息

2.1.1 自信息的定义与含义

从 1.1 节得知,信息论中所指的信息是"概率信息",事件发生的概率越大,它发生后提供的信息量越小;事件发生的概率越小,一旦该事件发生,它提供的信息量就越大。那么一个事件所包含的信息量与概率之间的函数关系到底是怎样的呢?

【定义 2-1】 一个事件的自信息量定义为该事件发生概率的对数的负值。

假设事件 $x_i \in \{x_1, x_2, \cdots, x_n\}$,发生的概率为 $p(x_i)$,则其自信息量定义式为

$$I(x_i) = -\log p(x_i) \tag{2-1}$$

自信息量有单位,它的单位与所取对数的底有关。通常取对数的底为 2,此时信息量的单位为比特(bit),在本书中为了书写方便,将底数 2 省略,即 $\log_2(\cdot)$,写为 $\log(\cdot)$ 的形式。例如 $p(x_i) = 1/2$,则 $I(x_i) = -\log(1/2) = 1$ 比特。自信息量的函数图形如图 2-1 所

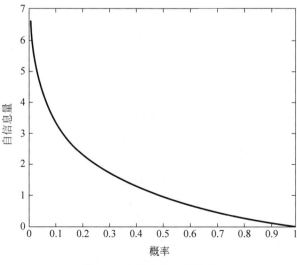

图 2-1 自信息量函数图形

示，可以看出，由于 $0 \leqslant p(x_i) \leqslant 1$，因此 $I(x_i) \geqslant 0$，且自信息量与概率成反比。

规定 $0 \log 0 = 0$。

自信息量的含义可以从多个不同的角度来理解：

（1）自信息量表示一个事件是否发生的不确定性的大小。一旦该事件发生，就消除了这种不确定性，带来了信息量，即：

（2）自信息量表示一个事件的发生带给我们的信息量的大小。

（3）自信息量表示为了确定一个事件是否发生，所需的信息量的大小。

（4）既然一个事件的发生带给了我们信息量，如果用二进制数据将这些信息量表示出来，需要多少二进制位呢？或者说需要多少比特呢？需要 $-\log_2 p(x_i)$ 比特，即自信息量表示将事件表示出来，所需的二进制位的个数。该个数就是该二进制码的长度，简称码长。例如前文 $p(x_i) = 1/2$，则 $I(x_i) = 1$ 比特的例子，既然 $p(x_i) = 1/2$，说明 x_i 这个事件有 $1/2$ 的概率发生，有 $1/2$ 的概率不发生，发生/不发生两个状态，用 1 个二进制位就能表示，因此自信息量 $I(x_i) = 1$ 比特。

【例 2-1】 "张三今天吃饭了"这个事件发生的概率是 99.99%，"某沿海地区发生海啸"这个事件发生的概率是 0.01%，试分别求这两个事件的自信息量。

解： 设"张三今天吃饭了"这个事件为 x，"某沿海地区发生海啸"这个事件为 y，则 $p(x) = 0.9999$，$p(y) = 0.0001$，因此

$$I(x) = -\log p(x) = 0.00014228 \text{ 比特}$$

$$I(y) = -\log p(y) = 13.2877 \text{ 比特}$$

显然，y 事件的发生带给我们的信息量远大于 x 事件的发生带给我们的信息量，这也就印证了为什么我们看到 y 事件会吃惊，看到 x 事件不会留下什么印象。

【定义 2-2】 两个事件的联合自信息量定义为两个事件同时发生的联合概率的对数的负值。

假设事件 $x_i \in \{x_1, x_2, \cdots, x_n\}$，$y_j \in \{y_1, y_2, \cdots, y_m\}$，联合概率为 $p(x_i y_j)$，则其联合自信息定义式为

$$I(x_i y_j) = -\log p(x_i y_j) \tag{2-2}$$

联合自信息量的单位与自信息量的单位相同，它的含义是：两个事件同时发生的不确定性的大小；或者，两个事件同时发生带给我们的信息量的大小；或者，为了确定两个事件是否能同时发生，所需的信息量的大小；或者，将该信息量表示出来，所需的二进制位的个数。

2.1.2 条件自信息的定义与含义

【定义 2-3】 事件 x_i 在事件 y_j 给定的条件下的自信息量定义为条件自信息量

$$I(x_i \mid y_j) = -\log p(x_i \mid y_j) \tag{2-3}$$

条件自信息量与自信息量的单位相同，它的含义是：知道事件 y_j 之后，仍然保留的关于事件 x_i 的不确定性；或者，事件 y_j 发生之后，事件 x_i 再发生，能够带来的信息量。

【例 2-2】 已知事件 x 为"某沿海地区发生海啸"，事件 y 为"海底发生了地震"，且 $p(x) = 0.01\%$，海底发生地震之后，某沿海地区发生海啸的概率上升为 $p(x \mid y) = 1\%$，则事件 x 的自信息量为

$$I(x) = -\log p(x) = 13.2877 \text{ 比特}$$

事件 x 在事件 y 发生的情况下的条件自信息量为

$$I(x \mid y) = -\log p(x \mid y) = 6.6439 \text{ 比特}$$

$I(x \mid y) < I(x)$，这说明，事件 y（海底发生了地震）发生之后，事件 x（某沿海地区发生海啸）发生的不确定性降低了。

2.2　互信息

自信息衡量的是一个事件所包含的信息量的大小，互信息衡量的是两个或者多个事件之间关系的紧密程度。

2.2.1　互信息的定义与含义

"互"信息，顾名思义，指的是多个事件之间的关系。举个例子，如果张三同学今天没来上课，我们会猜测他有可能病了。为什么没来上课会猜到生病了？是因为二者之间有关系，互信息衡量的就是这种关系的大小。

【定义 2-4】　事件 y_j 的出现给出的关于事件 x_i 的信息量，定义为互信息量。其定义式为

$$I(x_i; y_j) = \log \frac{p(x_i \mid y_j)}{p(x_i)} \tag{2-4}$$

互信息量的单位与自信息量的单位相同。由式(2-4)可以推得

$$I(x_i; y_j) = \log \frac{p(x_i \mid y_j)}{p(x_i)} = (-\log p(x_i)) - (-\log p(x_i \mid y_j))$$

$$= I(x_i) - I(x_i \mid y_j)$$

即

$$\text{互信息量} = \text{自信息量} - \text{条件自信息量}$$
$$= \text{原有的不确定性} - \text{仍然保留的不确定性}$$

因此互信息量的含义是：

(1) 由事件 y_j 消除掉的关于事件 x_i 的不确定性。为什么这部分不确定性能够被消除掉？是因为 y_j 的出现提供了一些关于 x_i 的信息，因此互信息量还可以理解为：

(2) 由事件 y_j 能够提供的关于事件 x_i 的信息量。

(3) 一个事件能够提供的关于另外一个事件的信息量越多，说明两者关系越密切，因此互信息量还表示了事件 y_j 和事件 x_i 之间关系的密切程度。后面会看到，互信息量的绝对值越大，x_i 和 y_j 的关系越密切。

【例 2-3】　接例 2-2，两个事件之间的互信息量为

$$I(x; y) = \log \frac{p(x \mid y)}{p(x)} = \log \frac{1\%}{0.01\%} = 6.6439 \text{ 比特}$$

这说明知道"海底发生了地震"之后，"某沿海地区发生海啸"的不确定性一部分被消除了（$I(x; y) = 6.6439$），但是消除得并不彻底，还保留了一部分不确定性（$I(x \mid y) = 6.6439$）。且

$$I(x;y) = I(x) - I(x \mid y)$$

2.2.2　互信息的性质

1. 互易性

互信息量的互易性表示为

$$I(x;y) = I(y;x) \tag{2-5}$$

证明： 由式(2-4)有

$$I(x;y) = \log \frac{p(x \mid y)}{p(x)} = \log \frac{p(x \mid y)p(y)}{p(x)p(y)} = \log \frac{\dfrac{p(xy)}{p(x)}}{p(y)} = \log \frac{p(y \mid x)}{p(y)} = I(y;x)$$

其含义是由事件 y 所提供的关于事件 x 的信息量等于由事件 x 所提供的关于事件 y 的信息量。

2. 互信息量可为 0

当事件 x、y 统计独立时，互信息量为 0，即

$$I(x;y) = 0$$

证明： 由于 x、y 统计独立，因此 $p(x \mid y) = p(x)$，于是

$$I(x;y) = \log \frac{p(x \mid y)}{p(x)} = \log \frac{p(x)}{p(x)} = \log 1 = 0$$

其含义是当两个事件相互独立时，一个事件不能提供关于另一个事件的任何信息。从 $p(x \mid y) = p(x)$ 也能看出，不管 y 发生还是不发生，x 出现的概率都不变，这说明 y 对 x 没有任何影响。

【例 2-4】　密码学中，假设将明文 x 加密为密文 y，如果

$$I(x;y) = 0$$

则这个密码算法具有理论安全性，即绝对安全。这是因为明文 x 和密文 y 之间的互信息为 0，根据密文，攻击者无法得到关于明文的任何信息，自然无法破解出明文。但这同时也意味着，对于正常使用者来讲，无法根据密文解密出明文。这说明绝对安全的密码算法是无用的。

3. 互信息量可正可负

由于 $I(x;y) = \log \dfrac{p(x \mid y)}{p(x)}$，因此当 $p(x \mid y) > p(x)$ 时，互信息量为正；当 $p(x \mid y) < p(x)$ 时，互信息量为负。

互信息量为正，即 $p(x \mid y) > p(x)$，说明 y 出现之后 x 出现的概率上升，这意味着 y 的出现有助于肯定 x 的出现；互信息量为负，即 $p(x \mid y) < p(x)$，说明 y 出现之后 x 出现的概率下降，这意味着 y 的出现有助于否定 x 的出现。无论互信息量为正还是为负，只要不为 0，都说明 x 和 y 之间有关系，而且互信息量的绝对值越大，x 和 y 的关系越密切。

【例 2-5】　给出两组事件

x_1：张三病了　　　　　　　　　　　　x_2：李四考了全班第一名

y_1：张三没来上课　　　　　　　　　　y_2：李四没有复习功课

对第 1 组，互信息量为正，这是因为 y_1 的出现有助于肯定 x_1 的出现；对第 2 组，互信

息量为负,这是因为 y_2 的出现有助于否定 x_2 的出现。

4. 互信息量不大于其中任一事件的自信息量

互信息量不大于其中任一事件的自信息量,即

$$I(x;y)=I(y;x)\leqslant I(x) \text{ 且 } I(x;y)=I(y;x)\leqslant I(y) \tag{2-6}$$

证明：由于 $p(x|y)\leqslant 1$,因此

$$I(x;y)=\log\frac{p(x\mid y)}{p(x)}\leqslant\log\frac{1}{p(x)}=I(x)$$

同理, $I(y;x)\leqslant I(y)$。

其含义是,由 y 提供的关于 x 的信息量不会大于 x 本身的信息量,或者由 x 提供的关于 y 的信息量不会大于 y 本身的信息量。

2.3　平均自信息(熵)

2.3.1　熵的定义与含义

2.1 节的自信息是针对一个具体的事件而言的,很多事件组成一个离散事件集合,集合中每个事件都有自己发生的概率,表示为

$$\begin{bmatrix} X \\ P \end{bmatrix} = \begin{bmatrix} x_1 & x_2 & \cdots & x_n \\ p(x_1) & p(x_2) & \cdots & p(x_n) \end{bmatrix}$$

其中

$$p(x_i)\geqslant 0 \quad (i=1,2,\cdots,n) \quad \text{且} \quad \sum_{i=1}^{n}p(x_i)=1$$

每个事件都有自己的自信息量,那么如何衡量整个集合所包含信息量的总体情况呢?于是引入了平均自信息量的概念。

【定义 2-5】 集合 X 上,所有元素自信息量 $I(x_i)$ 的数学期望定义为集合 X 的平均自信息量

$$H(X)=E(I(x_i))=E[-\log p(x_i)]=-\sum_{i=1}^{n}p(x_i)\log p(x_i) \tag{2-7}$$

集合 X 的平均自信息量又称为集合 X 的信息熵,简称熵。熵的单位与自信息量的单位相同。有时我们把事件 x_i 发生的概率 $p(x_i)$ 简记为 p_i,熵 $H(X)$ 又可记作

$$H(X)=H(p_1,p_2,\cdots,p_n)=-\sum_{i=1}^{n}p_i\log p_i \tag{2-8}$$

熵的含义来源于自信息量的含义,也可以从多个不同的角度来理解:

(1)熵表示集合中所有事件是否发生的平均不确定性的大小。

(2)熵表示集合中事件发生,带给我们的平均信息量的大小。

(3)熵表示确定集合中到底哪个事件发生时,所需的平均信息量的大小。

(4)熵表示如果用二进制数据将集合中的各个事件表示出来,所需的二进制位的个数的平均值,即平均码长。

除了上述含义,熵还有一个含义,它能够表示系统的凌乱程度。熵越大,系统越凌乱。

下面的例子说明了这一点。

【**例 2-6**】 图 2-2 给出两个系统，很明显，这两个系统的凌乱程度是不一样的。系统 1 中所有格子均为白色，丝毫不凌乱，其中白色格子出现的概率为 1，黑色格子出现的概率为 0。系统 2 中，格子的颜色一会儿白色，一会儿黑色，非常凌乱，白色和黑色格子出现的概率 各为 0.5。计算它们的熵，可得

系统 1：

$$H(X_1) = -0\log 0 - 1\log 1 = 0 \text{ 比特}$$

系统 2：

$$H(X_2) = -0.5\log 0.5 - 0.5\log 0.5 = 1 \text{ 比特}$$

系统 2 的熵大于系统 1 的熵，说明系统 2 更凌乱。需要注意的是，"凌乱"在这里并不是一个 贬义词，只是说明了系统变化更快一些。在不同的使用环境中，可以有不同的表述，密码学 中可能会说随机性更强，图像处理中可能会说纹理更丰富，等等，这些都可以用熵表示。

系统1

系统2

图 2-2　系统凌乱程度

2.3.2　熵函数的数学性质

在给出熵函数的数学性质时，多次用到了凸函数的概念，有关凸函数的相关内容请参考 附录 A。

1. 对称性

当变量 p_1，p_2，$\cdots$，p_n 的位置任意互换时，熵函数的值不变。从式（2-8）可以看出，由 于加法满足交换律，所以有该结论。

对称性表明，熵具有局限性，它仅与随机变量的总体结构有关，抹杀了个体的特性。下 面的例子说明了这一点。

【**例 2-7**】 设 A、B 两地的天气情况如表 2-1 所示。

表 2-1　A、B 两地的天气情况

地　域	天　气			
	晴	多云	雨	冰雹
A 地	1/2	1/4	1/8	1/8
B 地	1/2	1/8	1/8	1/4

两地天气的熵是一样的。但是实际上 B 地的天气比 A 地的天气恶劣，因为 B 地有 1/4 的时间在下冰雹，熵并不能把这种天气的恶劣情况表示出来。

由于熵的这种局限性，提出了加权熵的概念。加权熵通过给事件集中每个事件引入一 个权重，来度量事件的重要性或主观价值。引入权重之后概率空间为

$$\begin{bmatrix} X \\ P \\ W \end{bmatrix} = \begin{bmatrix} x_1 & x_2 & \cdots & x_n \\ p(x_1) & p(x_2) & \cdots & p(x_n) \\ w_1 & w_2 & \cdots & w_n \end{bmatrix}$$

其中

$$p(x_i) \geqslant 0 \quad w_i \geqslant 0 \quad (i=1,2,\cdots,n) \quad 且 \quad \sum_{i=1}^{n} p(x_i) = 1$$

【定义 2-6】　集合 X 上的加权熵定义为

$$H_w(X) = -\sum_{i=1}^{n} w_i p(x_i) \log p(x_i) \tag{2-9}$$

【例 2-8】　接例 2-7,因为前三种天气一般认为属于正常天气,而冰雹属于灾害性天气,因此对晴、多云、雨、冰雹四种天气分别加权 1、1、1、2,则 A、B 两地的加权熵分别为

$$H_{wA}(X) = -\sum_{i=1}^{4} w_i p_A(x_i) \log p_A(x_i) = \frac{17}{8} 比特$$

$$H_{wB}(X) = -\sum_{i=1}^{4} w_i p_B(x_i) \log p_B(x_i) = \frac{18}{8} 比特$$

可以看到 B 地的加权熵大于 A 地的加权熵,这说明 B 地的天气比 A 地的天气恶劣。

2. 非负性

对离散集合 X,有

$$H(p_1, p_2, \cdots, p_n) \geqslant 0 \tag{2-10}$$

其中,等号成立的充要条件是对某个 i,$p_i = 1$,其余的 $p_k = 0$,$(k \neq i)$。

证明：因为 $p_i \leqslant 1$,$i = 1, 2, \cdots, n$,所以 $-p_i \log p_i \geqslant 0$,于是有

$$H(X) = H(p_1, p_2, \cdots, p_n) = -\sum_{i=1}^{n} p_i \log p_i \geqslant 0$$

等号成立的充分性：当概率满足的条件是对某个 i,$p_i = 1$,其余的 $p_k = 0$,$(k \neq i)$时,

$$H(X) = -p_i \log p_i - \sum_{k=1,k \neq i}^{n} p_k \log p_k = -1 \log 1 - \sum_{k=1,k \neq i}^{n} 0 \log 0 = 0$$

等号成立的必要性：由于 $H(X) = 0$,且前面已证明 $\forall i = 1, 2, \cdots, n$,均有 $-p_i \log p_i$ $\geqslant 0$,因此 $\forall i = 1, 2, \cdots, n$,均有 $-p_i \log p_i = 0$,于是 $p_i = 0$ 或者 $p_i = 1$,又因为 $\sum_{i=1}^{n} p(x_i) = 1$,所以对某个 i,$p_i = 1$,其余的 $p_k = 0$,$(k \neq i)$。

非负性的含义是当集合中有一个事件必然出现,其他事件不可能出现时,集合的熵为0,此时这个集合没有不确定性；否则这个集合或多或少总会存在一定的不确定性。

3. 确定性

由非负性的证明可以得到结论

$$H(1,0) = H(1,0,0) = \cdots = H(1,0,0,\cdots,0) = 0$$

这就是熵函数的确定性。

确定性表明当集合中有一个事件必然出现,其他事件不可能出现时,集合的熵为 0,即这个集合没有不确定性。

4. 扩展性

$$\lim_{\varepsilon \to 0} H(p_1, p_2, \cdots, p_n - \varepsilon, \varepsilon) = H(p_1, p_2, \cdots, p_n) \tag{2-11}$$

证明：因为 $\lim_{\varepsilon \to 0} \varepsilon \log \varepsilon = 0$，故上式成立。

扩展性的含义是，如果集合中有一个或者多个事件出现的概率相比于其他事件来说非常小，则这些小概率事件可以忽略不计。这使得我们在研究一个问题的时候，可以抓住主要情况来研究，次要情况可以先忽略，简化了问题，便于抓住问题的主要矛盾。

【例 2-9】 在 1994 年冷玉龙等编写的《中华字海》中收录了多达 85000 个汉字，而据统计，常用汉字不过 3000 个。如果需要在短时间内编写一个计算机用的汉字字库，我们就要利用熵的扩展性，先对这 3000 个常用汉字编码，虽然此时的工作量仅为全部工作量的 $\frac{3000}{85000} = \frac{3}{85}$，但是字库已经能够满足基本需要，有时间再逐步完善补充。这个例子体现了熵的扩展性。

5. 可加性

二维随机变量 (X, Y) 的熵等于 X 的熵加上当 X 给定时 Y 的熵，即

$$H(X, Y) = H(X) + H(Y \mid X)$$

其中，$H(X, Y)$ 称为联合熵，$H(Y \mid X)$ 称为条件熵（条件熵和联合熵的概念将在 2.3.3 节和 2.3.4 节中分别介绍）。

如果 X 和 Y 统计独立，则

$$H(X, Y) = H(X) + H(Y)$$

由于可加性涉及联合熵和条件熵的概念，它的含义和证明放在 2.3.3 节和 2.3.4 节之后。

6. 极值性（最大熵定理）

对包括 n 个事件的离散集合 X，当集合 X 中的各个事件等概发生时，集合的熵达到极大值，即

$$H(p_1, p_2, \cdots, p_n) \leqslant H\left(\frac{1}{n}, \frac{1}{n}, \cdots, \frac{1}{n}\right) = \log n \tag{2-12}$$

该结论又称为最大熵定理。

为了证明式(2-12)，先证明两个引理。

【引理 2-1】 对任意实数 $x > 0$，有

$$\ln x \leqslant x - 1 \tag{2-13}$$

证明：构造辅助函数 $f(x) = \ln x - (x - 1)$，则

$$f'(x) = \frac{1}{x} - 1$$

令上式为 0，可以求出 $f(x)$ 在 $x = 1$ 处取得极值。

由 $f''(x) = -\frac{1}{x^2} < 0$ 可知，当 $x > 0$ 时，$f(x)$ 是上凸函数。

因此，在 $x = 1$ 处函数 $f(x)$ 有极大值，$f(x)$ 的极大值为

$$f(x = 1) = 0$$

因此

$$f(x) = \ln x - (x - 1) \leqslant 0$$

即

$$\ln x \leqslant x - 1$$

引理 2-1 在后面多个定理或者性质的证明过程中用到。

【引理 2-2】

$$H(p_1, p_2, \cdots, p_n) \leqslant -\sum_{i=1}^{n} p_i \log r_i \qquad (2-14)$$

其中，$\sum_{i=1}^{n} p_i = 1, \sum_{i=1}^{n} r_i = 1, r_i \geqslant 0, i = 1, 2, \cdots, n$。

证明：考察

$$H(p_1, p_2, \cdots, p_n) + \sum_{i=1}^{n} p_i \log r_i = -\sum_{i=1}^{n} p_i \log p_i + \sum_{i=1}^{n} p_i \log r_i$$

$$= \sum_{i=1}^{n} p_i \log \frac{r_i}{p_i} = \frac{1}{\ln 2} \sum_{i=1}^{n} p_i \ln \frac{r_i}{p_i}$$

由于 $\dfrac{r_i}{p_i} > 0$，由式（2-13）可知

$$\frac{1}{\ln 2} \sum_{i=1}^{n} p_i \ln \frac{r_i}{p_i} \leqslant \frac{1}{\ln 2} \sum_{i=1}^{n} p_i \left(\frac{r_i}{p_i} - 1 \right) = \frac{1}{\ln 2} \left(\sum_{i=1}^{n} r_i - \sum_{i=1}^{n} p_i \right) = 0$$

因此

$$H(p_1, p_2, \cdots, p_n) \leqslant -\sum_{i=1}^{n} p_i \log r_i$$

在式（2-14）中，若令 $r_i = \dfrac{1}{n}$，则式（2-14）成为

$$H(p_1, p_2, \cdots, p_n) \leqslant -\sum_{i=1}^{n} p_i \log \frac{1}{n} = \log n$$

此即式（2-12）表示的最大熵定理。

【例 2-10】 对只包含两个元素的集合 $X = \{0, 1\}$，当 $p(0) = p(1) = 1/2$ 时，集合的熵最大，为

$$H\left(\frac{1}{2}, \frac{1}{2} \right) = \log 2 = 1 \text{ 比特}$$

已经有相关证明指出，自然界中的概率分布绝大多数集中在使熵最大的区域，大自然对等概分布更加偏爱，事物总是力图达到最大熵。因此，当我们不能确切知道信源的概率分布的时候，就将其假设为等概分布，这也是最大熵定理的现实意义。

【例 2-11】 自然界的物质总是向着最大熵方向演化，而人们总想减少熵。著名物理学家薛定谔在《生命是什么》中说过："人活着就是在对抗熵增定律，生命以减少熵为生。"但是减少熵的过程通常让人觉得痛苦。比如：

（1）大自然千变万化，科学家总想寻找其中的规律，将未知变为已知，即将概率事件变为确定性事件，来减少熵。但是寻找规律的过程并不轻松，需要一代一代科学家坚持不懈地付出。

（2）在深度学习的分类问题中，我们总想提高分类准确率。分类准确率越高，意味着成

为某类的概率越接近 1，成为其他类的概率越接近 0，即意味着离等概分布越远，熵越小。但是提高分类准确率并不容易，需要通过理论分析、实验等手段，不断尝试，一点一点地提高。有时哪怕只提高了 0.1%，对于算法设计者来说都是显著的进步。

（3）小 A 和小 B 两位同学住在同一间宿舍，小 A 非常仔细，小 B 大大咧咧，两人各有 10 双鞋。每次收纳，小 A 都把鞋放在原装鞋盒里，并且让鞋盒贴有信息的一面朝外，整齐地码放在床底下；小 B 随便把鞋往一个鞋盒一放，胡乱地堆在床底下。等需要找某双鞋的时候，对小 A 来讲，只有一个鞋盒的概率为 1，其余鞋盒的概率都为 0，此时熵为 0，不需要额外的信息量，就能很容易地把需要的鞋拿出来；对小 B 来讲，任何一个鞋盒都可能放着他需要的那双鞋，等概分布，熵最大，这意味着要消除这种不确定性，找到需要的鞋，小 B 不得不做很多工作（一个鞋盒一个鞋盒地翻找），以获取足够的信息量，才能找到需要的鞋。这个例子中，小 A 为了减少熵，需要仔细收纳自己的鞋，这个过程需要一定的自控力，持之以恒才能做到。小 B 虽然不需要对抗自然界熵不断增加的趋势，但是在获取需要的鞋的时候，却很费劲。

7. 上凸性

熵函数 $H(p_1, p_2, \cdots, p_n)$ 是概率分布 $(p_1, p_2, \cdots, p_n)$ 的上凸函数，即对于概率矢量 $\boldsymbol{P} = (p_1, p_2, \cdots, p_n)$，$\boldsymbol{Q} = (q_1, q_2, \cdots, q_n)$ 和 $\alpha(0 < \alpha < 1)$，有

$$H(\alpha \boldsymbol{P} + (1-\alpha)\boldsymbol{Q}) \geqslant \alpha H(\boldsymbol{P}) + (1-\alpha)H(\boldsymbol{Q}) \tag{2-15}$$

证明：由于 $\boldsymbol{P}$ 和 $\boldsymbol{Q}$ 是两个概率矢量，因此有

$$\sum_{i=1}^{n} p_i = \sum_{i=1}^{n} q_i = 1$$

取 $0 < \alpha < 1$，则

$$H(\alpha \boldsymbol{P} + (1-\alpha)\boldsymbol{Q}) = -\sum_{i=1}^{n} (\alpha p_i + (1-\alpha)q_i) \log(\alpha p_i + (1-\alpha)q_i)$$

$$= -\alpha \sum_{i=1}^{n} p_i \log(\alpha p_i + (1-\alpha)q_i) - (1-\alpha) \sum_{i=1}^{n} q_i \log(\alpha p_i + (1-\alpha)q_i)$$

$$= -\alpha \sum_{i=1}^{n} p_i \log \left[(\alpha p_i + (1-\alpha)q_i) \frac{p_i}{p_i} \right]$$

$$\quad - (1-\alpha) \sum_{i=1}^{n} q_i \log \left[(\alpha p_i + (1-\alpha)q_i) \frac{q_i}{q_i} \right]$$

$$= -\alpha \sum_{i=1}^{n} p_i \log p_i - \alpha \sum_{i=1}^{n} p_i \log \left[(\alpha p_i + (1-\alpha)q_i) \frac{1}{p_i} \right]$$

$$\quad - (1-\alpha) \sum_{i=1}^{n} q_i \log q_i - (1-\alpha) \sum_{i=1}^{n} q_i \log \left[(\alpha p_i + (1-\alpha)q_i) \frac{1}{q_i} \right]$$

$$= \alpha H(\boldsymbol{P}) + (1-\alpha)H(\boldsymbol{Q}) - \alpha \sum_{i=1}^{n} p_i \log \left[(\alpha p_i + (1-\alpha)q_i) \frac{1}{p_i} \right]$$

$$\quad - (1-\alpha) \sum_{i=1}^{n} q_i \log \left[(\alpha p_i + (1-\alpha)q_i) \frac{1}{q_i} \right] \tag{2-16}$$

由于对数函数是上凸函数,因此式(2-16)右边的第 3 项中

$$\sum_{i=1}^{n} p_i \log\left[(\alpha p_i + (1-\alpha)q_i)\frac{1}{p_i}\right] \leqslant \log\left(\sum_{i=1}^{n} p_i(\alpha p_i + (1-\alpha)q_i)\frac{1}{p_i}\right)$$

$$= \log\left(\sum_{i=1}^{n}(\alpha p_i + (1-\alpha)q_i)\right) = \log\left(\alpha\sum_{i=1}^{n} p_i + (1-\alpha)\sum_{i=1}^{n} q_i\right)$$

$$= \log(\alpha + (1-\alpha)) = \log 1 = 0$$

同理,式(2-16)右边的第 4 项中

$$\sum_{i=1}^{n} q_i \log\left[(\alpha p_i + (1-\alpha)q_i)\frac{1}{q_i}\right] \leqslant 0$$

因此,式(2-16)右边的后两项

$$-\alpha\sum_{i=1}^{n} p_i \log\left[(\alpha p_i + (1-\alpha)q_i)\frac{1}{p_i}\right] - (1-\alpha)\sum_{i=1}^{n} q_i \log\left[(\alpha p_i + (1-\alpha)q_i)\frac{1}{q_i}\right] \geqslant 0$$

故有

$$H(\alpha \boldsymbol{P} + (1-\alpha)\boldsymbol{Q}) \geqslant \alpha H(\boldsymbol{P}) + (1-\alpha)H(\boldsymbol{Q})$$

因此熵函数是上凸函数。

【例 2-12】 对包含两个元素的集合 $\begin{bmatrix} X \\ P \end{bmatrix} = \begin{bmatrix} 0 & 1 \\ p & 1-p \end{bmatrix}$,熵为

$$H(X) = -p\log p - (1-p)\log(1-p)$$

对包含三个元素的集合 $\begin{bmatrix} Y \\ P \end{bmatrix} = \begin{bmatrix} 0 & 1 & 2 \\ p_1 & p_2 & 1-p_1-p_2 \end{bmatrix}$,熵为

$$H(Y) = -p_1\log p_1 - p_2\log p_2 - (1-p_1-p_2)\log(1-p_1-p_2)$$

可以看出 X 的熵是 p 的函数,Y 的熵是 p_1、p_2 的函数,因此可以画出熵函数图形,分别如图 2-3 和图 2-4 所示。

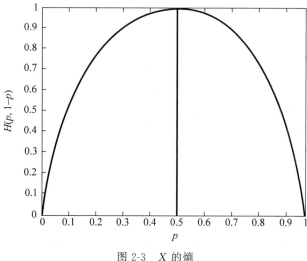

图 2-3 X 的熵

函数图形验证了"熵函数是上凸函数"这个结论。同时函数图形也验证了性质 6"极值性",在图 2-3 中,当概率均为 1/2 时熵最大;在图 2-4 中,当概率均为 1/3 时熵最大。

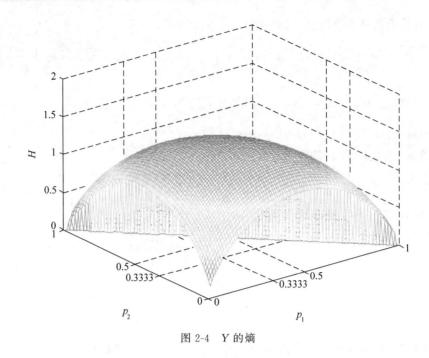

图 2-4　Y 的熵

2.3.3　条件熵

上面讨论的是单个集合的不确定性的度量,实际应用中,常常需要考虑两个或两个以上集合之间的相互关系,此时需要引入条件熵的概念。

【**定义 2-7**】　联合集(X,Y)上,条件自信息量的数学期望定义为条件熵,其定义式为

$$H(Y \mid X) = \sum_{XY} p(x_i y_j) I(y_j \mid x_i) = -\sum_{XY} p(x_i y_j) \log p(y_j \mid x_i) \qquad (2\text{-}17)$$

上式称为集合Y相对于集合X的条件熵。条件熵的单位与熵的单位相同。

条件熵的含义也有 4 个。

（1）当得到集合X的条件下,集合Y中仍然保留平均不确定性。

（2）当已知集合X中某事件发生的条件下,集合Y中的事件再发生,进一步带给我们的平均信息量的大小。

（3）当已知集合X中某事件发生的条件下,确定集合Y中到底哪个事件发生时,所需的平均信息量的大小。

（4）当得到集合X的条件下,用二进制数据将集合Y中的各个元素表示出来,进一步所需的平均码长。

2.3.4　联合熵

【**定义 2-8**】　联合集(X,Y)上,联合自信息量的数学期望定义为联合熵,其定义式为

$$H(X,Y) = \sum_{XY} p(x_i y_j) I(x_i y_j) = -\sum_{XY} p(x_i y_j) \log p(x_i y_j) \qquad (2\text{-}18)$$

联合熵又叫作共熵。共熵的单位与熵的单位相同。

共熵的含义与熵的含义类似,只是将熵中的一个集合,改为集合X和集合Y中的事件

同时发生。

2.3.5 各种熵之间的关系

1. 联合熵、熵和条件熵之间的关系

联合熵、熵和条件熵之间存在下述关系

$$H(X,Y) = H(X) + H(Y \mid X) \tag{2-19}$$

同理

$$H(X,Y) = H(Y) + H(X \mid Y) \tag{2-20}$$

这也是熵的可加性。

证明：

$$
\begin{aligned}
H(X,Y) &= -\sum_{i=1}^{n}\sum_{j=1}^{m} p(x_i y_j) \log p(x_i y_j) = -\sum_{i=1}^{n}\sum_{j=1}^{m} p(x_i y_j) \log \left[p(x_i) p(y_j \mid x_i) \right] \\
&= -\sum_{i=1}^{n} \left[\sum_{j=1}^{m} p(y_j \mid x_i) \right] p(x_i) \log p(x_i) - \sum_{i=1}^{n}\sum_{j=1}^{m} p(x_i y_j) \log p(y_j \mid x_i) \\
&= -\sum_{i=1}^{n} p(x_i) \log p(x_i) + H(Y \mid X) = H(X) + H(Y \mid X)
\end{aligned}
$$

式(2-19)的含义是 X 和 Y 同时出现的不确定性，等于 X 本身的不确定性，加上 X 出现之后 Y 仍然保留的不确定性。

如果 X 和 Y 统计独立，则有

$$H(X,Y) = H(X) + H(Y) \tag{2-21}$$

证明：

$$
\begin{aligned}
H(X,Y) &= -\sum_{i=1}^{n}\sum_{j=1}^{m} p(x_i y_j) \log p(x_i y_j) = -\sum_{i=1}^{n}\sum_{j=1}^{m} p(x_i) p(y_j) \log \left[p(x_i) p(y_j) \right] \\
&= -\sum_{i=1}^{n} \left[\sum_{j=1}^{m} p(y_j) \right] p(x_i) \log p(x_i) - \sum_{j=1}^{m} \left[\sum_{i=1}^{n} p(x_i) \right] p(y_j) \log p(y_j) \\
&= -\sum_{i=1}^{n} p(x_i) \log p(x_i) - \sum_{j=1}^{m} p(y_j) \log p(y_j) = H(X) + H(Y)
\end{aligned}
$$

2. 联合熵和熵之间的关系

$$H(X,Y) \leqslant H(X) + H(Y) \tag{2-22}$$

等号成立的条件是 X 和 Y 统计独立。

证明：

$$H(X,Y) - H(X) - H(Y)$$

$$
= -\sum_{i=1}^{n}\sum_{j=1}^{m} p(x_i y_j) \log p(x_i y_j) - \left(-\sum_{i=1}^{n} p(x_i) \log p(x_i) \right) - \left(-\sum_{j=1}^{m} p(y_j) \log p(y_j) \right)
$$

$$
= -\sum_{i=1}^{n}\sum_{j=1}^{m} p(x_i y_j) \log p(x_i y_j) + \sum_{i=1}^{n} \left[\sum_{j=1}^{m} p(y_j) \right] p(x_i) \log p(x_i) +
$$

$$
\sum_{j=1}^{m} \left[\sum_{i=1}^{n} p(x_i) \right] p(y_j) \log p(y_j) = \sum_{i=1}^{n}\sum_{j=1}^{m} p(x_i y_j) \log \frac{p(x_i) p(y_j)}{p(x_i y_j)}
$$

$$= \frac{1}{\ln 2} \sum_{i=1}^{n} \sum_{j=1}^{m} p(x_i y_j) \ln \frac{p(x_i)p(y_j)}{p(x_i y_j)} \leqslant \frac{1}{\ln 2} \sum_{i=1}^{n} \sum_{j=1}^{m} p(x_i y_j) \left[\frac{p(x_i)p(y_j)}{p(x_i y_j)} - 1 \right]$$

$$= \frac{1}{\ln 2} \left[\sum_{i=1}^{n} \sum_{j=1}^{m} p(x_i)p(y_j) - \sum_{i=1}^{n} \sum_{j=1}^{m} p(x_i y_j) \right] = 0$$

因此

$$H(X,Y) \leqslant H(X) + H(Y)$$

当 X 和 Y 统计独立时，

$$H(X,Y) - H(X) - H(Y)$$

$$= \sum_{i=1}^{n} \sum_{j=1}^{m} p(x_i y_j) \log \frac{p(x_i)p(y_j)}{p(x_i y_j)} = \sum_{i=1}^{n} \sum_{j=1}^{m} p(x_i y_j) \log 1 = 0$$

故

$$H(X,Y) = H(X) + H(Y)$$

式(2-22)的含义是 X 和 Y 同时出现的平均不确定性，不会大于 X 本身的不确定性加上 Y 本身的不确定性。

3. 条件熵和熵之间的关系

$$H(Y \mid X) \leqslant H(Y) \tag{2-23}$$

证明：由前面的两个关系 $H(X,Y) = H(X) + H(Y|X)$ 和 $H(X,Y) \leqslant H(X) + H(Y)$ 可得该结论。

式(2-23)的含义是知道 X 之后仍然保留的关于 Y 的不确定性，不会大于 Y 本身的不确定性。

【例 2-13】 考虑由 A 到 B 的二进制数据传输。假设 A 发送的数据来自于集合 $X = \{0,1\}$，其分布为 $\begin{bmatrix} X \\ P \end{bmatrix} = \begin{bmatrix} 0 & 1 \\ \frac{1}{2} & \frac{1}{2} \end{bmatrix}$。B 接收的数据来自于集合 $Y = \{0,1\}$。而且这个传输过程受到了电子噪声的干扰，使得传输过程有可能产生误码，假设误码率为 4%，即 A 发送"0"而 B 接收到"1"的概率是 0.04，A 发送"1"而 B 接收到"0"的概率也是 0.04，即

$$p(y=0 \mid x=0) = 0.96, \quad p(y=1 \mid x=0) = 0.04$$

$$p(y=0 \mid x=1) = 0.04, \quad p(y=1 \mid x=1) = 0.96$$

将其写为一个矩阵的形式

$$\boldsymbol{P}_{Y|X} = \begin{array}{c} \\ x=0 \\ x=1 \end{array} \begin{matrix} y=0 \quad y=1 \\ \begin{bmatrix} 0.96 & 0.04 \\ 0.04 & 0.96 \end{bmatrix} \end{matrix}$$

于是有 X 和 Y 的联合分布，以及 Y 的分布为

$$\boldsymbol{P}_{XY} = \begin{bmatrix} 0.48 & 0.02 \\ 0.02 & 0.48 \end{bmatrix}, \quad \boldsymbol{P}_Y = \begin{bmatrix} \frac{1}{2} & \frac{1}{2} \end{bmatrix}$$

因此

$$H(X) = -\sum_{i=1}^{n} p(x_i) \log p(x_i) = -\frac{1}{2} \log \frac{1}{2} - \frac{1}{2} \log \frac{1}{2} = \log 2 = 1 \text{ 比特}$$

$$H(Y) = -\sum_{j=1}^{n} p(y_j) \log p(y_j) = -\frac{1}{2}\log\frac{1}{2} - \frac{1}{2}\log\frac{1}{2} = \log 2 = 1 \text{ 比特}$$

$$H(Y \mid X) = -\sum_{i=1}^{n}\sum_{j=1}^{m} p(x_i y_j) \log p(y_j \mid x_i)$$

$$= -2 \times 0.48 \times \log 0.96 - 2 \times 0.02 \times \log 0.04 = 0.2423 \text{ 比特}$$

$$H(X, Y) = -\sum_{i=1}^{n}\sum_{j=1}^{m} p(x_i y_j) \log p(x_i y_j)$$

$$= -2 \times 0.48 \times \log 0.48 - 2 \times 0.02 \times \log 0.02 = 1.2423 \text{ 比特}$$

于是可以验证三个关系：

$$H(X, Y) = H(X) + H(Y \mid X)$$
$$H(X, Y) \leqslant H(X) + H(Y)$$
$$H(Y \mid X) \leqslant H(Y)$$

2.3.6 交叉熵和相对熵

前面介绍的条件熵、联合熵等概念描述的是两个集合之间的关系。交叉熵和相对熵描述的是对同一个集合，两种不同分布之间的关系。

集合中各个事件发生的概率是统计获得的，当样本数量不够多的时候，统计的概率有可能是不准确的。假设事件集合真实的概率分布是 $P = [p(x_1)\ \ p(x_2)\ \cdots\ p(x_n)]$，而统计得到的概率分布（又称拟合分布）是 $Q = [q(x_1)\ \ q(x_2)\ \cdots\ q(x_n)]$，如何度量 Q 的准确程度呢？交叉熵和相对熵可以用来解决这个问题。

【定义 2-9】 概率分布 $P = [p(x_1)\ \ p(x_2)\ \cdots\ p(x_n)]$ 和 $Q = [q(x_1)\ \ q(x_2)\ \cdots\ q(x_n)]$ 之间的交叉熵定义为

$$H(P, Q) = -\sum_{i=1}^{n} p(x_i) \log q(x_i) \tag{2-24}$$

交叉熵的单位与熵的单位相同。

交叉熵的定义中，并没有强调 P 是真实分布，Q 是拟合分布，只是说它们是两个分布，但在实际使用交叉熵的时候，通常 P 是事件集合真实的概率，Q 是拟合的。因此交叉熵的含义是用拟合分布 Q 表示真实分布 P 时所需要的二进制位的个数的平均值。

【定义 2-10】 相对熵，又叫 KL 散度，定义为

$$\text{KL}(P \parallel Q) = \sum_{i=1}^{n} p(x_i) \log \frac{p(x_i)}{q(x_i)} \tag{2-25}$$

其中 P 和 Q 的含义与定义 2-9 相同。

相对熵和交叉熵有如下关系：

$$\text{KL}(P \parallel Q) = H(P, Q) - H(P) \tag{2-26}$$

证明：

$$\text{KL}(P \parallel Q) = \sum_{i=1}^{n} p(x_i) \log \frac{p(x_i)}{q(x_i)}$$

$$= -\sum_{i=1}^{n} p(x_i) \log q(x_i) - \left(-\sum_{i=1}^{n} p(x_i) \log p(x_i) \right)$$

$$= H(P,Q) - H(P)$$

由于交叉熵表示拟合分布 Q 所需要的二进制位的个数，熵表示真实分布 P 本身所需要的二进制位的个数，因此相对熵表示的是用拟合分布表示时，多出来的二进制位的个数。

相对熵还有一个性质是，相对熵一定大于或等于 0。

$$\mathrm{KL}(P \| Q) \geqslant 0 \qquad (2\text{-}27)$$

证明：

$$\mathrm{KL}(P \| Q) = \sum_{i=1}^{n} p(x_i) \log \frac{p(x_i)}{q(x_i)} = -\sum_{i=1}^{n} p(x_i) \log \frac{q(x_i)}{p(x_i)} = -E\left(\log \frac{q(x_i)}{p(x_i)}\right)$$

由于对数函数是凸函数，根据詹森(Jensen)不等式，有

$$\mathrm{KL}(P \| Q) = -E\left(\log \frac{q(x_i)}{p(x_i)}\right) \geqslant -\log E\left(\frac{q(x_i)}{p(x_i)}\right)$$

$$= -\log \sum_{i=1}^{n} p(x_i) \frac{q(x_i)}{p(x_i)} = -\log \sum_{i=1}^{n} q(x_i) = 0$$

当 $P = Q$ 时，$\mathrm{KL}(P \| Q) = 0$。

由式(2-26)和式(2-27)能得到

$$H(P,Q) \geqslant H(P) \qquad (2\text{-}28)$$

同样当 $P = Q$ 时，$H(P,Q) = H(P)$。

如果将真实分布 P 理解为集合本身固有的属性，则熵 $H(P)$ 可以理解为一个常数，此时交叉熵和相对熵之间只是相差了一个常数，因此并没有本质区别。它们都是 P 和 Q 之间相似度的一种度量：数值越大，说明 P 和 Q 之间的差别越大，即拟合越不准确；数值越小，说明 P 和 Q 之间的差别越小，拟合越准确；当 P 和 Q 完全相同时，$H(P,Q) = H(P)$，$\mathrm{KL}(P \| Q) = 0$。为了让拟合数据更好地贴近真实世界，我们希望最小化这两个熵。由于两者只相差了一个常数，因此最小化相对熵等价于最小化交叉熵，选择其中一个最小化即可。

图 2-5　待识别图片

【例 2-14】　近年来，随着机器学习的广泛使用，这两种熵也发挥了越来越大的作用。通常将交叉熵 $H(P,Q)$ 用作机器学习中分类问题的损失函数(损失函数是训练出的概率与真实概率之间的差别)。例如图 2-5 所示的图片，要识别其中的小动物到底是什么，两个机器学习算法给出的预测值如表 2-2 所示。

表 2-2　标签和预测值

	猫	青　蛙	老　鼠
标签	0	1	0
算法 1 的预测值	0.3	0.6	0.1
算法 2 的预测值	0.3	0.4	0.3

则算法 1 的交叉熵为

$$H(P,Q_1) = -0\log 0.3 - 1\log 0.6 - 0\log 0.1 = 0.7370$$

算法2的交叉熵为

$$H(P,Q_2) = -0\log0.3 - 1\log0.4 - 0\log0.3 = 1.3219$$

可见,算法1的交叉熵小于算法2的交叉熵,说明算法1的预测值更接近实际值,算法1好于算法2。从表2-2能够看出,实际情况确实如此,算法1要比算法2好一些。

2.4　平均互信息

2.4.1　平均互信息的定义与含义

【定义2-11】　联合集(X,Y)上,互信息的数学期望定义为平均互信息,其定义式为

$$I(X;Y) = \sum_{XY} p(x_i y_j) I(x_i;y_j) = \sum_{XY} p(x_i) p(y_j \mid x_i) \log \frac{p(y_j \mid x_i)}{p(y_j)} \quad (2\text{-}29)$$

平均互信息的单位与熵的单位相同。

平均互信息的含义类似于互信息的含义:

(1) 知道了集合Y之后,平均Y中的一个事件消除掉的关于集合X中一个事件的不确定性。

(2) 由集合Y中一个事件平均能够提供的关于集合X中一个事件的信息量。

(3) 表示两个集合之间关系的密切程度。

2.4.2　平均互信息的性质

1. 非负性

$$I(X;Y) \geqslant 0$$

当且仅当X与Y相互独立时,等号成立。

证明:

$$-I(X;Y) = \sum_{XY} p(x_i y_j) \log \frac{p(x_i)}{p(x_i \mid y_j)}$$

$$\leqslant \frac{1}{\ln 2} \sum_{XY} p(x_i \mid y_j) p(y_j) \left[\frac{p(x_i)}{p(x_i \mid y_j)} - 1 \right]$$

$$= \frac{1}{\ln 2} \left(\sum_{XY} p(x_i) p(y_j) - \sum_{XY} p(x_i \mid y_j) p(y_j) \right) = 0$$

当X与Y相互独立时

$$-I(X;Y) = \sum_{XY} p(x_i y_j) \log \frac{p(x_i)}{p(x_i \mid y_j)} = \sum_{XY} p(x_i y_j) \log 1 = 0$$

2. 互易性(对称性)

$$I(X;Y) = I(Y;X)$$

证明:

$$I(X;Y) = \sum_{XY} p(x_i y_j) I(x_i;y_j) = \sum_{XY} p(y_j x_i) I(y_j;x_i) = I(Y;X)$$

平均互信息的互易性的含义是平均从Y中一个事件获得的关于X中一个事件的信息

量，等于平均从 X 中一个事件获得的关于 Y 中一个事件的信息量。

3. 极值性

$$I(X;Y) \leqslant H(X)$$

$$I(X;Y) \leqslant H(Y)$$

证明：

$$I(X;Y) = \sum_{XY} p(x_i y_j) \log \frac{p(x_i \mid y_j)}{p(x_i)}$$

$$= -\sum_{XY} p(x_i y_j) \log p(x_i) + \sum_{XY} p(x_i y_j) \log p(x_i \mid y_j)$$

$$= -\sum_{X} p(x_i) \log p(x_i) + \sum_{XY} p(x_i y_j) \log p(x_i \mid y_j)$$

$$= H(X) + \sum_{XY} p(x_i y_j) \log p(x_i \mid y_j)$$

由于 $p(x_i \mid y_j) \leqslant 1$，因此上式最后一个等号的第二项小于或等于 0，于是有

$$I(X;Y) \leqslant H(X)$$

同理

$$I(X;Y) \leqslant H(Y)$$

平均互信息的极值性的含义是由 Y 所提供的关于 X 的信息量，不会超过 X 本身所包含的信息量。

4. 凸函数性

平均互信息是 $p(x)$ 和 $p(y|x)$ 的凸函数。这部分内容详见第 4 章。

2.4.3　各种熵和平均互信息量之间的关系

平均互信息和各种熵之间有关系

$$I(X;Y) = H(X) - H(X \mid Y) \tag{2-30}$$

$$I(X;Y) = H(Y) - H(Y \mid X) \tag{2-31}$$

$$I(X;Y) = H(X) + H(Y) - H(X,Y) \tag{2-32}$$

证明：

$$I(X;Y) = \sum_{XY} p(x_i y_j) \log \frac{p(x_i \mid y_j)}{p(x_i)}$$

$$= -\sum_{XY} p(x_i y_j) \log p(x_i) + \sum_{XY} p(x_i y_j) \log p(x_i \mid y_j)$$

$$= -\sum_{X} p(x_i) \log p(x_i) - \left(-\sum_{XY} p(x_i y_j) \log p(x_i \mid y_j)\right)$$

$$= H(X) - H(X \mid Y)$$

故式（2-30）成立。

同理

$$I(X;Y) = I(Y;X) = \sum_{XY} p(x_i y_j) \log \frac{p(y_j \mid x_i)}{p(y_j)}$$

$$= -\sum_{XY} p(x_i y_j) \log p(y_j) + \sum_{XY} p(x_i y_j) \log p(y_j \mid x_i)$$

$$= H(Y) - H(Y \mid X)$$

故式(2-31)成立。

由式(2-19)可知

$$H(X,Y) = H(X) + H(Y \mid X)$$

因此

$$H(Y \mid X) = H(X,Y) - H(X)$$

代入式(2-31),得

$$I(X;Y) = H(X) + H(Y) - H(X,Y)$$

即式(2-32)成立。

在式(2-30)中,"$H(X) - H(X \mid Y)$"表示 X 本身的不确定性减去知道 Y 之后仍然保留的关于 X 的不确定性,即 Y 消除掉的关于 X 的不确定性,也就是 Y 能够提供的关于 X 的信息量 $I(X;Y)$。式(2-30)所表示的熵、条件熵和平均互信息之间的这个关系非常重要,重要性在于它所体现出来的三者的含义。

【例 2-15】 机器学习经常要用大量的训练数据来训练算法,即根据训练数据调整算法参数。一条训练数据中可能包含非常多的特征,造成数据量巨大,训练过程耗费大量计算机时间。而且,有的特征和结果的关系并不密切,不但不能起到训练的作用,有时甚至会成为一种干扰,降低算法的准确率。如何才能选择合适的特征,来训练机器学习算法呢?这里给出一个例子,如表 2-3 所示。该例给出 12 条训练数据,记录了女性的择偶标准,每条训练数据包含 4 个特征。这 4 个特征对结果(即标签)的体现程度是不一样的,如何度量这种不同呢?

表 2-3 一组训练数据

序 号	特征 1:外表	特征 2:性格	特征 3:身高	特征 4:上进	标签
1	帅	不好	矮	不上进	不嫁
2	不帅	好	矮	上进	不嫁
3	帅	好	矮	上进	嫁
4	不帅	非常好	高	上进	嫁
5	帅	不好	矮	上进	不嫁
6	帅	不好	矮	上进	不嫁
7	帅	好	高	不上进	嫁
8	不帅	好	中	上进	嫁
9	帅	非常好	中	上进	嫁
10	不帅	不好	高	上进	嫁
11	帅	好	矮	不上进	不嫁
12	帅	好	矮	不上进	不嫁

可以用平均互信息来度量。4 个特征以及标签的概率分布分别为

$$\begin{bmatrix} X_1 \\ P \end{bmatrix} = \begin{bmatrix} 帅 & 不帅 \\ \dfrac{2}{3} & \dfrac{1}{3} \end{bmatrix}, \quad \begin{bmatrix} X_2 \\ P \end{bmatrix} = \begin{bmatrix} 好 & 不好 & 非常好 \\ \dfrac{1}{2} & \dfrac{1}{3} & \dfrac{1}{6} \end{bmatrix}$$

$$\begin{bmatrix} X_3 \\ P \end{bmatrix} = \begin{bmatrix} 矮 & 高 & 中 \\ \dfrac{7}{12} & \dfrac{1}{4} & \dfrac{1}{6} \end{bmatrix}, \quad \begin{bmatrix} X_4 \\ P \end{bmatrix} = \begin{bmatrix} 上进 & 不上进 \\ \dfrac{2}{3} & \dfrac{1}{3} \end{bmatrix}, \quad \begin{bmatrix} Y \\ P \end{bmatrix} = \begin{bmatrix} 嫁 & 不嫁 \\ \dfrac{1}{2} & \dfrac{1}{2} \end{bmatrix}$$

特征和标签之间的条件概率为

$$P_{Y|X_1} = \begin{pmatrix} \dfrac{3}{8} & \dfrac{5}{8} \\ \dfrac{3}{4} & \dfrac{1}{4} \end{pmatrix}, \quad P_{Y|X_2} = \begin{pmatrix} \dfrac{1}{2} & \dfrac{1}{2} \\ \dfrac{1}{4} & \dfrac{3}{4} \\ 1 & 0 \end{pmatrix}, \quad P_{Y|X_3} = \begin{pmatrix} \dfrac{1}{7} & \dfrac{6}{7} \\ 1 & 0 \\ 1 & 0 \end{pmatrix}, \quad P_{Y|X_4} = \begin{pmatrix} \dfrac{5}{8} & \dfrac{3}{8} \\ \dfrac{1}{4} & \dfrac{3}{4} \end{pmatrix}$$

根据概率乘法公式,可得联合概率

$$P_{(X_1,Y)} = \begin{pmatrix} \dfrac{1}{4} & \dfrac{5}{12} \\ \dfrac{1}{4} & \dfrac{1}{12} \end{pmatrix}, \quad P_{(X_2,Y)} = \begin{pmatrix} \dfrac{1}{4} & \dfrac{1}{4} \\ \dfrac{1}{12} & \dfrac{1}{4} \\ \dfrac{1}{6} & 0 \end{pmatrix}, \quad P_{(X_3,Y)} = \begin{pmatrix} \dfrac{1}{12} & \dfrac{1}{2} \\ \dfrac{1}{4} & 0 \\ \dfrac{1}{6} & 0 \end{pmatrix}, \quad P_{(X_4,Y)} = \begin{pmatrix} \dfrac{5}{12} & \dfrac{1}{4} \\ \dfrac{1}{12} & \dfrac{1}{4} \end{pmatrix}$$

则条件熵为

$$H(Y \mid X_1) = 0.9067, \quad H(Y \mid X_2) = 0.7704,$$
$$H(Y \mid X_3) = 0.3451, \quad H(Y \mid X_4) = 0.9067$$

平均互信息为

$$I(X_1;Y) = H(Y) - H(Y \mid X_1) = 0.0933, \quad I(X_2;Y) = H(Y) - H(Y \mid X_2) = 0.2296$$
$$I(X_3;Y) = H(Y) - H(Y \mid X_3) = 0.6549, \quad I(X_4;Y) = H(Y) - H(Y \mid X_4) = 0.0933$$

这说明,身高(特征3)和择偶的关系最密切,性格(特征2)次之。外表(特征1)和上进心(特征4)与最终的结果关系非常弱,只有0.0933比特。分析表2-3中的数据,也能得到同样的结论:身高一列,只有第3条训练数据是"矮"的时候,标签为"嫁",其余都是"矮"的时候"不嫁","高"或者"中"的时候"嫁",不确定性非常小,所以身高这个特征是一个显著特征。

对训练数据进行预处理时,可以只保留身高和性格两个特征,将外表和上进心去掉,这样训练数据的数据量就降为原来的一半,训练速度会明显加快。

其实本节中给出的三个关系,以及2.3.5节给出的三个关系都可以从图2-6所示的维拉图中看出。图中两个长条的长度分别代表熵 $H(X)$ 和 $H(Y)$;重叠部分表示互相之间能够提供的信息量,即平均互信息 $I(X;Y)$;不重叠部分分别表示互相之间不能够提供的信息,即条件熵 $H(X|Y)$ 和 $H(Y|X)$;总长度为 X 和 Y 总共的不确定性,即联合熵 $H(X,Y)$。

当 X 和 Y 统计独立时,$I(X;Y) = 0$,维拉图变为图2-7所示的样子。

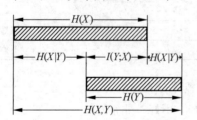

图 2-6 平均互信息和各种熵之间的关系

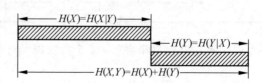

图 2-7 X 和 Y 统计独立时的关系

有了维拉图,不仅能够获得之前已经提到过的 6 个关系,还能够写出熵、条件熵、共熵、平均互信息之间的其他关系,便于记忆和理解这些概念和关系。维拉图可以有不同的表现形式,可以画成圆圈图、线段图等,如图 2-8 所示。尽管形式不一样,但说明的问题是一样的。

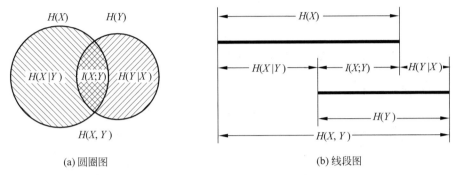

| (a) 圆圈图 | (b) 线段图 |

图 2-8 维拉图的不同表现形式

2.5 连续随机变量的互信息和微分熵

2.5.1 连续随机变量的统计特性

与离散集相似,要研究连续随机变量的信息,首先要知道连续随机变量的统计特性。对连续随机变量来讲,最基本的统计量是概率密度函数。连续随机变量 X 的概率密度函数 $p(x)$ 必须满足如下两个性质:

$$p(x) \geqslant 0$$

$$\int_{-\infty}^{+\infty} p(x)\mathrm{d}x = 1$$

概率密度函数的含义,或者说概率密度函数的最主要特征如图 2-9 所示,连续随机变量处在区间 $[c, d]$ 之间的概率等于概率密度函数、x 轴、$x = c$ 以及 $x = d$ 所围起来的区域的面积,即

$$P(c \leqslant x \leqslant d) = \int_{c}^{d} p(x)\mathrm{d}x$$

2.5.2 连续随机变量的互信息

【**定义 2-12**】 连续随机变量 X 和 Y 之间的平均互信息定义为

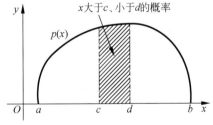

图 2-9 概率密度函数

$$I(X;Y) = \iint_{-\infty}^{+\infty} p(xy)\log\frac{p(xy)}{p(x)p(y)}\mathrm{d}x\,\mathrm{d}y \tag{2-33}$$

可以看出,连续随机变量定义的平均互信息 $I(X;Y)$ 与离散集情况非常类似,只要将离散情况下的概率换成概率密度,求和化成积分即可。

连续随机变量的平均互信息具有如下性质：

1. 非负性

$$I(X;Y) \geqslant 0$$

当且仅当连续随机变量 X 与 Y 相互独立时，等号成立。

2. 对称性

$$I(X;Y) = I(Y;X)$$

2.5.3　连续随机变量的微分熵

连续随机变量总是可以通过离散化，用离散随机变量来逼近，也就是说，连续随机变量可以认为是离散随机变量的极限情况。下面从这个角度来讨论连续随机变量的熵。

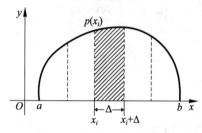

图 2-10　连续随机变量的熵

如图 2-10 所示，令连续随机变量 X 的取值区间是 (a,b)，$a < b$，把它分割成 n 个小区间，各个小区间宽度相等，记为 Δ，$\Delta = (b-a)/n$，那么 X 处于第 i 个小区间的概率约为

$$\Delta p_i = p(x_i) \times \Delta$$

于是事件 $x_i \leqslant x \leqslant x_i + \Delta$ 的自信息量为

$$-\log[p(x_i) \times \Delta]$$

进而平均自信息量为

$$H_\Delta(X) = -\sum_i p(x_i)\Delta\log[p(x_i)\Delta]$$

$$= -\sum_i p(x_i)\log[p(x_i)]\Delta - \sum_i p(x_i)\log[\Delta]\Delta \tag{2-34}$$

当区间 (a,b) 划分无限精细，即 $n \to \infty$，$\Delta \to 0$ 时，$-\log\Delta \to \infty$，式（2-34）中的第二项将趋于无穷大，这说明连续随机变量的信息量是无穷的。

一般将式（2-34）中第二项称为绝对熵，即

$$H_0(X) = -\log\Delta \tag{2-35}$$

而第一项称为微分熵，即

$$H_C(X) = -\int_{-\infty}^{+\infty} p(x)\log p(x)\mathrm{d}x \tag{2-36}$$

在不引起混淆的情况下，微分熵常常简称为熵。

连续随机变量的微分熵具有离散熵的主要特征，即可加性，但不具备非负性，因为它略去了一个无穷大的正值。

【例 2-16】 设 X 是在区间 (a,b) 内服从均匀分布的连续随机变量，概率密度函数为

$$p(x) = \begin{cases} \dfrac{1}{b-a}, & a \leqslant x \leqslant b \\ 0, & \text{其他} \end{cases}$$

则熵为

$$H_C(X) = -\int_{-\infty}^{+\infty} p(x)\log p(x)\mathrm{d}x = -\int_a^b \frac{1}{b-a}\log\frac{1}{b-a}\mathrm{d}x$$

$$= \frac{\log(b-a)}{b-a}x\Big|_a^b = \frac{\log(b-a)}{b-a}(b-a) = \log(b-a)$$

当 $b-a>1$ 时，$H_C(X)>0$；当 $b-a=1$ 时，$H_C(X)=0$；当 $b-a<1$ 时，$H_C(X)<0$。

需要注意的是，连续随机变量的微分熵不能像离散变量的情况那样，代表 X 的平均信息。这是因为微分熵并不是真正的熵，它是真正的熵舍弃一个无穷大项之后剩余的部分。之所以还要研究微分熵，是因为我们经常需要求两个熵的差，此时两个无穷大项就消掉了，两个熵的差就变为两个微分熵的差。

有了这样的理解之后，同样可以定义连续集情况下的联合熵和条件熵。对联合集 XY，定义

$$H_C(X,Y) = -\iint_{-\infty}^{+\infty} p(xy)\log p(xy)\mathrm{d}x\mathrm{d}y \tag{2-37}$$

为联合集 XY 的微分熵。

定义联合集 XY 的条件熵为

$$H_C(X\mid Y) = -\iint_{-\infty}^{+\infty} p(xy)\log p(x\mid y)\mathrm{d}x\mathrm{d}y \tag{2-38}$$

连续随机变量各种微分熵和平均互信息之间的关系也可以用图 2-6 所示的维拉图来描述，有

$$H_C(X,Y) = H_C(X) + H_C(Y\mid X) = H_C(Y) + H_C(X\mid Y)$$

$$I(X;Y) = I(Y;X) = H_C(X) - H_C(X\mid Y) = H_C(Y) - H_C(Y\mid X)$$

$$= H_C(X) + H_C(Y) - H_C(X,Y)$$

$$H_C(Y\mid X) \leqslant H_C(Y)$$

$$H_C(X\mid Y) \leqslant H_C(X)$$

2.6 本章小结

信息是可度量的，如何度量是本章解决的问题。我们讲了离散随机变量的自信息、条件自信息、联合自信息、互信息、熵、条件熵、联合熵、交叉熵、相对熵、平均互信息，连续随机变量的熵、条件熵、联合熵、平均互信息，共 14 个概念，见表 2-4。对这 14 个概念，需要从公式、含义、关系三个角度入手理解记忆。

其中离散集的熵、条件熵、联合熵、平均互信息 4 个概念是重点，在后续章节中经常要用到。

熵只与一个集合有关系，描述了这个集合中平均一个事件带有的信息量的大小。其余 3 个概念与两个集合有关系，从不同角度描述了这两个集合关系的紧密程度。尤其是平均互信息，描述了平均起来一个集合中的一个事件能够提供的关于另一个集合中的一个事件的信息量的大小。

表 2-4 本章小结

事件	离 散						连 续			
	自信息	条件 自信息	联合 自信息	互信息	—	—				
集合 （均值）	熵	条件熵	联合熵	平均 互信息	交叉熵	相对熵	熵	条件熵	联合熵	平均 互信息

关系

公式

自信息	$I(x_i) = -\log p(x_i)$
条件自信息	$I(x_i \mid y_j) = -\log p(x_i \mid y_j)$
联合自信息	$I(x_i y_j) = -\log p(x_i y_j)$
互信息	$I(x_i ; y_j) = \log \dfrac{p(x_i \mid y_j)}{p(x_i)}$

熵	$H(X) = -\sum\limits_{i=1}^{n} p(x_i)\log p(x_i)$	$H_C(X) = -\int_{-\infty}^{+\infty} p(x)\log p(x)\,\mathrm{d}x$
条件熵	$H(Y \mid X) = -\sum\limits_{XY} p(x_i y_j)\log p(y_j \mid x_i)$	$H_C(X \mid Y) = -\iint_{-\infty}^{+\infty} p(xy)\log p(x \mid y)\,\mathrm{d}x\,\mathrm{d}y$
联合熵	$H(X,Y) = -\sum\limits_{XY} p(x_i y_j)\log p(x_i y_j)$	$H_C(X,Y) = -\iint_{-\infty}^{+\infty} p(xy)\log p(xy)\,\mathrm{d}x\,\mathrm{d}y$
平均互信息	$I(X;Y) = \sum\limits_{XY} p(x_i y_j)\log \dfrac{p(x_i y_j)}{p(x_i)p(y_j)}$	$I(X;Y) = \iint_{-\infty}^{+\infty} p(xy)\log \dfrac{p(xy)}{p(x)p(y)}\,\mathrm{d}x\,\mathrm{d}y$
交叉熵	$H(P,Q) = -\sum\limits_{i=1}^{n} p(x_i)\log q(x_i)$	
相对熵	$KL(P \parallel Q) = \sum\limits_{i=1}^{n} p(x_i)\log \dfrac{p(x_i)}{q(x_i)}$	

2.7 习题

2-1 一个事件发生的概率越大，则它所包含的信息量越 _____ 。

2-2 互信息量 $I(x;y)$ 为正表示 _____ ，互信息量为负表示 _____ ，互信息量为 0 表示 _____ 。

2-3 判断题。

（1）$H(X) > 0$；

（2）若 X 与 Y 独立，则 $H(X)=H(X|Y)$；

（3）$I(X;Y) \leqslant H(Y)$；

（4）$H(X|X)=0$；

（5）若 X 与 Y 独立，则 $H(Y|X)=H(X|Y)$。

2-4 某系新生编班为

班级	一班	二班	三班	四班
人数	32 人	35 人	29 人	30 人

试求"小何在三班"这个消息的信息量。

2-5 在布袋中放入 81 枚硬币，它们的外形完全相同。其中 80 枚硬币重量相同，另一枚硬币重量不同。试问要确定随意取出的一枚硬币恰好是重量不同的硬币所需要的信息量是多少？进一步确定它比其他硬币是重还是轻一些所需要的信息量是多少？

2-6 居住在某地区的女孩中有 25% 是大学生，在女大学生中有 75% 是身高 1.6m 以上的，而女孩中身高 1.6m 以上的占总数一半。假如我们得知"身高 1.6m 以上的某女孩是大学生"的消息，问获得多少信息量？

2-7 试问四进制、八进制的每一波形所含的信息量是二进制每一波形所含的信息量的多少倍？

2-8 若采用 3 作为信息量对数的底，试求该信息量单位与比特单位的关系。

2-9 英文字母表中各字母出现的概率如题表 2-1 所示，试问：

（1）哪个字母携带的信息量最大？

（2）哪个字母携带的信息量最小？

（3）如果让你猜一个单词，告诉你单词的第 1 个字母是 T 或 X，那么哪个字母对你更有帮助？

题表 2-1 英文字母表中各字母出现的概率

A	0.081	H	0.051	O	0.079	V	0.009
B	0.016	I	0.072	P	0.023	W	0.020
C	0.032	J	0.001	Q	0.002	X	0.002
D	0.037	K	0.005	R	0.060	Y	0.019
E	0.124	L	0.040	S	0.066	Z	0.001
F	0.023	M	0.022	T	0.096		
G	0.016	N	0.072	U	0.031		

2-10 掷两粒骰子，当其向上的面的点数之和是 3 时，该消息所包含的信息量是多少？当点数之和是 7 时，该消息所包含的信息量又是多少？

2-11 从大量统计资料知道，男性中红绿色盲的发病率为 7%，女性中红绿色盲的发病率为 0.5%，如果你问一位男性："你是否是红绿色盲？"他的回答可能是"是"，可能是"否"，问这两个回答中各含有多少信息量？平均每个回答含有多少信息量？如果你问一位女性，则回答中含有的平均自信息量是多少？

2-12 假设有 n 枚硬币，中间有一枚是假币，重量与其他硬币不同，但是不知道是比其他硬币重,还是比其他硬币轻,现用天平对这些硬币进行称重以找出假币。

（1）试求所需要称重的次数,使得能发现这枚假币,并能知道它比其他硬币轻还是重；

（2）若 $n=12$,给出称重方案。

2-13 棒球比赛中大卫和麦克在前面的比赛中打平,最后3场与其他选手的比赛结果将最终决定他们的胜、负或平：3场比赛中,麦克胜的次数比大卫多时,麦克胜；两人胜的次数一样多时,打平；麦克胜的次数比大卫少时,麦克负。每一场比赛中,他们与其他选手的比赛结果要么胜要么负,不会出现平局的情况。

（1）假定最后3场他们与其他选手的比赛结果胜负的可能性均为0.5,把麦克的最终比赛结果{胜、负、平}作为随机变量,计算它的熵；

（2）假定大卫最后3场比赛全部获胜,计算麦克的最终比赛结果的条件熵。

2-14 幼儿园元旦开联欢会,最后一个环节是从一个布袋子里往外摸礼物,袋子里装着同样多的糖和巧克力,且数量足够多,摸出一块糖或者摸出一块巧克力,基本上不影响袋子中糖和巧克力的比例分布。摸取的规则是：如果摸到一块糖,则允许小朋友再摸取一次,直至摸到一块巧克力,就不允许再摸了。问：

（1）所有小朋友们摸出的糖的总和要比巧克力的总和多吗？

（2）一位小朋友摸出礼物的个数用离散随机变量 X 表示,计算 X 的熵。

2-15 就业问题。假如政府的就业问题顾问在考虑全国的就业问题时,把全体国民的就业情况分为3类：全就业（100％就业）,部分就业（50％就业）,失业（0％就业）,分别用概率 $p(E),p(F),p(U)$ 表示,要使全民的平均就业率达到95％,请问：

（1）$p(E)$ 的取值范围；

（2）就业情况的熵作为 $p(E)$ 的函数,画出它在 $p(E)$ 的取值范围内的曲线；

（3）求就业情况熵的最大值。

2-16 一个年轻人研究了当地的天气记录和气象台的预报记录后,得到实际天气和预报天气的联合概率分布,如题表2-2所示。他发现预报只有12/16的准确率,而不管三七二十一都预报明天不下雨的准确率却是13/16。他把这个想法跟气象台台长说了后,台长却说他错了。请问这是为什么？

题表 2-2 天气分布

预　　报	实　　际	
	下　　雨	不　下　雨
下　　雨	1/8	3/16
不下雨	1/16	10/16

2-17 试证明：任何两个事件之间的互信息量不可能大于其中任意事件的自信息量。

2-18 设随机变量 X 的概率分布为 $\left\{\dfrac{2}{10},\dfrac{2}{10},\dfrac{2}{10},\dfrac{1}{10},\dfrac{1}{10},\dfrac{1}{10},\dfrac{1}{10}\right\}$。随机变量 Y 是 X 的函数,其分布为将 X 的4个最小的概率分布合并为一个：$\left\{\dfrac{2}{10},\dfrac{2}{10},\dfrac{2}{10},\dfrac{4}{10}\right\}$。

（1）显然 $H(X)\leqslant\log 7$,请解释原因；

（2）请解释为什么 $H(X)>\log 5$；

（3）计算 $H(X),H(Y)$；

（4）计算 $H(X|Y)$ 并解释其结果。

2-19　找出一个概率分布 $\{p_1,p_2,\cdots,p_5\}$，并且 $p_i>0$，使得 $H(p_1,p_2,\cdots,p_5)=2$。

2-20　已知随机变量 X 和 Y 的联合概率分布 $p(x_iy_j)$ 满足

$$p(x_1)=\frac{1}{2},\quad p(x_2)=p(x_3)=\frac{1}{4},\quad p(y_1)=\frac{2}{3},\quad p(y_2)=p(y_3)=\frac{1}{6}$$

试求能使 $H(X,Y)$ 取最大值的联合概率分布。

2-21　图像直方图是图像信息的统计图，以灰度图像为例，横坐标是 256 种颜色，纵坐标是具有该种颜色的像素的数目，或者该数目占总像素个数的比例，如题图 2-1 所示是加密前后两幅图像的直方图，试从信息论的角度，从熵函数的数学性质分析，为什么加密之后，破解图像内容的难度加大了。

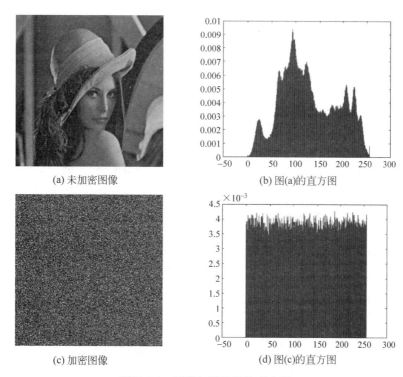

(a) 未加密图像　　　　　　　　(b) 图(a)的直方图

(c) 加密图像　　　　　　　　(d) 图(c)的直方图

题图 2-1　图像加密前后的直方图

2-22　如何用信息论的方法判断一串随机数的随机性？

2-23　设 X 是一离散随机变量，函数 $Y=f(X)$，证明 Y 的熵小于或者等于 X 的熵。该结论称为数据处理定理，说明数据经过处理（函数 f 的作用）之后，信息量只会减少或者不变，不会增加。

2-24　设有一连续随机变量，其概率密度函数

$$f(x)=\begin{cases}bx^2,&0\leqslant x\leqslant a\\0,&\text{其他}\end{cases}$$

试求熵 $H(X)$。

第3章

CHAPTER 3

离 散 信 源

3.1　离散信源的数学模型

信源是产生消息和消息序列的源头,它可以是人、生物、机器或其他事物。信源发出的消息有语音、图像、文字等。信源发出的是消息而不是信息,这是因为信息看不见摸不着,只能通过消息来研究它,消息上带有信息。

离散信源的数学模型是

$$\begin{bmatrix} X \\ P \end{bmatrix} = \begin{bmatrix} x_1 & x_2 & \cdots & x_n \\ p(x_1) & p(x_2) & \cdots & p(x_n) \end{bmatrix}$$

其中,共有 n 个信源符号,

$$p(x_i) \geqslant 0 \quad (i=1,2,\cdots,n) \quad \text{且} \quad \sum_{i=1}^{n} p(x_i) = 1$$

在信源中,我们不再称 x_1,x_2,$\cdots$,x_n 为事件,而称为符号。

离散信源的数学模型表明信源总共可以发出 n 个符号,一次(或每一时刻)只能发出这 n 个符号中的一个,发出的这个符号到底是这 n 个符号中的哪一个,这是随机的,但每个符号出现的概率已知。这样信源就能够源源不断地发出一个符号序列,这个符号序列记为 x_{i1},x_{i2},x_{i3},$\cdots$,即第 1 次(时刻 1)发出的符号是 x_{i1},第 2 次(时刻 2)发出的符号是 x_{i2},第 3 次(时刻 3)发出的符号是 x_{i3},$\cdots$。在不引起混淆的情况下,序列 x_{i1},x_{i2},x_{i3},$\cdots$ 常常简记为 $x_1 x_2 x_3 \cdots$。

【例 3-1】　某信源只发出两个符号"0"和"1",两个符号出现的概率相等,该信源的数学模型是

$$\begin{bmatrix} X \\ P \end{bmatrix} = \begin{bmatrix} 0 & 1 \\ \dfrac{1}{2} & \dfrac{1}{2} \end{bmatrix}$$

这个信源在不断地按照相等的概率发出 0 和 1 两个符号,形成一个 0-1 序列。"0011000100110011100110101"是其中一个可能的序列,其中有 13 个 0、11 个 1。

"0101011100010100011001001011110101101001100100010010110011110"也是一个可能的序列,其中有 31 个 0、29 个 1。

【例 3-2】　老师在讲课时不断地发出一个一个的汉字,老师就是一个信源。该信源发

出的符号包括所有的汉字,每个汉字按照一定的概率出现,所有的已经发出的汉字构成了信源序列。

3.2 信源的分类

信源可以分为无记忆信源和有记忆信源。

3.2.1 无记忆信源

如果信源将要发出的符号,与已经发出的符号序列中的任何一个符号都没有关系,或者说已经出现的符号序列对将要出现的符号没有影响,那么这个信源是无记忆信源。

"已经出现的符号序列对将要出现的符号没有影响"用数学的方式表达出来就是

$$p(x_i \mid x_1 x_2 \cdots x_{i-1}) = p(x_i)$$

即已经出现的符号序列对将要出现的这个符号出现的概率没有影响,其中,$x_1 x_2 \cdots x_{i-1}$ 是信源已经发出的符号序列,x_i 是将要出现的信源符号。

【例 3-3】 例 3-1 中的信源是一个无记忆信源。这是因为无论信源已经发出的符号是什么,它总是按照各为 1/2 的概率发出 0 或 1 中的一个。

3.2.2 有记忆信源

无记忆信源相对比较简单,但在日常生活和工程实践中并不常见。通常情况下,已经出现的符号对将要出现的符号有影响,这种信源称为有记忆信源。实际问题中的信源往往是有记忆的。下面看两个例子。

【例 3-4】 老师上课的例子中,老师是一个有记忆信源。这是因为汉语是有记忆的,如图 3-1 所示,出现第一个汉字"我"之后,"们""要""的""把""看"等汉字出现的概率上升,而"碗""机""水""书""框"等汉字出现的概率下降。即如果假设 $p(们)=0.01$,$p(碗)=0.01$,则出现"我"之后,"们"和"碗"出现的概率有可能变为 $p(们|我)=0.05$,$p(碗|我)=0.001$。

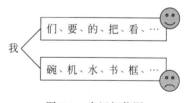

图 3-1 有记忆信源

有记忆信源又可以分为有限记忆信源和无限记忆信源。如果信源将要发出的消息符号只与前面 m 个符号有关,与更前面的符号无关,即

$$p(x_i \mid x_{i-1} x_{i-2} \cdots x_{i-m} x_{i-m-1} \cdots x_1) = p(x_i \mid x_{i-1} x_{i-2} \cdots x_{i-m})$$

则该信源为有限记忆信源,即记忆长度有限,为 m。

如果信源将要发出的消息符号与前面已经发出的所有符号都有关,即

$$p(x_i \mid x_{i-1} x_{i-2} x_{i-3} \cdots)$$

则该信源为无限记忆信源,即记忆长度无限。

工程实践中遇到的有记忆信源一般都是有限记忆信源。

【例 3-5】 试判断图 3-2 中两个信源的记忆特性,是无记忆信源还是有记忆信源。

无论哪一个信源序列,其中黑色格子和白色格子出现的概率都相等,即信源模型均为

图 3-2　两个信源序列

$$\begin{bmatrix} X \\ P \end{bmatrix} = \begin{bmatrix} 黑 & 白 \\ \dfrac{1}{2} & \dfrac{1}{2} \end{bmatrix}$$

对于信源序列 1，条件概率为

$$p(黑 \mid 黑) = p(黑 \mid 白) = p(黑) = \frac{1}{2}$$

$$p(白 \mid 黑) = p(白 \mid 白) = p(白) = \frac{1}{2}$$

这说明，无论前一个格子是黑色还是白色，下一个格子是黑色或者白色的概率均不发生变化，总是 $\dfrac{1}{2}$，因此这是一个无记忆信源。

对于信源序列 2，条件概率为

$$p(黑 \mid 黑) = \frac{1}{5}, \quad p(黑 \mid 白) = \frac{4}{5}$$

$$p(白 \mid 黑) = \frac{4}{5}, \quad p(白 \mid 白) = \frac{1}{5}$$

这说明，前一个格子的颜色对下一个格子的颜色有影响，由 $\dfrac{1}{2}$ 变为 $\dfrac{1}{5}$ 或者 $\dfrac{4}{5}$，因此这是一个有记忆信源。

3.3　离散无记忆信源

3.3.1　离散无记忆信源及其熵

离散无记忆信源是最简单，也是最基本的一类信源。

【定义 3-1】 设信源 X 的符号集为 $\{x_1, x_2, \cdots, x_n\}$，$n$ 为信源能发出的符号个数，每个符号发生的概率为 $p(x_i)$，$i = 1, 2, \cdots, n$，这些符号彼此互不相关，且有

$$\begin{bmatrix} X \\ P \end{bmatrix} = \begin{bmatrix} x_1 & x_2 & \cdots & x_n \\ p(x_1) & p(x_2) & \cdots & p(x_n) \end{bmatrix} \tag{3-1}$$

其中，

$$p(x_i) \geqslant 0 \quad (i = 1, 2, \cdots, n) \quad 且 \quad \sum_{i=1}^{n} p(x_i) = 1$$

则称 X 为离散无记忆信源。

【定义 3-2】 信源 X 中消息符号 x_i 的自信息量定义为

$$I(x_i) = -\log p(x_i) \tag{3-2}$$

【定义 3-3】 信源 X 的平均自信息量,即信源熵定义为

$$H(X) = -\sum_{i=1}^{n} p(x_i)\log p(x_i) \tag{3-3}$$

信源中一个消息符号的自信息量表示该符号带有的信息量的多少,而信源熵是所有符号带有的信息量的平均值,因此信源熵表示的是平均每个信源符号带有的信息量的多少,所以信源熵的单位为比特/符号。

【例 3-6】 计算机中常见的信源是二元信源,二元信源可以描述为

$$\begin{bmatrix} X \\ P \end{bmatrix} = \begin{bmatrix} 0 & 1 \\ p & 1-p \end{bmatrix} \quad 0 \leqslant p \leqslant 1$$

则二元信源的熵为

$$H(X) = -p\log p - (1-p)\log(1-p)$$

可见,二元信源的熵是 p 的函数,函数图形如图 3-3 所示。

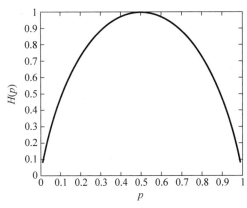

图 3-3 二元信源的熵

例 3-1 中描述的信源的熵为

$$H(X) = -\frac{1}{2}\log\frac{1}{2} - \frac{1}{2}\log\frac{1}{2} = 1 \text{ 比特 / 符号}$$

即在该信源中,平均每个信源符号上带有 1 比特的信息量。

再如:

【例 3-7】 有一个三元信源

$$\begin{bmatrix} X \\ P \end{bmatrix} = \begin{bmatrix} x_1 & x_2 & x_3 \\ \dfrac{1}{2} & \dfrac{1}{4} & \dfrac{1}{4} \end{bmatrix}$$

则该信源的熵为

$$H(X) = -\sum_{i=1}^{3} p(x_i)\log p(x_i) = -\frac{1}{2}\log\frac{1}{2} - 2 \times \frac{1}{4}\log\frac{1}{4} = 1.5 \text{ 比特 / 符号}$$

【例 3-8】 请从信息论的角度说明,为什么玩扑克牌的时候需要先洗牌?

是否洗牌,得到的信源模型是不同的。假设不考虑大小王,且自己先摸对方后摸,摸到

的第一张牌是 A。

洗牌使得牌的分布是均匀的，则对方也摸到 A 的概率是 $\frac{3}{51}$，摸到其他牌的概率各为 $\frac{4}{51}$，则此时猜测对方的牌，所需的信息量是

$$H_{洗牌} = -\frac{3}{51}\log\frac{3}{51} - 12 \times \frac{4}{51}\log\frac{4}{51} = 3.6968 \text{ 比特}$$

如果不洗牌，则容易出现几张同样大小的牌连续出现的情况。此时自己摸到 A 之后，假设对方也摸到 A 的概率上升为 $\frac{39}{51}$，摸到其他牌的概率各为 $\frac{1}{51}$，则此时猜测对方的牌，所需的信息量是

$$H_{不洗牌} = -\frac{39}{51}\log\frac{39}{51} - 12 \times \frac{1}{51}\log\frac{1}{51} = 1.6306 \text{ 比特}$$

3.6968＞1.6306，所以洗过牌之后，在摸牌环节猜测对方的牌将更加困难。

3.3.2　离散无记忆信源的扩展信源及其熵

在 3.3.1 节中，我们给出的信源模型是 $\begin{bmatrix} X \\ P \end{bmatrix} = \begin{bmatrix} x_1 & x_2 & \cdots & x_n \\ p(x_1) & p(x_2) & \cdots & p(x_n) \end{bmatrix}$，这其实是在一个符号一个符号地研究信源，但有时这样不能满足实际应用的需要，例如，汉语中更多地考察的是句子，而不是汉字；英语中更多地考察的是单词，而不是字母；图像中更多地考察的是整幅图像，而不是单个像素。因此有必要研究 N 次扩展信源。

【例 3-9】　N 次扩展信源的例子。

(1) 二进制信源：$X = \{00, 01, 10, 11\}$，则 $N = 2$

(2) 汉语：$X = \{$我们在上课，张三睡着了，$\cdots\}$，则 $N = 5$

(3) 英语：$X = \{$the, car, ear, she, you, $\cdots\}$，则 $N = 3$

为了给出 N 次扩展信源的数学定义，先来看看离散无记忆二进制信源 $\begin{bmatrix} X \\ P \end{bmatrix} = \begin{bmatrix} 0 & 1 \\ p & 1-p \end{bmatrix}$ 的二次扩展信源和三次扩展信源。

1. 二次扩展信源

X 的二次扩展信源记作 X^2，其中包含 4 个长度为 2 的序列 $\{00, 01, 10, 11\}$，这 4 个序列分别记为 a_1, a_2, a_3, a_4。由于原始信源 X 是无记忆的，因此每个序列出现的概率为序列中两个符号出现概率的乘积，因此二次扩展信源为

$$\begin{bmatrix} X^2 \\ P \end{bmatrix} = \begin{bmatrix} a_1 & a_2 & a_3 & a_4 \\ p(a_1) & p(a_2) & p(a_3) & p(a_4) \end{bmatrix} = \begin{bmatrix} 00 & 01 & 10 & 11 \\ p^2 & p(1-p) & p(1-p) & (1-p)^2 \end{bmatrix}$$

其中 a_i 是原信源 X 的一个长度为 2 的序列，又是二次扩展信源 X^2 的一个信源符号。

2. 三次扩展信源

X 的三次扩展信源记作 X^3，其中包含 8 个长度为 3 的序列 $\{000, 001, 010, \cdots, 111\}$，这 8 个序列分别记为 $a_1, a_2, \cdots, a_8$，每个序列出现的概率为序列中三个符号出现概率的乘积，因此三次扩展信源为

$$\begin{bmatrix} X^3 \\ P \end{bmatrix} = \begin{bmatrix} a_1 & a_2 & \cdots & a_8 \\ p(a_1) & p(a_2) & \cdots & p(a_8) \end{bmatrix} = \begin{bmatrix} 000 & 001 & \cdots & 111 \\ p^3 & p^2(1-p) & \cdots & (1-p)^3 \end{bmatrix}$$

其中 a_i 是原信源 X 的一个长度为 3 的序列,又是三次扩展信源 X^3 的一个信源符号。

3. N 次扩展信源

看过前面的例子,更容易理解 N 次扩展信源的概念。

【定义 3-4】 离散无记忆信源 $\begin{bmatrix} X \\ P \end{bmatrix} = \begin{bmatrix} x_1 & x_2 & \cdots & x_n \\ p(x_1) & p(x_2) & \cdots & p(x_n) \end{bmatrix}$ 的 N 次扩展信源

X^N 包含全部 n^N 个长度为 N 的序列,每一个序列出现的概率为序列中各个符号出现的概率的乘积,即

$$\begin{bmatrix} X^N \\ P \end{bmatrix} = \begin{bmatrix} a_1 & a_2 & \cdots & a_{n^N} \\ p(a_1) & p(a_2) & \cdots & p(a_{n^N}) \end{bmatrix} \tag{3-4}$$

其中,

$$X^N = X \times X \times \cdots \times X, \quad a_i = x_{i_1} x_{i_2} \cdots x_{i_N}$$

$$p(a_i) = \prod_{k=1}^{N} p(x_{i_k}) = \prod_{k=1}^{N} p_{i_k}$$

【定理 3-1】 离散无记忆信源 X 的 N 次扩展信源 X^N 的熵等于信源 X 的熵的 N 倍,即

$$H(X^N) = NH(X) \tag{3-5}$$

证明:

$$H(X^N) = -\sum_{X^N} p(a_i) \log p(a_i) = -\sum_{X^N} p(a_i) \log \prod_{k=1}^{N} p_{i_k} = -\sum_{X^N} p(a_i) \sum_{k=1}^{N} \log p_{i_k}$$

$$= -\sum_{k=1}^{N} \sum_{X^N} p(a_i) \log p_{i_k} = -\sum_{k=1}^{N} \sum_{X^N} p_{i_1} \cdots p_{i_k} \cdots p_{i_N} \log p_{i_k}$$

$$= -\sum_{k=1}^{N} \sum_{X^N} p_{i_1} \cdots (p_{i_k} \log p_{i_k}) \cdots p_{i_N} = -\sum_{k=1}^{N} \left(\sum_{i_k=1}^{n} p_{i_k} \log p_{i_k} \sum_{i_1=1}^{n} p_{i_1} \cdots \sum_{i_N=1}^{n} p_{i_N} \right)$$

$$= -\sum_{k=1}^{N} \sum_{i_k=1}^{n} p_{i_k} \log p_{i_k} = \sum_{k=1}^{N} \left(-\sum_{i_k=1}^{n} p_{i_k} \log p_{i_k} \right) = \sum_{k=1}^{N} H(X) = NH(X)$$

这说明扩展信源中平均一个符号(即长度为 N 的序列)上带有的信息量是原信源中平均一个符号上带有的信息量的 N 倍。

【例 3-10】 接例 3-7,求 $\begin{bmatrix} X \\ P \end{bmatrix} = \begin{bmatrix} x_1 & x_2 & x_3 \\ \dfrac{1}{2} & \dfrac{1}{4} & \dfrac{1}{4} \end{bmatrix}$ 的二次扩展信源的熵。

方法一:二次扩展信源为

$$\begin{bmatrix} X^2 \\ P \end{bmatrix} = \begin{bmatrix} x_1x_1 & x_1x_2 & x_1x_3 & x_2x_1 & x_2x_2 & x_2x_3 & x_3x_1 & x_3x_2 & x_3x_3 \\ \dfrac{1}{4} & \dfrac{1}{8} & \dfrac{1}{8} & \dfrac{1}{8} & \dfrac{1}{16} & \dfrac{1}{16} & \dfrac{1}{8} & \dfrac{1}{16} & \dfrac{1}{16} \end{bmatrix}$$

则

$$H(X^2) = \frac{1}{4}\log 4 + \frac{1}{8}\log 8 + \cdots + \frac{1}{16}\log 16 = 3 \text{ 比特 / 符号}$$

方法二：利用定理 3-1

$$H(X^2) = 2H(X) = 2 \times 1.5 = 3 \text{ 比特 / 符号}$$

可见，两种方法求出的熵是相等的。

3.4 马尔可夫信源（有限记忆信源）

3.4.1 马尔可夫信源的定义

在 3.2.2 节中我们说过，工程实践中遇到的有记忆信源基本上都属于有限记忆信源，这种信源有一个名字，称为马尔可夫信源。

【定义 3-5】 在信源 X 中，如果将要出现的符号仅与刚刚出现的 m 个符号有关，与更早出现的符号无关，则称 X 为 m 阶马尔可夫信源，即

$$p(x_i \mid x_{i-1}x_{i-2}\cdots x_{i-m}\cdots x_1) = p(x_i \mid x_{i-1}x_{i-2}\cdots x_{i-m}) \tag{3-6}$$

【例 3-11】 信源 $X = \{0,1,2,3\}$，信源将要发出的符号是前面两个符号的和对 4 的余数，即

$$x_i \equiv (x_{i-1} + x_{i-2}) \bmod 4$$

显然这是一个 2 阶马尔可夫信源，因为将要出现的符号只与前面的两个符号有关。

$$\begin{cases} p(x_i \mid x_{i-1}x_{i-2}) = 1, & (x_i \equiv (x_{i-1} + x_{i-2}) \bmod 4) \\ p(x_i \mid x_{i-1}x_{i-2}) = 0, & \text{其他} \end{cases}$$

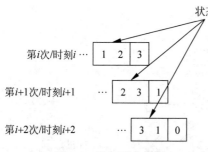

图 3-4 马尔可夫信源

如图 3-4 所示，假设时刻 i 信源已经发出的两个符号是 1、2，则时刻 i 或者说第 i 次发出的符号是

$$(1+2) \bmod 4 \equiv 3$$

时刻 $i+1$ 发出的符号与 1 已经无关，只与 2 和 3 有关，时刻 $i+1$ 发出的符号是

$$(2+3) \bmod 4 \equiv 1$$

以此类推，信源发出序列是…12310112…。

在例 3-11 中，每一个将要发出的符号只与前面的两个符号相关，将这两个符号连在一起，看成一个整体，我们把它称为"状态"。时刻 i 发出的符号与状态"12"有关，发出符号 3 之后，状态变为"23"，时刻 $i+1$ 发出的符号与该状态"23"有关，……。

"状态"是马尔可夫信源中的一个重要概念，m 阶马尔可夫信源的状态由 m 个信源符号构成。如果信源有 n 个符号，则 m 阶马尔可夫信源共有 n^m 种状态。假设当前所处的状态为 $S_k = x_{i-1}x_{i-2}\cdots x_{i-m}$，则发出符号 x_i 之后，状态变为 $S_l = x_i x_{i-1}\cdots x_{i-m+1}$。因此，式(3-6)所定义的马尔可夫信源中符号对符号序列的依赖关系就变为状态对状态的依赖关系，即

$$p(x_i \mid x_{i-1}x_{i-2}\cdots x_{i-m+1}x_{i-m}) = p(x_i x_{i-1}\cdots x_{i-m+1} \mid x_{i-1}x_{i-2}\cdots x_{i-m+1}x_{i-m})$$

$$= p(S_l \mid S_k) \tag{3-7}$$

3.4.2 有限状态马尔可夫链

马尔可夫链并不是信源,它体现的是一种状态和状态之间的"一环扣一环"的性质,因此称为"链"。之所以要在介绍信源的时候介绍马尔可夫链,是因为马尔可夫信源是具有马尔可夫链性质的信源,这点将在 3.4.3 节中讲解。

【定义 3-6】 一个状态序列:S_1,S_2,$\cdots$,S_l,$\cdots$,若满足以下条件:

(1) 有限性:可能的状态数目 $J < \infty$,即只有有限个可能的状态;

(2) 马氏性:系统将要达到的状态,只与当前的状态有关,与更早的状态无关,即

$$p(S_l \mid S_{l-1}S_{l-2}\cdots S_1) = p(S_l \mid S_{l-1}) \tag{3-8}$$

则称此随机状态序列为有限状态马尔可夫链。

由式(3-8)能够看出马尔可夫链中将要出现的状态只与它前面的一个状态有关系,体现了状态和状态之间的"一环扣一环"的性质。

描述马尔可夫链的数学工具是状态转移矩阵和状态转移图。已知系统当前处于状态 S_k,则系统将要到达的状态为 S_l 的概率为

$$p_{kl} = p(S_l \mid S_k)$$

由于所有可能的状态有 J 个,因此这样的概率共有 $J \times J$ 个,所有这些概率组成一个矩阵

$$\boldsymbol{P} = \begin{bmatrix} p_{11} & p_{12} & \cdots & p_{1J} \\ p_{21} & p_{22} & \cdots & p_{2J} \\ \vdots & \vdots & \ddots & \vdots \\ p_{J1} & p_{J2} & \cdots & p_{JJ} \end{bmatrix} \tag{3-9}$$

由于 p_{kl} 表示由状态 S_k 转移为状态 S_l 的概率,因此矩阵 $\boldsymbol{P}$ 称为状态转移矩阵。

状态转移矩阵中每一行元素的和均为 1,这是因为第 i 行元素的和为

$$\sum_{j=1}^{J} p_{ij} = \sum_{j=1}^{J} p(S_j \mid S_i) = p(S_1, S_2, \cdots, S_J \mid S_i) = 1$$

它的含义是,当前状态 S_k 必然转移为所有可能状态$\{S_1$,S_2,$\cdots$,$S_J\}$中的一个。

概率 p_{kl} 还可以用图形化的方式表示,如图 3-5 所示,该图称为状态转移图,表示由状态 S_k 转移为状态 S_l 的概率是 p_{kl}。

状态转移矩阵 $\boldsymbol{P}$ 中所有元素都可以表示为图 3-5 的样子,所有状态之间的转移关系连在一起,构成了整个系统的状态转移图。

【例 3-12】 一个系统有 2 个状态$\{S_1$,$S_2\}$,状态转移矩阵为

$$\boldsymbol{P} = \begin{bmatrix} 0.25 & 0.75 \\ 0.5 & 0.5 \end{bmatrix}$$

则状态转移图(见图 3-6)为

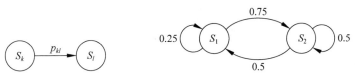

图 3-5 状态转移图　　　　图 3-6 例 3-12 的状态转移图

可见状态转移矩阵和状态转移图之间有一一对应的关系，根据状态转移矩阵可以画出状态转移图，根据状态转移图也能写出状态转移矩阵。

3.4.3　马尔可夫信源的马尔可夫链性质

在式(3-7)中，已经将 m 阶马尔可夫信源中 1 个符号对 m 个符号的依赖关系转换为状态和状态之间的"一环扣一环"的关系，因此马尔可夫信源是具有马尔可夫链性质的信源，这样就能用描述马尔可夫链的工具——状态转移矩阵和状态转移图，来描述马尔可夫信源，而且还可以从另一个角度来定义马尔可夫信源。

【**定义 3-7**】　若信源输出的符号和状态满足下列条件，则称此信源为 m 阶马尔可夫信源。

（1）某一时刻，将要出现的信源符号只与当时信源所处的状态有关，与以前的状态无关，即

$$p(x_i \mid x_{i-1}x_{i-2}\cdots x_{i-m}) = p(x_i \mid S_k) \tag{3-10}$$

（2）信源的状态只由当前输出符号和前一时刻信源的状态唯一确定，即

$$p(S_l \mid x_i, S_k) = \begin{cases} 0, & S_l \neq x_i x_{i-1}\cdots x_{i-m+1} \\ 1, & S_l = x_i x_{i-1}\cdots x_{i-m+1} \end{cases} \tag{3-11}$$

该定义与定义 3-5 是一致的，只不过用了另外一种描述方法。

【**例 3-13**】　接例 3-11，因为 2 阶马尔可夫信源 $X = \{0, 1, 2, 3\}$ 有 4 个符号，因此该信源共有

$$n^m = 4^2 = 16$$

个状态，其状态转移矩阵为

$$
P =
\begin{array}{c}
 \\
00 \\ 01 \\ 02 \\ 03 \\ 10 \\ 11 \\ 12 \\ 13 \\ 20 \\ 21 \\ 22 \\ 23 \\ 30 \\ 31 \\ 32 \\ 33
\end{array}
\begin{array}{cccccccccccccccc}
00 & 01 & 02 & 03 & 10 & 11 & 12 & 13 & 20 & 21 & 22 & 23 & 30 & 31 & 32 & 33 \\
1 & & & & & & & & & & & & & & & \\
 & & & & & 1 & & & & & & & & & & \\
 & & & & & & & & & & 1 & & & & & \\
 & & & & & & & & & & & & & & & 1 \\
 & 1 & & & & & & & & & & & & & & \\
 & & & & & & 1 & & & & & & & & & \\
 & & & & & & & & & & & 1 & & & & \\
 & & & & & & & & & & & & 1 & & & \\
 & 1 & & & & & & & & & & & & & & \\
 & & & & & & 1 & & & & & & & & & \\
 & & & & & & & & & 1 & & & & & & \\
 & & & & & & & & & & & & & & 1 & \\
 & & 1 & & & & & & & & & & & & & \\
 & & & & 1 & & & & & & & & & & & \\
 & & & & & & & & & & 1 & & & & & \\
 & & & & & & & & & & & & & & 1 & \\
\end{array}
$$

状态转移图（见图 3-7）为

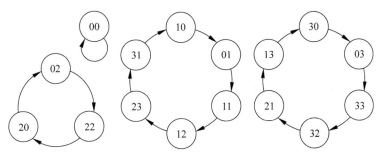

图 3-7　例 3-13 的状态转移图

3.4.4　马尔可夫信源的熵

1. 平稳马尔可夫信源

有的时候,马尔可夫信源输出的状态序列与系统的初始状态有关系,这点可以从下面的例 3-14 看出。

【例 3-14】 接例 3-13,从表 3-1 能够看出,信源的初始状态不同,产生的状态序列是不一样的,这直接导致状态分布和信源分布发生变化,从而使得信源熵发生变化。

表 3-1　初始状态对信源熵的影响

初始状态	状态序列	状态分布		符号序列	信源分布		信源熵（比特/符号）
00	00	$\begin{bmatrix} S \\ P \end{bmatrix} = \begin{bmatrix} 00 & 其他 \\ 1 & 0 \end{bmatrix}$		0000000	$\begin{bmatrix} X \\ P \end{bmatrix} = \begin{bmatrix} 0 & 1 & 2 & 3 \\ 1 & 0 & 0 & 0 \end{bmatrix}$		$H(X)=0$
02	02 22 20	$\begin{bmatrix} S \\ P \end{bmatrix} = \begin{bmatrix} 02/22/20 & 其他 \\ \dfrac{1}{3} & 0 \end{bmatrix}$		022022 022···	$\begin{bmatrix} X \\ P \end{bmatrix} = \begin{bmatrix} 0 & 1 & 2 & 3 \\ \dfrac{1}{3} & 0 & \dfrac{2}{3} & 0 \end{bmatrix}$		$H(X)=0.9183$
10	10 01 11 12 23 31	$\begin{bmatrix} S \\ P \end{bmatrix} = \begin{bmatrix} 10/01/11/12/23/31 & 其他 \\ \dfrac{1}{6} & 0 \end{bmatrix}$		101123 101123 ···	$\begin{bmatrix} X \\ P \end{bmatrix} = \begin{bmatrix} 0 & 1 & 2 & 3 \\ \dfrac{1}{6} & \dfrac{1}{2} & \dfrac{1}{6} & \dfrac{1}{6} \end{bmatrix}$		$H(X)=1.7925$
30	30 03 33 32 21 13	$\begin{bmatrix} S \\ P \end{bmatrix} = \begin{bmatrix} 30/03/33/32/21/13 & 其他 \\ \dfrac{1}{6} & 0 \end{bmatrix}$		303321 303321 ···	$\begin{bmatrix} X \\ P \end{bmatrix} = \begin{bmatrix} 0 & 1 & 2 & 3 \\ \dfrac{1}{6} & \dfrac{1}{6} & \dfrac{1}{6} & \dfrac{1}{2} \end{bmatrix}$		$H(X)=1.7925$

这个例子说明,当信源输出的状态序列受初始状态影响的时候,无法给出信源熵的一个确定的值。因此本课程中,我们只研究状态序列不受初始状态影响的情况。这种马尔可夫信源称为平稳马尔可夫信源。

平稳马尔可夫信源的含义包括两点:

(1) 经过足够长的时间之后,信源的 n^m 个状态出现的概率逐渐稳定下来,不再发生变化。

（2）状态的稳定分布与初始状态无关，即无论信源一开始处在什么状态，最终都将达到同样的稳定分布。

为了求得平稳马尔可夫信源的熵，首先要判断一个马尔可夫信源是否平稳。我们不加证明给出如下定理。

【定理 3-2】　遍历的马尔可夫信源是平稳马尔可夫信源。

所谓遍历的马尔可夫信源指的是状态转移图中各个状态是互相可达的，即从任何一个状态出发都可以到达其他任何状态，即能将所有状态遍历一遍。像图 3-7 所示的信源就不是遍历的，因为有些状态之间不连通。

在 3.4.2 节介绍马尔可夫链的时候说过，状态转移图和状态转移矩阵是等价的，我们已经知道了如何根据状态转移图判断信源是否为遍历的马尔可夫信源，那如何从状态转移矩阵的角度判断信源是否为遍历的马尔可夫信源呢？这需要将状态转移矩阵做进一步的划分。

式(3-9)描述的状态转移矩阵表示一个状态经过 1 步转移到另外一个状态的矩阵，即转移 1 次的概率，因此称为一步转移矩阵。如果要描述一个状态经过多次转移，转移到另外一个状态的概率，则需要多步转移矩阵 $\boldsymbol{P}^{(r)}$，

$$\boldsymbol{P}^{(r)} = [p_{ij}^{(r)}], \quad i,j = 1,2,\cdots,n^m \tag{3-12}$$

其中，$p_{ij}^{(r)}$ 表示从状态 S_i 经过 r 次转移，转移到状态 S_j 的概率。

多步转移矩阵之间存在下述切普曼-柯尔莫格洛夫方程

$$\boldsymbol{P}^{(r+t)} = \boldsymbol{P}^{(r)}\boldsymbol{P}^{(t)} \quad (r,t \geqslant 1) \tag{3-13}$$

从式(3-13)不难得到如下结论

$$\boldsymbol{P}^{(r)} = \boldsymbol{P}^r \tag{3-14}$$

即 r 步转移矩阵等于一步转移矩阵的 r 次方。

有了多步转移矩阵的概念，可以从状态转移矩阵的角度给出遍历的马尔可夫信源，或者说平稳马尔可夫信源的判定定理。

【定理 3-3】　设 P 为马尔可夫信源的一步状态转移矩阵，该信源为平稳马尔可夫信源的充要条件是存在一个正整数 N，使矩阵 $\boldsymbol{P}^N$ 中的所有元素均大于 0。

定理 3-3 中，$\boldsymbol{P}^N$ 的含义是最多经过 N 步，"所有元素均大于 0"的含义是各个状态是互相可达的。因此定理 3-3 与定理 3-2 本质上是一致的，区别在于定理 3-3 是从状态转移矩阵角度给出结论，定理 3-2 是从状态转移图角度给出结论。通常一步转移矩阵简称为转移矩阵。

【例 3-15】　设有一个二进制二阶马尔可夫信源，其信源符号集为 $\{0,1\}$，条件概率为

$$p(0 \mid 00) = p(1 \mid 11) = 0.8$$
$$p(1 \mid 00) = p(0 \mid 11) = 0.2$$
$$p(0 \mid 01) = p(0 \mid 10) = p(1 \mid 01) = p(1 \mid 10) = 0.5$$

试判断这个信源是否为平稳马尔可夫信源。

解： 这是一个二进制二阶马尔可夫信源，因此共有 $n^m = 2^2 = 4$ 个状态：00、01、10、11。状态转移概率为

$$p(00 \mid 00) = p(0 \mid 00) = 0.8 \qquad p(10 \mid 01) = p(0 \mid 01) = 0.5$$
$$p(01 \mid 00) = p(1 \mid 00) = 0.2 \qquad p(11 \mid 01) = p(1 \mid 01) = 0.5$$

$$p(00 \mid 10) = p(0 \mid 10) = 0.5 \qquad p(10 \mid 11) = p(0 \mid 11) = 0.2$$
$$p(01 \mid 10) = p(1 \mid 10) = 0.5 \qquad p(11 \mid 11) = p(1 \mid 11) = 0.8$$

其余的为 0。因此状态转移矩阵为

$$\boldsymbol{P} = \begin{bmatrix} 0.8 & 0.2 & 0 & 0 \\ 0 & 0 & 0.5 & 0.5 \\ 0.5 & 0.5 & 0 & 0 \\ 0 & 0 & 0.2 & 0.8 \end{bmatrix}$$

存在正整数 $N = 2$，使矩阵 $\boldsymbol{P}^N$ 中的所有元素均大于 0，

$$\boldsymbol{P}^2 = \begin{bmatrix} 0.64 & 0.16 & 0.1 & 0.1 \\ 0.25 & 0.25 & 0.1 & 0.4 \\ 0.4 & 0.1 & 0.25 & 0.25 \\ 0.1 & 0.1 & 0.16 & 0.64 \end{bmatrix}$$

因此该信源为平稳马尔可夫信源。

从状态转移图，可以得到同样的结论。从图 3-8 能够看出，从 4 个状态中的任何一个出发，最多经过 2 步，都能够到达其他任何一个状态，即能够遍历所有状态，因此该信源为平稳马尔可夫信源。

2. 平稳马尔可夫信源的熵

平稳马尔可夫信源中 n^m 个状态出现的概率能够逐渐稳定下来，不再发生变化。设达到稳定分布之后，各个状态的概率为 $p(S_1), p(S_2), \cdots, p(S_{n^m})$，那马尔可夫信源的熵是 $-\sum\limits_{i=1}^{n^m} p(S_i) \log p(S_i)$ 吗？当然不是。

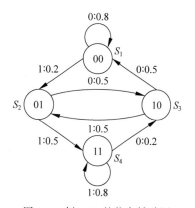

图 3-8 例 3-15 的状态转移图

这是因为信源的熵指的是信源符号带有的信息量的平均值，而不是状态带有的信息量的平均值。如何求得信源符号带有的信息量的平均值呢？是否像离散无记忆信源那样，求出所有符号出现的概率，套入熵的公式就可以了呢？也不是。

这是因为对马尔可夫信源这样的有记忆信源，信源符号出现的概率与已经出现的符号有关。因此 m 阶平稳马尔可夫信源的熵是在知道了已经出现的 m 个符号的条件下，信源符号带有的信息量的平均值，换句话说，平稳马尔可夫信源的熵实际上是一个条件熵。

$$H_{m+1}(X) = H(X_{m+1} \mid X_1 X_2 \cdots X_m) \tag{3-15}$$

将该条件熵记作 $H_{m+1}(X)$，其中 $X, X_1, \cdots, X_m, X_{m+1}$ 均来自于集合 X。

根据条件熵的定义和马尔可夫信源中对状态的定义，有

$$H_{m+1}(X) = H(X \mid X_1 X_2 \cdots X_m)$$
$$= H(X \mid S)$$
$$= -\sum_{S_j} \sum_i p(x_i, S_j) \log p(x_i \mid S_j)$$
$$= -\sum_{S_j} \sum_i p(S_j) p(x_i \mid S_j) \log p(x_i \mid S_j) \tag{3-16}$$

在式(3-16)中，$p(x_i \mid S_j)$ 是用来描述马尔可夫信源的转移概率，是必然要给出的。这样在式(3-16)中，只有 $p(S_j)$ 是未知量。下面给出求得各个 $p(S_j)$ 的方法。

因为 $p(S_j)$ 表示的是平稳之后各个状态出现的概率，因此马尔可夫信源再输出一个信源符号之后，即状态转移一次之后，$p(S_j)$ 是不变的。假设 $\boldsymbol{S}=\begin{bmatrix} p(S_1) & p(S_2) & \cdots & p(S_{n^m}) \end{bmatrix}$，因此有

$$\boldsymbol{SP}=\boldsymbol{S} \tag{3-17}$$

其中 $\boldsymbol{P}$ 是状态转移矩阵。而且有

$$p(S_1)+p(S_2)+\cdots+p(S_{n^m})=1 \tag{3-18}$$

根据式(3-17)和式(3-18)可以求得各个 $p(S_j)$。

【例 3-16】 接例 3-15。试求该平稳马尔可夫信源的熵。

解：设 $\boldsymbol{S}=\begin{bmatrix} p(00) & p(01) & p(10) & p(11) \end{bmatrix}$，有

$$\begin{cases} \boldsymbol{SP}=\boldsymbol{S}\begin{bmatrix} 0.8 & 0.2 & 0 & 0 \\ 0 & 0 & 0.5 & 0.5 \\ 0.5 & 0.5 & 0 & 0 \\ 0 & 0 & 0.2 & 0.8 \end{bmatrix}=\boldsymbol{S} \\ p(00)+p(01)+p(10)+p(11)=1 \end{cases}$$

求得 $p(00)=p(11)=\dfrac{5}{14}$，$p(01)=p(10)=\dfrac{1}{7}$，因此信源熵

$$H_{m+1}(X)=-\sum_{S_j}\sum_i p(S_j)p(x_i \mid S_j)\log p(x_i \mid S_j)$$

$$=-2\left[\frac{5}{14}(0.8\log 0.8+0.2\log 0.2)+\frac{1}{7}(0.5\log 0.5+0.5\log 0.5)\right]$$

$$=0.8014 \text{ 比特／符号}$$

总结求马尔可夫信源熵的过程，分为三个步骤：

(1) 判断是否为平稳马尔可夫信源。

(2) 对平稳马尔可夫信源，求出状态的平稳分布。

(3) 根据式(3-16)求得马尔可夫信源的熵。

求平稳马尔可夫信源的熵，有很多应用领域，下面给出两个例子。

【例 3-17】 俄裔美国经济学家列昂惕夫提出了"投入-产出"模型，并因此获得了 1973 年诺贝尔经济学奖。假设一个经济体系由煤炭、电力和钢铁三个部门组成，各部门之间的分配如表 3-2 所示。

表 3-2　一个简单的"投入-产出"模型

产出部门	采购部门		
	煤　炭	电　力	钢　铁
煤炭	0.0	0.6	0.4
电力	0.4	0.1	0.5
钢铁	0.6	0.2	0.2

比如表中的第 2 行，它的意思是电力部门的总产出有 40％用来购买煤炭、10％用来满足自己的用电需求、50％用来购买钢铁。因为所有的产出都分配出去了，所以每一行的百分比之和为 1。求出平衡价格，使每个部门的收支平衡。

答：这是一个马尔可夫链,其状态转移矩阵为

$$\boldsymbol{P} = \begin{pmatrix} 0.0 & 0.6 & 0.4 \\ 0.4 & 0.1 & 0.5 \\ 0.6 & 0.2 & 0.2 \end{pmatrix}$$

则 $\boldsymbol{P}^2$ 中每一个元素均大于 0,这是一个平稳马尔可夫链。

设 p_C、p_E、p_S 分别表示煤炭、电力和钢铁部门的平衡价格,$\boldsymbol{S} = \begin{bmatrix} p_C & p_E & p_S \end{bmatrix}$,则

$$\boldsymbol{SP} = \boldsymbol{S}$$

解得

$$\boldsymbol{S} = \begin{bmatrix} 0.94p_S & 0.85p_S & p_S \end{bmatrix}$$

这意味着,如果钢铁部门的平衡价格是 1 亿元($p_S = 1$ 亿元),则煤炭部门的平衡价格是 9400 万元,电力部门的平衡价格是 8500 万元。再进一步,如果煤炭部门生产 1.88 万吨煤,则每吨的价格应该是 5000 元;如果电力部门生产 1.7 亿度电,则每度电的价格应该是 0.5 元。这就是国民生产中,确定每种商品单价的一个基本原则。

【例 3-18】　通常一次网络攻击包括信息收集、权限获取、实施攻击、扩大影响、消除痕迹 5 个步骤。信息收集阶段利用主机扫描、操作系统探测程序等方法收集 IP 地址、操作系统版本、用户标识等信息。权限获取阶段利用系统漏洞或者特洛伊木马等方法获取目标系统的读、写、执行等权限。实施攻击包括窃取信息、破坏系统、安装后门等。扩大影响是以目标系统为"跳板",对目标所属网络的其他主机进行攻击。消除攻击痕迹是为了防止被识别、追踪。

该过程并不绝对,不同的网络攻击会呈现出不同的形式。有的攻击收集完信息之后直接消除痕迹退出,有的不需要扩大影响……。但是,从统计角度来看,这 5 个步骤仍然有一定规律,可以用转移矩阵来描述。假设某类攻击的转移矩阵为

$$\boldsymbol{P} = \begin{bmatrix} 0 & 0.5 & 0 & 0 & 0.5 \\ 0 & 0 & 0.5 & 0.5 & 0 \\ 0 & 0 & 0 & 0.5 & 0.5 \\ 0.5 & 0 & 0 & 0 & 0.5 \\ 0 & 0 & 0.5 & 0.5 & 0 \end{bmatrix}$$

矩阵第一行说明这类攻击在执行完信息收集阶段后,有 0.5 的概率进入权限获取阶段,有 0.5 的概率进入扩大影响阶段。攻击的转移矩阵可以作为特征来用,不同的攻击,其转移矩阵是不一样的。有时可以根据转移矩阵的不同,区分不同的攻击。

对上述转移矩阵为 $\boldsymbol{P}$ 的攻击而言,试计算为了确定攻击所处的步骤,所需要的信息量。

答：可以将该类攻击看作一个一阶马尔可夫信源,状态转移图如图 3-9 所示。

因此这是一个平稳信源。假设各个步骤出现

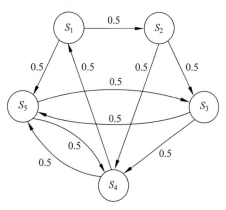

图 3-9　攻击步骤的状态转移图

的概率为 $\boldsymbol{S}=[p(S_1) \quad p(S_2) \quad \cdots \quad p(S_5)]$，由 $\boldsymbol{SP}=\boldsymbol{S}$，以及 $p(S_1)+p(S_2)+\cdots+p(S_5)=1$，得 $\boldsymbol{S}=[0.1429 \quad 0.0714 \quad 0.1905 \quad 0.2857 \quad 0.3095]$。因此信源熵

$$H_{m+1}(X) = -\sum_{S_j}\sum_i p(S_j)p(x_i \mid S_j)\log p(x_i \mid S_j)$$

$$= 0.1429+0.0714+0.1905+0.2857+0.3095 = 1 \text{ 比特} / \text{步骤}$$

也就是说，为了确定攻击所处的步骤，需要 1 比特的信息量。这与 $\boldsymbol{P}$ 所表示的攻击矩阵完全相符：知道当前步骤之后，下次只可能出现两个步骤之一，且两个步骤出现的概率各为 0.5。

3. 极限熵

上一节指出，马尔可夫信源的熵是条件熵 $H_{m+1}(X)$，这种思想可以扩展到所有平稳有记忆信源，无论是有限记忆的还是无限记忆的。对无限记忆信源，记忆长度无限，此时的熵称为极限熵

$$H_\infty(X) = \lim_{m\to\infty} H_{m+1}(X) = \lim_{m\to\infty} H(X \mid X_1 X_2 \cdots X_m) \tag{3-19}$$

其中的“$m\to\infty$”体现了无限记忆信源记忆长度无限的特点。

实际上，无记忆信源的熵 $H(X)$ 和马尔可夫信源（有限记忆信源）的熵 $H_{m+1}(X)$ 都可以看成极限熵 $H_\infty(X)$ 的特殊情况。多数情况下，马尔可夫信源的熵 $H_{m+1}(X)$ 一般也写为 $H_\infty(X)$，即式(3-16)多数情况下写为

$$H_\infty(X) = -\sum_{S_j}\sum_i p(S_j)p(x_i \mid S_j)\log p(x_i \mid S_j) \tag{3-20}$$

此时极限熵 $H_\infty(X)$ 表示平稳马尔可夫信源的熵。

极限熵又称为实际熵，这与极限熵的含义有很大的关系。从极限熵的式(3-19)可以看出，无论信源是无记忆的、有限记忆的、还是无限记忆的，极限熵都可以理解为在已知信源已经输出的所有符号的条件下，再输出一个符号能够获得的信息量，这与信源的实际输出过程是一致的，我们就是在已经知道前面的符号条件下才知道当前符号，因此极限熵又称为实际熵，即当前符号实际上能够带给我们的信息量。

3.5 离散平稳信源

3.5.1 平稳信源的概念

在讲马尔可夫信源的时候提到了“平稳”的概念，但是平稳不是马尔可夫信源特有的性质。信源除了可以从记忆的角度分为无记忆信源和有记忆信源之外，还可以从平稳的角度分为平稳信源和非平稳信源。

【定义 3-8】 如果信源输出各个符号的概率与时间无关，即

$$P(X_i = x) = P(X_j = x) = p(x) \tag{3-21}$$

则称此信源为一维平稳信源。

【定义 3-9】 如果信源输出长度为 N 的符号序列的概率与时间无关，即

$$P(X_{i_1} = x_1, X_{i_2} = x_2, \cdots, X_{i_N} = x_N)$$

$$= P(X_{j_1} = x_1, X_{j_2} = x_2, \cdots, X_{j_N} = x_N) \tag{3-22}$$

则称此信源为 N 维平稳信源。

能够看出，一维平稳信源包含在 N 维平稳信源中。平稳信源的实质是无论 i 时刻还是 j 时刻，信源输出同一个信源符号或者符号序列的概率相同，即信源输出信源符号或者符号序列的概率不随时间发生变化。

回忆 3.3 节介绍的离散无记忆信源及其 N 次扩展信源，实际上都是平稳的，因为各个符号或者序列出现的概率均不随时间发生变化。平稳马尔可夫信源也是平稳信源，因为各个状态（即符号序列）出现的概率也会稳定下来，不随时间发生变化。

3.5.2 平稳信源的熵

熵可以分为熵、条件熵、共熵等多种形式，同样，对平稳信源，也有多种度量信息量的方法。

【定义 3-10】 平稳信源输出的长度为 N 的符号序列的联合熵为

$$H(X_1 X_2 \cdots X_N) = -\sum_{X_1 X_2 \cdots X_N} p(x_1 x_2 \cdots x_N) \log p(x_1 x_2 \cdots x_N) \tag{3-23}$$

【定义 3-11】 长度为 N 的信源符号序列中平均每个符号所携带的信息量为平均符号熵，即

$$H_N(X) = \frac{1}{N} H(X_1 X_2 \cdots X_N) \tag{3-24}$$

$H_N(X)$ 的含义是这样理解的：$H(X_1 X_2 \cdots X_N)$ 表示平均每个长度为 N 的序列所携带的信息量，除以 N 之后就是序列中平均每个符号所携带的信息量。

在介绍马尔可夫信源的时候我们定义过 $H_{m+1}(X) = H(X_{m+1} \mid X_1 X_2 \cdots X_m)$，即 $H_N(X) = H(X_N \mid X_1 X_2 \cdots X_{N-1})$，现在又定义 $H_N(X) = \frac{1}{N} H(X_1 X_2 \cdots X_N)$，这样定义有问题吗？后面将会证明，这两个定义从极限熵的角度是等价的。

【定义 3-12】 设信源记忆长度为 $N-1$，若已知前面 $N-1$ 个符号，则第 N 个符号所携带的平均信息量为条件熵，即

$$H(X_N \mid X_1 \cdots X_{N-1}) = -\sum_{X_1 X_2 \cdots X_N} p(x_1 x_2 \cdots x_N) \log p(x_N \mid x_1 x_2 \cdots x_{N-1}) \tag{3-25}$$

对于离散平稳信源，当 $H_1(X) = H(X) < \infty$ 时，具有以下性质：

性质 1

条件熵 $H(X_N \mid X_1 X_2 \cdots X_{N-1})$ 随 N 的增加是非递增的，即

$$\begin{aligned}
H(X_1) &\geqslant H(X_2 \mid X_1) \geqslant H(X_3 \mid X_1 X_2) \geqslant \cdots \\
&\geqslant H(X_{N-1} \mid X_1 X_2 \cdots X_{N-2}) \geqslant H(X_N \mid X_1 X_2 \cdots X_{N-1})
\end{aligned} \tag{3-26}$$

证明：第 2 章中已经给出条件熵和熵之间的关系 $H(X \mid Y) \leqslant H(X)$，该关系表明对于任意的 X 和 Y，在已知 Y 的条件下关于 X 的平均不确定性不会超过 X 本身的不确定性，因此当 $N = 2$，即平稳信源输出二维随机矢量 (X_1, X_2) 时，有

$$H(X_2) \geqslant H(X_2 \mid X_1)$$

由于 $X_1, X_2 \in X$ 且具有相同的概率分布，则

$$H(X_1) = H(X_2) = H(X)$$

因此

$$H(X_1) \geqslant H(X_2 \mid X_1)$$

当 $N \geqslant 3$，即平稳信源输出 N 维随机矢量 $(X_1, X_2, \cdots, X_N)$ 时，考察

$$H(X_N \mid X_1 X_2 \cdots X_{N-1}) - H(X_{N-1} \mid X_1 X_2 \cdots X_{N-2})$$

$$= - \sum_{X_1 \cdots X_{N-1} X_N} p(x_1 x_2 \cdots x_{N-1} x_N) \log p(x_N \mid x_1 x_2 \cdots x_{N-2} x_{N-1})$$

$$+ \sum_{X_1 \cdots X_{N-2} X_{N-1}} p(x_1 x_2 \cdots x_{N-2} x_{N-1}) \log p(x_{N-1} \mid x_1 x_2 \cdots x_{N-2})$$

由于离散平稳信源的联合概率分布和条件概率分布与时间无关，有

$$\sum_{X_1 \cdots X_{N-2} X_{N-1}} p(x_1 x_2 \cdots x_{N-2} x_{N-1}) \log p(x_{N-1} \mid x_1 x_2 \cdots x_{N-2})$$

$$= \sum_{X_2 \cdots X_{N-1} X_N} p(x_2 \cdots x_{N-1} x_N) \log p(x_N \mid x_2 x_3 \cdots x_{N-1})$$

$$= \sum_{X_1 \cdots X_{N-1} X_N} p(x_1 x_2 \cdots x_{N-1} x_N) \log p(x_N \mid x_1 x_2 \cdots x_{N-2})$$

因此

$$H(X_N \mid X_1 X_2 \cdots X_{N-1}) - H(X_{N-1} \mid X_1 X_2 \cdots X_{N-2})$$

$$= \sum_{X_1 \cdots X_{N-1} X_N} p(x_1 x_2 \cdots x_{N-1} x_N) \log \left[\frac{p(x_N \mid x_2 \cdots x_{N-1})}{p(x_N \mid x_1 x_2 \cdots x_{N-1})} \times \frac{p(x_1 x_2 \cdots x_{N-1})}{p(x_1 x_2 \cdots x_{N-1})} \right]$$

$$= \sum_{X_1 \cdots X_{N-1} X_N} p(x_1 x_2 \cdots x_{N-1} x_N) \log \frac{p(x_N \mid x_2 \cdots x_{N-1}) \times p(x_1 x_2 \cdots x_{N-1})}{p(x_1 x_2 \cdots x_{N-1} x_N)}$$

已知对数函数是上凸函数，于是

$$H(X_N \mid X_1 X_2 \cdots X_{N-1}) - H(X_{N-1} \mid X_1 X_2 \cdots X_{N-2})$$

$$\leqslant \log \left(\sum_{X_1 \cdots X_N} p(x_1 x_2 \cdots x_{N-1} x_N) \frac{p(x_N \mid x_2 \cdots x_{N-1}) \times p(x_1 x_2 \cdots x_{N-1})}{p(x_1 x_2 \cdots x_{N-1} x_N)} \right)$$

$$= \log \left(\sum_{X_1 \cdots X_N} p(x_N \mid x_2 \cdots x_{N-1}) \times p(x_1 x_2 \cdots x_{N-1}) \right)$$

$$= \log \left(\sum_{X_1 \cdots X_{N-1}} p(x_1 x_2 \cdots x_{N-1}) \sum_{X_N} p(x_N \mid x_2 \cdots x_{N-1}) \right)$$

$$= \log \sum_{X_1 \cdots X_{N-1}} p(x_1 x_2 \cdots x_{N-1}) = \log 1 = 0$$

因此有

$$H(X_N \mid X_1 X_2 \cdots X_{N-1}) \leqslant H(X_{N-1} \mid X_1 X_2 \cdots X_{N-2})$$

性质 1 的含义是：我们知道的条件越多，越容易判断事件的结果，即该事件包含的信息量越少。这与我们的生活经验是一致的。

性质 2

$$H_N(X) \geqslant H(X_N \mid X_1 X_2 \cdots X_{N-1}) \tag{3-27}$$

证明：由平均符号熵的定义知

$$NH_N(X) = H(X_1 X_2 \cdots X_N) = -\sum_{X_1 \cdots X_N} p(x_1 \cdots x_N) \log p(x_1 \cdots x_N)$$

因为

$$p(x_1 \cdots x_N) = p(x_1) p(x_2 \mid x_1) p(x_3 \mid x_1 x_2) \cdots p(x_N \mid x_1 x_2 \cdots x_{N-1})$$

所以

$$NH_N(X) = -\Big[\sum_{X_1 \cdots X_N} p(x_1 \cdots x_N) \log p(x_1) + \sum_{X_1 \cdots X_N} p(x_1 \cdots x_N) \log p(x_2 \mid x_1) + \cdots$$
$$+ \sum_{X_1 \cdots X_N} p(x_1 \cdots x_N) \log p(x_N \mid x_1 x_2 \cdots x_{N-1})\Big]$$

其中

$$\sum_{X_1 \cdots X_N} p(x_1 \cdots x_N) \log p(x_1) = \sum_{X_1}\Big[\sum_{X_2 \cdots X_N} p(x_1 \cdots x_N)\Big] \log p(x_1)$$
$$= \sum_{X_1} p(x_1) \log p(x_1) = -H(X_1)$$

$$\sum_{X_1 \cdots X_N} p(x_1 \cdots x_N) \log p(x_2 \mid x_1) = \sum_{X_1 X_2}\Big[\sum_{X_3 \cdots X_N} p(x_1 \cdots x_N)\Big] \log p(x_2 \mid x_1)$$
$$= \sum_{X_1 X_2} p(x_1 x_2) \log p(x_2 \mid x_1)$$
$$= -H(X_2 \mid X_1)$$

$$\sum_{X_1 \cdots X_N} p(x_1 \cdots x_N) \log p(x_N \mid x_1 x_2 \cdots x_{N-1}) = -H(X_N \mid X_1 X_2 \cdots X_{N-1})$$

于是有

$$H(X_1 X_2 \cdots X_N) = H(X_1) + H(X_2 \mid X_1) + \cdots + H(X_N \mid X_1 X_2 \cdots X_{N-1})$$

性质 1 表明

$$H(X_1) \geqslant H(X_2 \mid X_1) \geqslant \cdots \geqslant H(X_N \mid X_1 X_2 \cdots X_{N-1})$$

故必有

$$H_N(X) = \frac{1}{N} H(X_1 X_2 \cdots X_N) \geqslant H(X_N \mid X_1 X_2 \cdots X_{N-1})$$

即

$$H_N(X) \geqslant H(X_N \mid X_1 X_2 \cdots X_{N-1})$$

平均符号熵 $H_N(X)$ 以简单的算术平均表示每一个符号所携带的平均信息量,而条件熵 $H(X_N \mid X_1 X_2 \cdots X_{N-1})$ 描述的是已知前面 $N-1$ 个符号时关于符号 X_N 的信息量。可见,平均符号熵 $H_N(X)$ 和条件熵 $H(X_N \mid X_1 X_2 \cdots X_{N-1})$ 均为单个符号平均信息量的度量方法。但是条件熵是在已经知道一些条件的前提下,进一步获得的信息量,因此条件熵小于或等于平均符号熵。

性质 3

$$H_N(X) \leqslant H_{N-1}(X) \tag{3-28}$$

证明:

$$NH_N(X) = H(X_1 X_2 \cdots X_N)$$
$$= H(X_N \mid X_1 X_2 \cdots X_{N-1}) + H(X_1 X_2 \cdots X_{N-1})$$
$$= H(X_N \mid X_1 X_2 \cdots X_{N-1}) + (N-1) H_{N-1}(X)$$

$$\leqslant H_N(X) + (N-1)H_{N-1}(X)$$

于是

$$(N-1)H_N(X) \leqslant (N-1)H_{N-1}(X)$$

因此

$$H_N(X) \leqslant H_{N-1}(X)$$

性质 3 表明，平均符号熵 $H_N(X)$ 也是随着 N 的增加而非递增。

进一步分析：

对于熵 $H(X) < \infty$ 的平稳信源 X，由于熵具有非负性，即 $H_N(X) \geqslant 0$，因此由性质 3 可以看出，信源符号序列长度不同时，平稳信源输出的每一个符号所携带的信息量，即平均符号熵，满足

$$\infty > H(X) = H_1(X) \geqslant H_2(X) \geqslant \cdots \geqslant H_{N-1}(X) \geqslant H_N(X) \geqslant 0 \qquad (3\text{-}29)$$

可见，随着信源符号序列长度 N 的增加，$H_N(X)$ 将单调非递增地收敛于某有限值。

对于平稳信源 X，当其输出的符号序列足够长（$N \to \infty$）时，每一个信源符号所携带的信息有效地反映出了信源输出的实际信息量。

因此，定义 $H_\infty = \lim\limits_{N\to\infty} H_N(X)$ 为离散平稳信源 X 的极限信息量或者极限熵。

性质 4

$H_\infty = \lim\limits_{N\to\infty} H_N(X)$ 存在，且

$$H_\infty = \lim_{N\to\infty} H_N(X) = \lim_{N\to\infty} H(X_N \mid X_1 X_2 \cdots X_{N-1}) \qquad (3\text{-}30)$$

证明：对于一个任意的正整数 k，有

$$H_{N+k}(X) = \frac{1}{N+k} H(X_1 X_2 \cdots X_N X_{N+1} \cdots X_{N+k})$$

$$= \frac{1}{N+k} \big[H(X_1 X_2 \cdots X_{N-1}) + H(X_N \mid X_1 X_2 \cdots X_{N-1}) +$$

$$H(X_{N+1} \mid X_1 X_2 \cdots X_N) + \cdots + H(X_{N+k} \mid X_1 X_2 \cdots X_{N+k-1}) \big]$$

$$\leqslant \frac{1}{N+k} \big[H(X_1 X_2 \cdots X_{N-1}) + (k+1)H(X_N \mid X_1 X_2 \cdots X_{N-1}) \big]$$

$$= \frac{1}{N+k} H(X_1 X_2 \cdots X_{N-1}) + \frac{k+1}{N+k} H(X_N \mid X_1 X_2 \cdots X_{N-1})$$

固定 N，令 $k \to \infty$，得

$$\lim_{k\to\infty} H_{N+k}(X) \leqslant 0 + H(X_N \mid X_1 X_2 \cdots X_{N-1})$$

已知 $N \to \infty$ 时，$H_N(X)$ 的极限存在且为 H_∞，故有

$$\lim_{k\to\infty} H_{N+k}(X) = H_\infty$$

综合性质 2 给出的关系可知，条件熵 $H(X_N \mid X_1 X_2 \cdots X_{N-1})$ 满足

$$H_\infty(X) \leqslant H(X_N \mid X_1 X_2 \cdots X_{N-1}) \leqslant H_N(X)$$

令 $N \to \infty$，因为 $\lim\limits_{N\to\infty} H_N(X) = H_\infty$，所以

$$\lim_{N\to\infty} H(X_N \mid X_1 X_2 \cdots X_{N-1}) = H_\infty$$

于是

$$H_\infty = \lim_{N \to \infty} H_N(X) \doteq \lim_{N \to \infty} H(X_N \mid X_1 X_2 \cdots X_{N-1})$$

性质 2、3、4 说明,当平稳信源输出的符号序列长度达到无限大时,平均符号熵 $H_N(X)$ 和条件熵 $H(X_N \mid X_1 X_2 \cdots X_{N-1})$ 都非递增地收敛于平稳信源的极限熵。因此,对于一个实际的平稳信源,当经过足够长的时间后,信源输出每一个符号所携带的信息量,即信源的极限熵,可以用平均符号熵或者条件熵加以度量。

3.6 信源的相关性和剩余度

前面已经讨论了多类离散信源,包括离散无记忆信源及其 N 次扩展信源、马尔可夫信源、离散平稳信源。由于这些信源的统计特性各不相同,它们输出信息的能力也各不相同。

根据式(3-28)能够得到

$$H(X_N \mid X_1 X_2 \cdots X_{N-1}) \leqslant H(X_{N-1} \mid X_1 X_2 \cdots X_{N-2}) \leqslant \cdots \leqslant H(X_2 \mid X_1) \leqslant H(X_1)$$

当离散平稳信源输出符号是等概分布时熵最大,记此时的熵为 H_0,则 $H_0 = \log n$。而且当 $N \to \infty$ 时,$H(X_N \mid X_1 X_2 \cdots X_{N-1})$ 收敛于极限熵。于是,有

$$H_0 \geqslant H_1 \geqslant H_2 \geqslant \cdots \geqslant H_{m+1} \geqslant \cdots \geqslant H_\infty \tag{3-31}$$

这就是信源的相关性。为什么叫作"相关性"?是因为由于信源符号间的依赖关系,使得信源熵减小。也就是说由于信源符号间存在相关性,知道的信源符号越多,越容易猜测将要出现的符号是什么,即不确定性减小。

为了衡量信源的相关性程度,引入信源剩余度(冗余度)的概念。

【定义 3-13】 信源剩余度定义为

$$R = 1 - \frac{H_\infty}{H_0} \tag{3-32}$$

前面我们说过,极限熵 H_∞ 表示当前符号实际上能够带给我们的信息量,而 H_0 是熵的最大值,因此 H_∞/H_0 表示实际值占最大值的比例,该比例称为熵的相对率,记作 η

$$\eta = \frac{H_\infty}{H_0} \tag{3-33}$$

可见,信源剩余度

$$R = 1 - \eta$$

信源剩余度越小,说明熵的实际值占最大值的比例越大,即一个信源符号上实际带有的信息量越接近于信源符号能够带有信息量的最大值,即信源符号的利用率越高。利用率越高,当然剩余未用的部分越少,即"剩余度越小"。反之亦然。

怎样才能减小信源剩余度呢?要回答这个问题,首先要明确剩余度的来源。剩余度

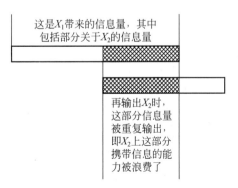

图 3-10 信源相关性和剩余度

来源于信源符号之间的相关性。这是因为如图 3-10 所示，以长度为 2 的序列为例，由于信源符号之间存在相关性，因此输出 X_1 之后，带来的信息量中包括部分关于 X_2 的信息量，再输出 X_2 时，这部分信息量被重复输出，即 X_2 上这部分携带信息的能力被浪费了，或者说这部分携带信息的能力没有用上，因此就产生了剩余。信源符号之间相关性越大，剩余的就越多。究竟剩余了多少，由信源剩余度来衡量。

可见，要减小信源剩余度，就要减小信源相关性。第 6 章和第 7 章要研究的信源编码是减少信源相关性的有效方法。

3.7　本章小结

本书内容主要包括信源、信道、信源编码、信道编码四部分。本章研究了信源，主要是离散信源，主要内容见表 3-3。

信源可以从不同的角度分类。从记忆特性分可以分为无记忆信源和有记忆信源，从平稳特性可以分为平稳信源和非平稳信源。因此信源总共可以分为四类：平稳无记忆信源、平稳有记忆信源、非平稳无记忆信源、非平稳有记忆信源。重点研究的是前两类。

平稳无记忆信源相对简单，给出了信源及扩展信源的模型和熵。

平稳有记忆信源中重点研究平稳有限记忆信源，即平稳马尔可夫信源。包括 m 阶马尔可夫信源的定义、状态转移矩阵、状态转移图、熵（包括熵的求解方法）。

最后是信源的相关性和剩余度。

表 3-3　本章小结

平稳无记忆信源		非平稳无记忆信源
信　源 模型 $$\begin{bmatrix} X \\ P \end{bmatrix} = \begin{bmatrix} x_1 & x_2 & \cdots & x_n \\ p(x_1) & p(x_2) & \cdots & p(x_n) \end{bmatrix}$$ 熵：$H(X) = -\sum_{i=1}^{n} p(x_i)\log p(x_i)$	N 次扩展信源 模型： $$\begin{bmatrix} X^N \\ P \end{bmatrix} = \begin{bmatrix} x_1\cdots x_1 x_1 & x_1\cdots x_1 x_2 & \cdots & x_n\cdots x_n x_n \\ p(x_1)^N & p(x_1)^{N-1}p(x_2) & \cdots & p(x_n)^N \end{bmatrix}$$ 熵：$H(X^N) = NH(X)$	
平稳有记忆信源		
平稳有限记忆信源（平稳马尔可夫信源） 定义：$p(x_i \mid x_{i-1}x_{i-2}\cdots x_{i-m}\cdots x_1) = p(x_i \mid x_{i-1}x_{i-2}\cdots x_{i-m})$ 状态转移矩阵 状态转移图 熵：$H_\infty(X) = H_{m+1}(X) = -\sum_{S_j}\sum_i p(S_j)p(x_i \mid S_j)\log p(x_i \mid S_j)$ 熵的求解方法： 1. 判断是否为平稳马尔可夫信源； 2. 对平稳马尔可夫信源，求出状态的平稳分布； 3. 根据上式求得马尔可夫信源的熵	平稳无限记忆信源	非平稳有记忆信源
信源相关性：$H_0 \geqslant H_1 \geqslant H_2 \geqslant \cdots \geqslant H_{m+1} \geqslant \cdots \geqslant H_\infty$ 熵的相对率：$\eta = \dfrac{H_\infty}{H_0}$　　　　　　信源剩余度：$R = 1 - \dfrac{H_\infty}{H_0} = 1 - \eta$		

3.8 习题

3-1 某信源先后发出两个符号 x_1 和 x_2，如果该信源是无记忆的，则 $p(x_2 \mid x_1) =$ _____。

3-2 无记忆信源 X 的熵为 1.25 比特，则它的 4 次扩展信源 X^4 的熵为 _____ 比特。

3-3 假设某一信源的转移矩阵为 $\boldsymbol{P} = \begin{bmatrix} p_{11} & p_{12} & p_{13} \\ p_{21} & p_{22} & p_{23} \\ p_{31} & p_{32} & p_{33} \end{bmatrix}$，则 $\sum\limits_{i=1}^{3} p_{2i} =$ _____。

3-4 如果用 $\underset{\text{(}a_1a_2\text{)}}{\xrightarrow{p(b \mid a_1 a_2)}}$ 表示一个马尔可夫信源，则该信源是 _____ 阶的。

3-5 设一离散无记忆信源为

$$\begin{bmatrix} X \\ P \end{bmatrix} = \begin{bmatrix} 0 & 1 & 2 & 3 \\ 3/8 & 1/4 & 1/4 & 1/8 \end{bmatrix}$$

信源输出一条消息为(202120130213001203210110321010021032011223210)，求

（1）此消息的自信息量是多少？

（2）在此消息中平均每个符号携带的信息量是多少？

3-6 信源 X 中只有两个消息符号，画出信源熵的曲线并求解 $H_{\max}(X)$。

3-7 某一无记忆信源的符号集为 $\{0,1\}$，已知信源的概率空间为

$$\begin{bmatrix} X \\ P \end{bmatrix} = \begin{bmatrix} 0 & 1 \\ \dfrac{1}{4} & \dfrac{3}{4} \end{bmatrix}$$

（1）求该信源的熵。

（2）由 100 个符号构成的序列，求每一特定序列（例如有 m 个"0"和 $(100-m)$ 个"1"构成）的自信息量的表达式。

3-8 设某离散平稳信源 X，概率空间为

$$\begin{bmatrix} X \\ P \end{bmatrix} = \begin{bmatrix} 0 & 1 & 2 \\ 11/36 & 4/9 & 1/4 \end{bmatrix}$$

并设信源发出的符号只与前一个符号有关，其联合概率为 $p(a_i, a_j)$，如题表 3-1 所示。

题表 3-1 联合概率

a_j ＼ a_i	0	1	2
0	1/4	1/18	0
1	1/18	1/3	1/18
2	0	1/18	7/36

求信源的信息熵、条件熵与联合熵，并比较信息熵与条件熵的大小。

3-9 设离散无记忆信源为

$$\begin{bmatrix} X \\ P \end{bmatrix} = \begin{bmatrix} a_1 & a_2 & a_3 & a_4 & a_5 & a_6 \\ 0.2 & 0.19 & 0.18 & 0.17 & 0.16 & 0.17 \end{bmatrix}$$

求该信源的熵,并解释为什么 $H(x) > \log 6$ 不能满足信源的极值性。

3-10 有一离散无记忆信源

$$\begin{bmatrix} X \\ P \end{bmatrix} = \begin{bmatrix} 0 & 1 & 2 \\ \dfrac{1}{4} & \dfrac{1}{4} & \dfrac{1}{2} \end{bmatrix}$$

设计两个独立实验去观察它,其结果分别为 $Y_1 \in \{0,1\}$,$Y_2 \in \{0,1\}$,已知条件概率如题表 3-2 所示。

题表 3-2　实验结果

$p(y_1\mid x)$	0	1	$p(y_2\mid x)$	0	1
0	1	0	0	1	0
1	0	1	1	1	0
2	1/2	1/2	2	0	1

求 $I(X;Y_1)$ 和 $I(X;Y_2)$,并判断哪一个实验好一些。

3-11 二次扩展信源的熵为 $H(X^2)$,而一阶马尔科夫信源的熵为 $H(X_2|X_1)$,试比较两者的大小,并说明原因。

3-12 一个马尔可夫过程的基本符号为 0,1,2,这 3 个符号等概率出现,并且具有相同的转移概率。

(1)画出一阶马尔可夫过程的状态图,并求稳定状态下的一阶马尔可夫信源熵 H_2 和信源剩余度;

(2)画出二阶马尔可夫过程的状态图,并求稳定状态下的二阶马尔可夫信源熵 H_3 和信源剩余度。

3-13 设有一个信源,它产生 0-1 序列的消息。该信源在任意时间而且不论以前发生过什么消息符号,均按 $p(0)=0.4$,$p(1)=0.6$ 的概率发出符号。

(1)试问这个信源是否是平稳的?

(2)试计算 $\lim\limits_{N \to \infty} H_N(X)$。

(3)试计算 $H(X^4)$ 并写出 X^4 信源中可能发出的所有符号。

3-14 有一个马尔可夫信源,已知转移概率为 $p(S_1|S_1)=\dfrac{2}{3}$,$p(S_2|S_1)=\dfrac{1}{3}$,$p(S_1|S_2)=1$,$p(S_2|S_2)=0$。试画出状态转移图,并求出信源熵。

3-15 一阶马尔可夫信源的状态转移图如题图 3-1 所示,信源 X 的符号集为 $\{0,1,2\}$,并定义 $\bar{p}=1-p$。

(1)求信源平稳后的概率分布 $p(0)$、$p(1)$ 和 $p(2)$;

(2)求此信源的熵;

(3)近似认为此信源为无记忆时,符号的概率分布等于平稳分布。求近似信源的熵 $H(X)$ 并与 H_∞ 进行比较;

(4)对一阶马尔科夫信源,p 取何值时 H_∞ 取最大值,又当 $p=0$ 或 $p=1$ 时结果如何?

3-16　一阶马尔可夫信源的状态转移图如题图 3-2 所示,信源 X 的符号集为 $\{0,1,2\}$。

（1）求平稳后的信源的概率分布；

（2）求信源熵 H_∞；

（3）求 $p=0$ 或 $p=1$ 时信源的熵,并说明其理由。

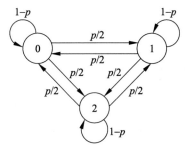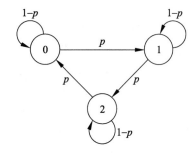

题图 3-1　题 3.15 状态转移图　　　　　　题图 3-2　题 3.16 状态转移图

3-17　设信源发出两个消息 x_1 和 x_2,它们的概率分布为 $p(x_1)=\dfrac{3}{4}$、$p(x_2)=\dfrac{1}{4}$。求该信源的熵和冗余度。

3-18　设某马尔可夫链的一步转移概率矩阵为

$$
\begin{array}{c}
\begin{array}{ccc} 0 & 1 & 2 \end{array} \\
\begin{array}{c} 0 \\ 1 \\ 2 \end{array}
\begin{bmatrix} q & p & 0 \\ q & 0 & p \\ 0 & q & p \end{bmatrix}
\end{array}
$$

试求：（1）该马尔可夫链的 2 步转移概率矩阵；

（2）平稳后状态“0”,“1”,“2”的概率分布。

3-19　设有一信源,它在开始时以 $p(a)=0.6$、$p(b)=0.3$、$p(c)=0.1$ 的概率发出 X_1,如果 X_1 为 a 时,则 X_2 为 a,b,c 的概率为 $1/3$；如果 X_1 为 b 时,则 X_2 为 a,b,c 的概率为 $1/3$；如果 X_1 为 c 时,则 X_2 为 a,b 的概率为 $1/2$,为 c 的概率为 0。而且后面发出 X_i 的概率只与 X_{i-1} 有关。又 $p(X_i\mid X_{i-1})=p(X_2\mid X_1)$。试利用马尔可夫信源的图示法画出状态转移图,并计算信源熵 H_∞。

3-20　黑白传真机的消息元只有黑色和白色两种,即 $X=\{黑,白\}$,一般气象图上,黑色出现的概率 $p(黑)=0.3$,白色出现的概率 $p(白)=0.7$,黑白消息前后有关联,其转移概率为 $p(白\mid白)=0.9143$、$p(黑\mid白)=0.0857$、$p(白\mid黑)=0.2$、$p(黑\mid黑)=0.8$。求该一阶马尔可夫信源的不确定性 $H(X\mid X)$,并画出该信源的状态转移图。

3-21　用 α,β,γ 三个字符组字,设组成的字有以下三种情况：

（1）只用 α 一个字母的单字母字；

（2）用 α 开头或结尾的两字母字；

（3）把 α 夹在中间的三字母字。

假定由这三种字符组成一种简单语言,试计算当所有字等概出现时,语言的冗余度。

3-22　令 X 为掷钱币直至其正面第一次向上所需的次数,求 $H(X)$。

3-23　一段代码如下：

```
x = 0;
for i = 0 to n
    x = x + 1;
end
```

不考虑循环次数 n 的限制，x 是越来越大的，不可能稳定下来。请从信息论的角度证明该循环过程无法达到稳定状态，即是非平稳过程。

3-24　某地区每年城市和郊区之间的人口移动有一定规律，大概有 5% 的城市人口流动到郊区，3% 的郊区人口流动到城市。

（1）请给出转移矩阵，该矩阵也称为移民矩阵。

（2）多年以后，该地区的城市人口和郊区人口会不会各自达到一个固定的规模？即城市人口和郊区人口的数量基本稳定，不再发生大的变化。

（3）如果能达到一个固定的规模，并假设该地区共 1000 万人口，那么城市人口和郊区人口的固定规模各是多少？

3-25　某出租车公司大约有 2000 辆小汽车，客户可以在同一个营业点取还，也可以异地取还，假设取还模型为

$$
\begin{array}{cccc}
 & \text{飞机场} & \text{市中心} & \text{汽车站} \\
\text{飞机场} & \begin{pmatrix} 0.90 & 0.01 & 0.09 \\ 0.01 & 0.90 & 0.09 \\ 0.09 & 0.01 & 0.90 \end{pmatrix} \\
\end{array}
$$

请问市中心应该准备多少辆车？

第 4 章

离 散 信 道

4.1 离散信道的数学模型

之所以要研究信道,是因为信道上存在干扰。先来看一个例子。

【例 4-1】 在一间非常安静的教室里,老师清晰地说"这个袋子里装着 4 个苹果",学生听到这句话之后,能够非常肯定地判断老师说的就是"这个袋子里装着 4 个苹果"。

如果在一间嘈杂的教室里,老师说"这个袋子里装着 4 个苹果",有的学生听成"这个袋子里装着 4 个苹果",有的学生听成"这个袋子里装着 10 个苹果"。无论学生听到的是 4 个还是 10 个,学生都不能肯定自己听到的是对的,都会产生"老师说的到底是 4 个还是 10 个?"这样的疑问。

两个例子中,老师是信道的输入端,学生是信道的输出端。不同的是第一个例子中从老师到学生的信道可以认为是无干扰的(或者说无噪声的),老师发送什么,学生就接收什么,没有任何疑问。第二个例子中从老师到学生的信道是有干扰的,老师发送的和学生接收的有可能不一致,而且学生还无法判断自己接收到的到底是对还是错,会产生疑问。有疑问就要解决疑问,如何描述和解决这种疑问就是信道要研究的问题。

信道可以看作一个变换器,它将输入符号 x 变换成输出符号 y。由于干扰的存在,一个输入符号总是以一定的概率变换成各种可能的输出符号。所以,接收者只能从统计的观点,根据信道的输出判断信道的输入。输入符号的概率空间以 $\begin{bmatrix} X \\ P \end{bmatrix}$ 表示,输出符号的概率空间以 $\begin{bmatrix} Y \\ P \end{bmatrix}$ 表示。输入符号 x 通过信道后变换成输出符号 y,用条件概率 $p(y|x)$ 来描述这种变化。$\begin{bmatrix} X \\ P \end{bmatrix}$、$\begin{bmatrix} Y \\ P \end{bmatrix}$ 以及 $p(y|x)$ 构成了信道的数学模型。而 $\begin{bmatrix} Y \\ P \end{bmatrix}$ 可以根据 $\begin{bmatrix} X \\ P \end{bmatrix}$ 和 $p(y|x)$ 计算得到,因此通常信道的数学模型用 $\begin{bmatrix} X \\ P \end{bmatrix}$ 和 $p(y|x)$ 给出。

4.2 信道的分类

信道可以从不同的角度加以分类。

1．按照输入和输出符号的时间特性分类

按照输入和输出符号的时间特性分类，信道可以分为离散信道、连续信道和半连续信道。

离散信道的输入空间 X 和输出空间 Y 都是离散符号集，离散信道有时也称为数字信道。离散信道是本书的研究重点。现在，像手机移动通信、有线电视等信道都是数字信道。

连续信道的输入空间 X 和输出空间 Y 都是连续符号集，连续信道有时也称为模拟信道。像电台发出信号，我们用收音机接收，这个信道就是一个模拟信道。

半连续信道的输入空间 X 和输出空间 Y 一个是离散集，另一个是连续集。像手机和固定电话之间的信道是一个半连续信道，手机上处理的是数字信号，而固定电话上处理的是模拟信号。

2．按照输入和输出端的个数分类

按照输入和输出端的个数分类，信道可以分为两端信道、多元接入信道和广播信道，见图 4-1。

图 4-1　两端信道、多元接入信道、广播信道

两端信道只有一个输入端和一个输出端，因此又称为单路信道。一般的打电话就是单路信道。本书中研究的信道均为两端信道。

多元接入信道有多个输入端和一个输出端。不同输入端的信号经过编码器编码之后，送入同一个信道传输。例 4-2 是多元接入信道的例子。

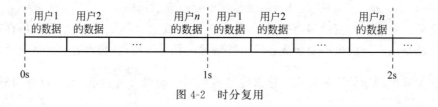

图 4-2　时分复用

广播信道有一个输入端和多个输出端。老师上课，学生听讲就是一个广播信道，老师是信道的输入端，只有一个，学生是信道的输出端，可以有很多。

【例 4-2】 实现多元接入信道的一个重要技术是信道复用技术，它是一种将若干个彼此独立的信号，合并为一个可在同一信道上同时传输的复合信号的方法。信道复用技术分为频分复用、时分复用、码分复用、空分复用、波分复用、统计复用和极化波复用等。

频分复用技术为了使若干个信号能在同一信道上传输，可以把它们的频谱调制到不同的频段，合并在一起而不致相互影响，并能在接收端彼此分离开来。

图 4-2 给出时分复用技术的基本原理。将每 1 秒都划分为 n 个时间片，每位用户只能占用 1 个时间片。

图 4-3 给出码分复用技术的基本原理。多个用户的数据通过巧妙的编码合并为 1 个数据传输。

图 4-3　码分复用

3．按照信道的统计特性分类

按照信道的统计特性分,信道可以分为恒参信道和随参信道。恒参和随参的概念类似于平稳和非平稳的概念。

恒参信道的统计特性不随时间发生变化。随参信道的统计特性随时间发生变化。本书中研究的均为恒参信道。

4．按照信道的记忆特性分类

按照信道的记忆特性分,信道可以分为无记忆信道和有记忆信道。

无记忆信道中,当前的输出仅与当前的输入有关,与过去的输入无关。

有记忆信道中,当前的输出不仅与当前的输入有关,还与过去的输入有关。

5．几种特殊信道

（1）无噪无损信道

无噪无损信道的输入集 $X = \{x_1, x_2, \cdots, x_r\}$ 和输出集 $Y = \{y_1, y_2, \cdots, y_s\}$ 之间存在一一对应的关系,如图 4-4 所示。

这种信道中,发送的符号不会发生错误,因此信道中没有噪声。接收到一个符号之后,能够肯定地判断对应的输入是什么,因此也没有信息的损失。所以称为无噪无损信道。

（2）有噪无损信道

有噪无损信道的一个输入符号可能对应多个输出符号,而一个输出符号只对应一个输入符号,如图 4-5 所示。

这种信道中,发送的符号有可能会发生错误,因此信道中存在噪声。接收到一个符号之后,能够肯定地判断对应的输入是什么,因此没有信息的损失。所以称为有噪无损信道。

（3）无噪有损信道

无噪有损信道的一个输入符号只对应一个输出符号,而一个输出符号可能对应多个输入符号,如图 4-6 所示。

这种信道中,发送的符号不会发生错误,因此信道中没有噪声。接收到一个符号之后,不能够肯定地判断对应的输入是什么,因此有信息的损失。所以称为无噪有损信道。

需要注意的是这三种特殊信道均属于两端信道。虽然图 4-4～图 4-6 中均显示有多个输入和多个输出,但它们指的是输入和输出符号。输入端只有一个 X,输出端只有一个 Y。而图 4-1 中的多元接入信道和广播信道有多个输入端或者输出端。

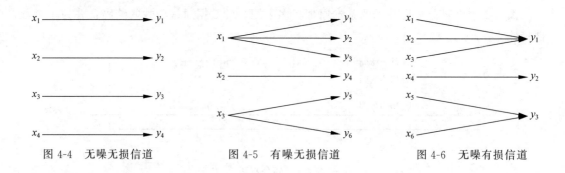

图 4-4　无噪无损信道　　　　图 4-5　有噪无损信道　　　　图 4-6　无噪有损信道

4.3　离散无记忆信道

4.3.1　离散无记忆信道的数学模型

离散无记忆信道中，当前的输出 y_j 仅与当前的输入 x_i 有关，与过去的输入无关，即 y_j 出现的概率仅与 x_i 有关，这是一组条件概率

$$p(y_j \mid x_i), \quad i=1,2,\cdots,r, j=1,2,\cdots,s \tag{4-1}$$

其中

$$\begin{cases} p(y_j \mid x_i) \geqslant 0 \\ \sum_{j=1}^{s} p(y_j \mid x_i) = 1 \end{cases}$$

输入有 r 个符号 $X = \{x_1, x_2, \cdots, x_r\}$，输出有 s 个符号 $Y = \{y_1, y_2, \cdots, y_s\}$。$p(y_j|x_i)$ 表示输入符号是 x_i 时，输出符号是 y_j 的概率，即通过信道的传输，x_i 转移为 y_j 的概率。所有这 $r \times s$ 个条件概率组成一个矩阵，称为信道转移矩阵或者信道矩阵：

$$\boldsymbol{P}_{Y|X} = \begin{bmatrix} p_{11} & p_{12} & \cdots & p_{1s} \\ p_{21} & p_{22} & \cdots & p_{2s} \\ \vdots & \vdots & \ddots & \vdots \\ p_{r1} & p_{r2} & \cdots & p_{rs} \end{bmatrix} \tag{4-2}$$

其中 $p_{ij} = p(y_j|x_i)$。

由 $p(y_j|x_i)$ 能够看出，离散无记忆信道中输入和输出的转移关系，体现为输入符号和输出符号之间的转移关系，因此离散无记忆信道中，只需研究单个符号的传输。

【例 4-3】　回忆第 2 章中的例 2-13，假设通信的误码率为 4%，即 A 发送"0"而 B 接收到"1"的概率是 0.04，A 发送"1"而 B 接收到"0"的概率也是 0.04，可以得到该信道的信道转移矩阵

$$\boldsymbol{P}_{Y|X} = \begin{bmatrix} 0.96 & 0.04 \\ 0.04 & 0.96 \end{bmatrix}$$

图 4-7 是一个 0-1 序列经过该信道传输之后可能的信道输出。

60 个比特中共有 3 个比特发生传输错误，错误率为 0.05，与误码率 0.04 接近。

该离散无记忆信道有两个明显的特点：①输入输出符号的个数均为 2 个；②信道矩阵

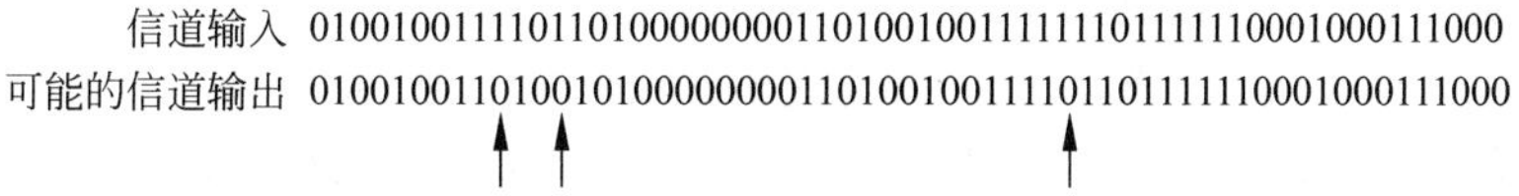

信道输入　0100100111101101000000001101001001111111011111110001000111000
可能的信道输出　0100100110100101000000001101001001111011011111110001000111000

图 4-7　例 4-3 信道的输入和输出

为一对称矩阵。满足这两个特点的信道有一个特殊的名字,称为二进制对称信道(Binary Symmetric Channel,BSC)。

　　BSC 的信道矩阵可以写为

$$\boldsymbol{P}_{Y|X} = \begin{bmatrix} \bar{p} & p \\ p & \bar{p} \end{bmatrix}$$

也可以用图形的方式表示为图 4-8。在图 4-8 中,x_1 变为 y_2 的概率和 x_2 变为 y_1 的概率相等,均为 p。

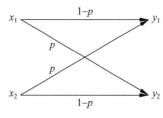

图 4-8　二进制对称信道

4.3.2　信道疑义度和噪声熵

　　在例 4-1 中,嘈杂环境中的学生会对老师的讲话产生疑问,那么如何衡量这种疑问的大小呢?既然有疑问,就表明学生不能确定老师讲的到底是什么,即对老师的讲话存在不确定性。根据熵的含义,我们知道不确定性是用熵来度量的。此处应该用条件熵,因为学生的不确定性是在听到一些话之后,仍然保留的不确定性。这种不确定性,在信道中称为信道疑义度。

　　【定义 4-1】　称信道的输入空间 X 对输出空间 Y 的条件熵

$$H(X \mid Y) = -\sum_{XY} p(x_i y_j) \log p(x_i \mid y_j) \tag{4-3}$$

为信道疑义度。

　　信道疑义度的含义是观察到信道的输出之后仍然保留的关于信道输入的平均不确定性。这种对 X 尚存在的不确定性是由于传输过程中的信道干扰引起的。

　　同样由于信道干扰的存在,一个信道输入符号有可能被正确传输,也有可能被错误传输,这也是一种不确定性,如何衡量这种不确定性的大小呢?我们引入噪声熵的概念。

　　【定义 4-2】　称信道的输出空间 Y 对输入空间 X 的条件熵

$$H(Y \mid X) = -\sum_{XY} p(x_i y_j) \log p(y_j \mid x_i) \tag{4-4}$$

为噪声熵。

　　可见信道疑义度和噪声熵的存在,均源自于信道干扰。两者从不同的角度衡量了干扰对信息传输的影响。

　　【例 4-4】　考虑 4.2 节介绍的三种特殊信道。

　　无噪无损信道:由于观察到输出之后,对信道的输入不存在不确定性,因此信道疑义度为 0,即 $H(X|Y)=0$。由于输入符号肯定能被正确传输,因此噪声熵为 0,即 $H(Y|X)=0$。

　　有噪无损信道:由于观察到输出之后,对信道的输入不存在不确定性,因此信道疑义度为 0,即 $H(X|Y)=0$。由于输入符号经过传输之后有多种情况出现,因此噪声熵不为 0,即 $H(Y|X)\neq0$。

无噪有损信道：由于观察到输出之后，对信道的输入存在不确定性，因此信道疑义度不为 0，即 $H(X|Y) \neq 0$。由于输入符号肯定能被正确传输，因此噪声熵为 0，即 $H(Y|X)=0$。

【例 4-5】 接例 4-3，假设输入端 0 和 1 的分布为等概分布，试计算该信道的信道疑义度和噪声熵。

解：根据已知条件有

$$\boldsymbol{P}_X = \begin{bmatrix} \dfrac{1}{2} & \dfrac{1}{2} \end{bmatrix}, \quad \boldsymbol{P}_{Y|X} = \begin{bmatrix} 0.96 & 0.04 \\ 0.04 & 0.96 \end{bmatrix}$$

则联合概率分布为

$$\boldsymbol{P}_{(X,Y)} = \begin{bmatrix} p_{Y|X}(0 \mid 0)p_X(0) & p_{Y|X}(1 \mid 0)p_X(0) \\ p_{Y|X}(0 \mid 1)p_X(1) & p_{Y|X}(1 \mid 1)p_X(1) \end{bmatrix}$$

$$= \begin{bmatrix} 0.96 \times \dfrac{1}{2} & 0.04 \times \dfrac{1}{2} \\ 0.04 \times \dfrac{1}{2} & 0.96 \times \dfrac{1}{2} \end{bmatrix} = \begin{bmatrix} 0.48 & 0.02 \\ 0.02 & 0.48 \end{bmatrix}$$

Y 的分布为

$$\boldsymbol{P}_Y = \boldsymbol{P}_X \boldsymbol{P}_{Y|X} = \begin{bmatrix} \dfrac{1}{2} & \dfrac{1}{2} \end{bmatrix} \begin{bmatrix} 0.96 & 0.04 \\ 0.04 & 0.96 \end{bmatrix} = \begin{bmatrix} \dfrac{1}{2} & \dfrac{1}{2} \end{bmatrix}$$

$\boldsymbol{P}_{X|Y}$ 为

$$\boldsymbol{P}_{X|Y} = \begin{bmatrix} \dfrac{p_{XY}(00)}{p_Y(0)} & \dfrac{p_{XY}(01)}{p_Y(1)} \\ \dfrac{p_{XY}(10)}{p_Y(0)} & \dfrac{p_{XY}(11)}{p_Y(1)} \end{bmatrix} = \begin{bmatrix} \dfrac{0.48}{1/2} & \dfrac{0.02}{1/2} \\ \dfrac{0.02}{1/2} & \dfrac{0.48}{1/2} \end{bmatrix} = \begin{bmatrix} 0.96 & 0.04 \\ 0.04 & 0.96 \end{bmatrix}$$

因此，信道疑义度

$$H(X \mid Y) = -\sum_{XY} p(x_i y_j) \log p(x_i \mid y_j) = 0.2423 \text{ 比特／符号}$$

噪声熵

$$H(Y \mid X) = -\sum_{XY} p(x_i y_j) \log p(y_j \mid x_i) = 0.2423 \text{ 比特／符号}$$

4.3.3　信道的平均互信息及其含义

【定义 4-3】 信源熵与信道疑义度之差称为平均互信息

$$I(X;Y) = H(X) - H(X \mid Y) \tag{4-5}$$

在式(4-5)中，$H(X)$ 是信道输入 X 本身具有的信息量，$H(X|Y)$ 是观察到信道输出之后仍然未知的关于 X 的信息量。因此信道中平均互信息的含义是接收到信道的输出符号集 Y 之后，平均每个符号获得的关于信道输入符号集 X 的信息量，即通过信道传送过去的信息量。所以式(4-5)可以理解为

传递过去的信息量 ＝ 原有的信息量 － 未传递过去的信息量

对平均互信息的公式化为如下形式：

$$I(X;Y) = \sum_{XY} p(xy) \log \frac{p(y \mid x)}{p(y)} = \sum_{XY} p(y \mid x) p(x) \log \frac{p(y \mid x)}{\sum_X p(y \mid x) p(x)}$$

可见平均互信息是 $p(x)$ 和 $p(y|x)$ 的函数,而 $p(x)$ 代表了信道输入即信源、$p(y|x)$ 代表了信道。因此,平均互信息是信源和信道的函数。

【定理 4-1】　对于固定的信道,平均互信息 $I(X;Y)$ 是信源概率分布 $p(x)$ 的上凸函数。

证明:设 $p(y|x)$ 为固定的信道。令 $p_1(x)$ 和 $p_2(x)$ 为信源的两种分布,相应的平均互信息量分别记为 $I[p_1(x)]$ 和 $I[p_2(x)]$。

再选择信源符号集 X 的另一种概率分布 $p(x)$,满足

$$p(x) = \theta p_1(x) + \bar{\theta} p_2(x)$$

式中,$0 < \theta < 1, \theta + \bar{\theta} = 1$。相应的平均互信息量为 $I[p(x)]$。

根据平均互信息的定义有

$$\theta I[p_1(x)] + \bar{\theta} I[p_2(x)] - I[p(x)]$$

$$= \sum_{XY} \theta p_1(xy) \log \frac{p(y|x)}{p_1(y)} + \sum_{XY} \bar{\theta} p_2(xy) \log \frac{p(y|x)}{p_2(y)} - \sum_{XY} p(xy) \log \frac{p(y|x)}{p(y)}$$

$$= \sum_{XY} \theta p_1(xy) \log \frac{p(y|x)}{p_1(y)} + \sum_{XY} \bar{\theta} p_2(xy) \log \frac{p(y|x)}{p_2(y)} -$$

$$\sum_{XY} [\theta p_1(xy) + \bar{\theta} p_2(xy)] \log \frac{p(y|x)}{p(y)}$$

式中,应用到

$$p(xy) = p(x)p(y|x) = [\theta p_1(x) + \bar{\theta} p_2(x)] p(y|x)$$

$$= \theta p_1(x)p(y|x) + \bar{\theta} p_2(x)p(y|x) = \theta p_1(xy) + \bar{\theta} p_2(xy)$$

合并后,有

$$\theta I[p_1(x)] + \bar{\theta} I[p_2(x)] - I[p(x)]$$

$$= \theta \sum_{XY} p_1(xy) \log \left[\frac{p(y|x)}{p_1(y)} \middle/ \frac{p(y|x)}{p(y)} \right] + \bar{\theta} \sum_{XY} p_2(xy) \log \left[\frac{p(y|x)}{p_2(y)} \middle/ \frac{p(y|x)}{p(y)} \right]$$

$$= \theta \sum_{XY} p_1(xy) \log \frac{p(y)}{p_1(y)} + \bar{\theta} \sum_{XY} p_2(xy) \log \frac{p(y)}{p_2(y)} \tag{4-6}$$

先求式(4-6)中的第 1 项

$$\sum_{XY} p_1(xy) \log \frac{p(y)}{p_1(y)} \leqslant \log \sum_{XY} p_1(xy) \frac{p(y)}{p_1(y)} = \log \sum_Y \frac{p(y)}{p_1(y)} \sum_X p_1(xy)$$

$$= \log \sum_Y \frac{p(y)}{p_1(y)} p_1(y) = \log \sum_Y p(y) = \log 1 = 0$$

同理,式(4-6)中的第 2 项

$$\sum_{XY} p_2(xy) \log \frac{p(y)}{p_2(y)} \leqslant 0$$

故有

$$\theta I[p_1(x)] + \bar{\theta} I[p_2(x)] - I[p(x)] \leqslant 0$$

从而有

$$I[\theta p_1(x) + \bar{\theta} p_2(x)] \geqslant \theta I[p_1(x)] + \bar{\theta} I[p_2(x)]$$

因此平均互信息是信源概率分布 $p(x)$ 的上凸函数。

【定理 4-2】　对于固定的信源,平均互信息 $I(X;Y)$ 是信道传递概率 $p(y|x)$ 的下凸

函数。

证明：设 $p(x)$ 为固定的信源。令 $p_1(y|x)$ 和 $p_2(y|x)$ 为两条不同的信道，相应的平均互信息量分别记为 $I[p_1(y|x)]$ 和 $I[p_2(y|x)]$。

再选择信道的另一种传递概率分布 $p(y|x)$，满足

$$p(y|x) = \theta p_1(y|x) + \bar{\theta} p_2(y|x)$$

式中，$0 < \theta < 1$，$\theta + \bar{\theta} = 1$。相应的平均互信息量为 $I[p(y|x)]$。

根据平均互信息的定义有

$$I[p(y|x)] - \theta I[p_1(y|x)] - \bar{\theta} I[p_2(y|x)]$$

$$= \sum_{XY} p(xy) \log \frac{p(y|x)}{p(y)} - \sum_{XY} \theta p_1(xy) \log \frac{p_1(y|x)}{p(y)} -$$

$$\sum_{XY} \bar{\theta} p_2(xy) \log \frac{p_2(y|x)}{p(y)}$$

$$= \sum_{XY} [\theta p_1(xy) + \bar{\theta} p_2(xy)] \log \frac{p(y|x)}{p(y)} -$$

$$\sum_{XY} \theta p_1(xy) \log \frac{p_1(y|x)}{p(y)} - \sum_{XY} \bar{\theta} p_2(xy) \log \frac{p_2(y|x)}{p(y)}$$

$$= \theta \sum_{XY} p_1(xy) \log \frac{p(y|x)}{p_1(y|x)} + \bar{\theta} \sum_{XY} p_2(xy) \log \frac{p(y|x)}{p_2(y|x)} \qquad (4\text{-}7)$$

先求式(4-7)中的第 1 项

$$\sum_{XY} p_1(xy) \log \frac{p(y|x)}{p_1(y|x)} \leqslant \log \sum_{XY} p_1(xy) \frac{p(y|x)}{p_1(y|x)} = \log \sum_{XY} p_1(x) p(y|x)$$

$$= \log \sum_X p_1(x) \sum_Y p(y|x) = \log 1 = 0$$

同理，式(4-7)中的第 2 项

$$\sum_{XY} p_2(xy) \log \frac{p(y|x)}{p_2(y|x)} \leqslant 0$$

故有

$$I[p(y|x)] - \theta I[p_1(y|x)] - \bar{\theta} I[p_2(y|x)] \leqslant 0$$

从而有

$$I[\theta p_1(y|x) + \bar{\theta} p_2(y|x)] \leqslant \theta I[p_1(y|x)] + \bar{\theta} I[p_2(y|x)]$$

因此平均互信息 $I(X;Y)$ 是信道传递概率 $p(y|x)$ 的下凸函数。

这两个定理，尤其是定理 4-1，在 4.5 节"信道容量"部分发挥了重要作用。

【例 4-6】 一个二元对称信道，信道输入和信道矩阵如下：

$$\boldsymbol{P}_X = \begin{bmatrix} \omega & \bar{\omega} \end{bmatrix} \qquad \boldsymbol{P}_{Y|X} = \begin{bmatrix} \bar{p} & p \\ p & \bar{p} \end{bmatrix}$$

试计算该信道的平均互信息量，并说明它是信源的上凸函数、信道的下凸函数。

解：联合概率分布为

$$\boldsymbol{P}_{(X,Y)} = \begin{bmatrix} p_{Y|X}(0|0)p_X(0) & p_{Y|X}(1|0)p_X(0) \\ p_{Y|X}(0|1)p_X(1) & p_{Y|X}(1|1)p_X(1) \end{bmatrix} = \begin{bmatrix} \omega\bar{p} & \omega p \\ \bar{\omega}p & \bar{\omega}\bar{p} \end{bmatrix}$$

Y 的分布为

$$\boldsymbol{P}_Y = \boldsymbol{P}_X \boldsymbol{P}_{Y|X} = \begin{bmatrix} \omega & \bar{\omega} \end{bmatrix} \begin{bmatrix} \bar{p} & p \\ p & \bar{p} \end{bmatrix} = \begin{bmatrix} \omega\bar{p} + \bar{\omega}p & \omega p + \bar{\omega}\bar{p} \end{bmatrix}$$

因此平均互信息量为

$$I(X;Y) = H(Y) - H(Y \mid X)$$

$$= (\omega\bar{p} + \bar{\omega}p)\log\frac{1}{\omega\bar{p} + \bar{\omega}p} + (\omega p + \bar{\omega}\bar{p})\log\frac{1}{\omega p + \bar{\omega}\bar{p}} - \sum_{XY} p(xy)\log\frac{1}{p(y \mid x)}$$

$$= (\omega\bar{p} + \bar{\omega}p)\log\frac{1}{\omega\bar{p} + \bar{\omega}p} + (\omega p + \bar{\omega}\bar{p})\log\frac{1}{\omega p + \bar{\omega}\bar{p}} - \left(p\log\frac{1}{p} + \bar{p}\log\frac{1}{\bar{p}}\right)$$

对固定的信道,即 p 为一个固定的常数,而信源变化,即 ω 从 0 到 1 变化时,平均互信息 $I(X;Y)$ 的图形如图 4-9 所示,从图中能够看出,平均互信息是信源的上凸函数;对固定的信源,即 ω 为一个固定的常数,而信道变化,即 p 从 0 到 1 变化时,平均互信息 $I(X;Y)$ 的图形如图 4-10 所示,从图中能够看出,平均互信息是信道的下凸函数。

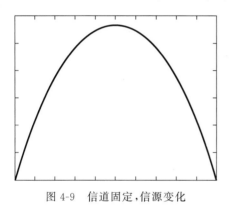

图 4-9　信道固定,信源变化

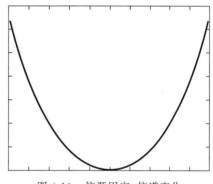

图 4-10　信源固定,信道变化

4.4　信道的组合

实际中常常遇到两个或者多个信道组合在一起使用的情况。例如图 4-11 所示的 Internet 传输,数据既可以通过路由器 1 和 2 传输,也可以通过路由器 3 和 4 传输,两个信道是并行的,这种多个信道并行传输信息的组合方式称为积信道。图 4-12 所示的移动通信,数据的传输经过了多个串行的信道:手机→基站 1→交换机 1→交换机 2→基站 2→手机,这种多个信道串行传输信息的组合方式称为和信道(或者级联信道、串联信道)。

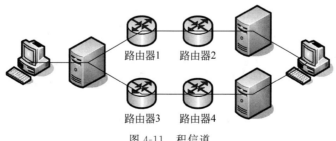

图 4-11　积信道

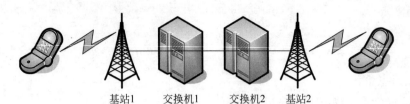

基站1   交换机1   交换机2   基站2

图 4-12 　和信道、级联信道、串联信道

图 4-13 　级联信道模型

本节仅介绍级联信道。级联信道模型如图 4-13 所示。

考虑信道 Ⅰ 和信道 Ⅱ 都是离散无记忆信道的情况。信道 Ⅰ 的传递概率为 $p(y\,|\,x)$，信道 Ⅱ 的传递概率为 $p(z\,|\,xy)$，信道 Ⅱ 的传递概率与前面的符号 x 和 y 均有关。

对于级联信道中的平均互信息，给出一个定理。在给出这个定理之前，先给出一个引理。

【引理 4-1】　级联信道中的平均互信息满足以下关系

$$I(XY;Z) \geqslant I(Y;Z) \tag{4-8}$$

$$I(XY;Z) \geqslant I(X;Z) \tag{4-9}$$

等号成立的充要条件是，对所有 x，y，z 有

$$p(z\,|\,xy) = p(z\,|\,y) = p(z\,|\,x)$$

证明： 根据平均互信息的定义得

$$I(XY;Z) = \sum_{XYZ} p(xyz)\log \frac{p(z\,|\,xy)}{p(z)}$$

而

$$I(Y;Z) = \sum_{YZ} p(yz)\log \frac{p(z\,|\,y)}{p(z)} = \sum_{XYZ} p(xyz)\log \frac{p(z\,|\,y)}{p(z)}$$

于是

$$I(Y;Z) - I(XY;Z) = \sum_{XYZ} p(xyz)\log \frac{p(z\,|\,y)}{p(z)} - \sum_{XYZ} p(xyz)\log \frac{p(z\,|\,xy)}{p(z)}$$

$$= \sum_{XYZ} p(xyz)\log \frac{p(z\,|\,y)}{p(z\,|\,xy)} \leqslant \log \sum_{XYZ} p(xyz)\frac{p(z\,|\,y)}{p(z\,|\,xy)}$$

$$= \log \sum_{XYZ} p(xy)p(z\,|\,y) = \log \sum_{XY} p(xy)\sum_{Z} p(z\,|\,y) = \log 1 = 0$$

因此

$$I(XY;Z) \geqslant I(Y;Z)$$

当

$$p(z\,|\,xy) = p(z\,|\,y)$$

时

$$I(Y;Z) - I(XY;Z) = \sum_{XYZ} p(xyz)\log \frac{p(z\,|\,y)}{p(z\,|\,xy)} = 0$$

因此，等号成立，即

$$I(XY;Z) = I(Y;Z)$$

同样的方法可以证明式(4-9)成立。

在引理中,等号成立的条件是 $p(z|xy)=p(z|y)$,这表明级联信道的输出 Z 仅依赖于 Y,而与前面的 X 无关,这意味着 X,Y,Z 构成一个马尔可夫链。此时,存在下述定理。

【定理 4-3】 若随机变量 X,Y,Z 构成一个马尔可夫链,则有

$$I(X;Z) \leqslant I(X;Y) \tag{4-10}$$
$$I(X;Z) \leqslant I(Y;Z) \tag{4-11}$$

证明:因为变量 X,Y,Z 构成一个马尔可夫链,故

$$p(z|xy)=p(z|y)$$

于是

$$I(XY;Z)=I(Y;Z)$$

将其代入式(4-9)得

$$I(X;Z) \leqslant I(Y;Z)$$

等号成立的条件是

$$p(z|xy)=p(z|x)$$

同理可以证明式(4-10)成立。

定理 4-3 重要在它的含义:通过多个串联的信道传递过去的信息量不会大于每一个信道传递过去的信息量。换句话说,信息量越传越少,不会增加,至多保持原来的信息量不变。这同时也说明了,信道只是信息传输的通道,不是信息的源泉,信息归根到底来源于信源。定理 4-3 称为数据处理定理。

数据处理定理说明,在任何信息传输系统中,最后获得的信息至多是信源所提供的信息。如果一旦在某一过程中丢失一些信息,以后的系统不管如何处理,都不能再恢复已经丢失的信息。这就是信息不增性原理,其深刻反映了信息的物理意义。

习题 2-23 也提到过数据处理定理,与这里的数据处理定理是不同环境下、不同角度的两种表现形式。

- 习题 2-23 说的是经过函数 $Y=f(X)$ 的运算,$H(Y) \leqslant H(X)$。函数运算,也可以看成一个信道,经过信道的传输,X 变为 Y。习题 2-23 只涉及一个信道,关注的是传输前后的熵。
- 这里说的是两个信道的串联,关注的是平均互信息。

但是无论哪个环境下、从哪个角度,均体现了经过越多的操作,信息量越少这样一个规律,因此都可以称为数据处理定理。

【例 4-7】 数据处理定理的一个"反例"。图 4-14 是一个图像增强的例子,原始图像有些模糊,像蒙着一层雾,经过增强之后图像变得清晰。处理后的图像提供了更多的信息量,这是不是与数据处理定理矛盾呢?

解:不能根据这个例子否定数据处理定理。原因在于,无论这个图像增强算法是人工设计的,还是用机器学习的方法通过训练得到的,均参考了一个大数据量的训练集,这个训练集为该图像增强算法提供了额外的信息量,使得处理后的图像所含的信息量大于原始图像的信息量。而数据处理定理中并不涉及这些额外的信息。

【定理 4-4】 两个信道的级联信道中,若随机变量 $X=\{x_1,x_2,\cdots,x_r\}$、$Y=\{y_1,y_2,\cdots,y_s\}$、$Z=\{z_1,z_2,\cdots,z_t\}$ 构成一个马尔可夫链,信道矩阵分别为 $\boldsymbol{P}_1=[p(y|x)]$、$\boldsymbol{P}_2=[p(z|y)]$,则总的信道矩阵为 $\boldsymbol{P}=\boldsymbol{P}_1\boldsymbol{P}_2$。

证明:由于 X,Y,Z 构成一个马尔可夫链,有

(a) 处理前图像(原始图像)　　　　　　　　　　(b) 处理后图像

图 4-14　图像增强

$$\boldsymbol{P}_1\boldsymbol{P}_2 = \left[\sum_{k=1}^{s} p(y_k \mid x_i)p(z_j \mid y_k)\right] = \left[p(z_j \mid x_i)\right] = \boldsymbol{P}$$

其中 $p(y_k|x_i)p(z_j|y_k)$ 表示中间经过 y_k，由 x_i 转移到 z_j 的概率。因此 $\sum_{k=1}^{s} p(y_k \mid x_i)p(z_j \mid y_k)$ 表示不管中间经过 Y 中哪一个符号，由 x_i 转移到 z_j 的概率，即两个信道级联之后，由 x_i 转移到 z_j 的概率。

【例 4-8】 设有两个离散二元对称信道，进行串联。第一个信道的输入为

$$\begin{bmatrix} X \\ P \end{bmatrix} = \begin{bmatrix} 0 & 1 \\ 1/2 & 1/2 \end{bmatrix}$$

两个信道的信道矩阵相同，均为

$$\boldsymbol{P}_1 = \boldsymbol{P}_2 = \begin{bmatrix} 1-p & p \\ p & 1-p \end{bmatrix}$$

如果 X，Y，Z 构成一个马尔可夫链，试比较单个信道和串联信道的平均互信息。

解：根据例 4-6 的结果，可以得到单个信道的平均互信息为

$$I(X;Y) = 1 - \left(p\log\frac{1}{p} + \bar{p}\log\frac{1}{\bar{p}}\right) = 1 - H(p)$$

串联信道总的信道矩阵为

$$\boldsymbol{P} = \boldsymbol{P}_1\boldsymbol{P}_2 = \begin{bmatrix} (1-p)^2 + p^2 & 2p(1-p) \\ 2p(1-p) & (1-p)^2 + p^2 \end{bmatrix}$$

根据平均互信息的定义可以算出串联信道的平均互信息

$$I(X;Z) = 1 - H(2p(1-p))$$

从图 4-15 能够看出，单个信道的平均互信息大于串联信道的平均互信息。这也再次验证了数据处理定理。

【例 4-9】 一个串联信道如图 4-16 所示，X，Y，Z 构成一个马尔可夫链，求总的信道矩阵。

解：由图 4-16 可知，信道 Ⅰ 和 Ⅱ 的信道矩阵分别为

$$\boldsymbol{P}_{Y|X} = \begin{bmatrix} \dfrac{1}{3} & \dfrac{1}{3} & \dfrac{1}{3} \\ \dfrac{1}{2} & 0 & \dfrac{1}{2} \end{bmatrix} \qquad \boldsymbol{P}_{Z|Y} = \begin{bmatrix} 1 & 0 & 0 \\ 0 & \dfrac{2}{3} & \dfrac{1}{3} \\ 0 & \dfrac{1}{3} & \dfrac{2}{3} \end{bmatrix}$$

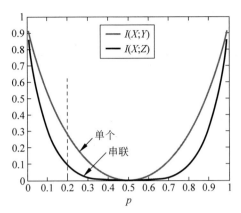

图 4-15 单个信道和串联信道的比较

由于 X,Y,Z 构成一个马尔可夫链，则总的信道矩阵为

$$\boldsymbol{P}_{Z|X} = \boldsymbol{P}_{Y|X}\boldsymbol{P}_{Z|Y} = \begin{bmatrix} \dfrac{1}{3} & \dfrac{1}{3} & \dfrac{1}{3} \\ \dfrac{1}{2} & 0 & \dfrac{1}{2} \end{bmatrix} \begin{bmatrix} 1 & 0 & 0 \\ 0 & \dfrac{2}{3} & \dfrac{1}{3} \\ 0 & \dfrac{1}{3} & \dfrac{2}{3} \end{bmatrix} = \begin{bmatrix} \dfrac{1}{3} & \dfrac{1}{3} & \dfrac{1}{3} \\ \dfrac{1}{2} & \dfrac{1}{6} & \dfrac{1}{3} \end{bmatrix}$$

因此串联信道的等效信道为图 4-17 所示的信道。

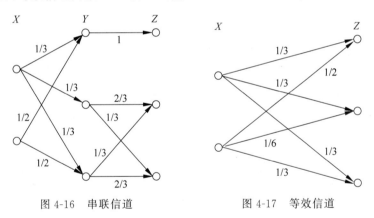

图 4-16 串联信道 　　　　　　　图 4-17 等效信道

【例 4-10】 有 n 个完全相同的二进制对称信道级联，每一级的错误概率均为 $p(0<p<1)$，证明级联信道的信道容量在 $N \to \infty$ 时趋近于 0，并说明这一结论的意义。（信道容量的概念将在 4.5 节给出）

证明：单一信道的信道矩阵为

$$\boldsymbol{P} = \begin{bmatrix} 1-p & p \\ p & 1-p \end{bmatrix}$$

则 n 个级联信道的信道矩阵为

$$\boldsymbol{P}^n = \frac{1}{2} \begin{bmatrix} 1+(1-2p)^n & 1-(1-2p)^n \\ 1-(1-2p)^n & 1+(1-2p)^n \end{bmatrix}$$

则

$$\lim_{n \to \infty} \boldsymbol{P}^n = \frac{1}{2} \lim_{n \to \infty} \begin{bmatrix} 1 + (1-2p)^n & 1 - (1-2p)^n \\ 1 - (1-2p)^n & 1 + (1-2p)^n \end{bmatrix} = \begin{bmatrix} \dfrac{1}{2} & \dfrac{1}{2} \\ \dfrac{1}{2} & \dfrac{1}{2} \end{bmatrix}$$

这是一个对称信道，信道容量为

$$C = \log s - H(p_1' p_2' \cdots p_s') = \log \frac{1}{2} - H\left(\frac{1}{2}, \frac{1}{2}\right) = 1 - 1 = 0$$

这一结论说明，信道上错误的累加，将最终使得信道不能传递任何信息，变为无用的信道。

4.5 信道容量

4.5.1 信息传输率

在信息传输过程中，信道每传递一个符号所能携带（载荷）的平均信息量称为信道的信息传输率，记作 R。

在4.3.3节中，我们知道平均互信息的含义是 Y 中平均每个符号携带的关于信道输入符号集 X 的信息量。因此信道的信息传输率就是该信息传输系统中的平均互信息，即

$$R = I(X;Y) \text{ 比特/符号} \tag{4-12}$$

有时我们关心的是信道在单位时间内能够传递多少信息量。此时，若平均传输一个符号需要 t 秒，而每一个符号传送的信息量为 $I(X;Y)$，则信道每秒传输的信息量为

$$R_t = \frac{1}{t} I(X;Y) \text{ 比特/秒} \tag{4-13}$$

通常将 R_t 称为信息传输速率，或者传输速率。

传输速率是实际通信系统的一个重要指标，它衡量了通信系统实际传输信息的能力。传输速率的单位为比特/秒，通常写为 bps(bit per second)。

【例 4-11】 表 4-1 列出了几种常见无线通信系统的传输速率。在工程实践中，传输速率通常称为信道的带宽。

表 4-1　常见无线通信系统的传输速率

通 信 系 统	传 输 速 率
红外通信	115Kbps～4Mbps
无线局域网	
蓝牙	1Mbps～2Mbps
HomeRF	1.6Mbps～10Mbps
802.11b	11Mbps
802.11g	54Mbps
802.11a	54Mbps～108Mbps
蜂窝通信（移动通信网络）	
2G	9.6Kbps～19.2Kbps
3G	144Kbps～2.4Mbps
4G	5Mbps～100Mbps
5G	10Mbps～1Gbps
微波通信	150Mbps
通信卫星	1Gbps

4.5.2 信道容量的定义及含义

在对平均互信息的讨论中,我们已经知道,对于固定的信道,平均互信息 $I(X;Y)$ 是信源概率分布 $p(x)$ 的上凸函数。因此,对于一个信道转移概率为 $p(y|x)$ 的给定信道,总存在着一种信源,使平均互信息 $I(X;Y)$ 达到最大值,即传输每一个符号平均获得的信息量最大。这说明对于每一个给定的信道,都具有一个最大的信息传输率,这个最大的信息传输率反映了该信道传输信息的最大能力。

定义这个最大的信息传输率为该信道的信道容量。

【定义 4-4】 信道容量定义为信息传输率或者平均互信息的最大值

$$C = \max_{p(x)} \{I(X;Y)\} \qquad (4-14)$$

其单位是比特/符号。

由上述分析和定义可以看出,信道容量 C 与信源的概率分布并无函数关系,它只是信道转移概率的函数,只与信道的统计特性 $p(y|x)$ 有关。所以,C 是描述信道传输信息能力的一个参数。信道容量的计算可以通过找出适当的信源分布 $p(x)$,使平均互信息 $I(X;Y)$ 为最大值来完成。使 $I(X;Y)$ 达到最大值的 $p(x)$ 称为该信道的最佳输入分布。

信道容量反映了信道传输信息的最大能力。

【例 4-12】 接例 4-6,计算二元对称信道的信道容量。

解:在例 4-6 中,已经求出二元对称信道的平均互信息

$$I(X;Y) = (\omega\bar{p} + \bar{\omega}p)\log\frac{1}{\omega\bar{p} + \bar{\omega}p} + (\omega p + \bar{\omega}\bar{p})\log\frac{1}{\omega p + \bar{\omega}\bar{p}} - \left(p\log\frac{1}{p} + \bar{p}\log\frac{1}{\bar{p}}\right)$$

对于给定的信道,即固定参数 p 时,平均互信息是 ω 的上凸函数。由图 4-8 可以看出,对于给定的二进制对称信道,当信源为等概分布,即 $\omega = 1/2$ 时,信道输出端平均每个符号获得最大信息量这个最大的互信息,即信道容量为

$$C = \max_{p(x)} \{I(X;Y)\} = 1 - \left(p\log\frac{1}{p} + \bar{p}\log\frac{1}{\bar{p}}\right)$$

对于一般的信道,其信道容量的计算就是对平均互信息 $I(X;Y)$ 求最大值的问题。由于一般信道的信道容量的计算比较复杂,因此本节主要针对几类特殊类型的信道,讨论其信道容量的计算方法。

4.5.3 三种特殊信道的容量

前面我们介绍过三种特殊信道:无噪无损信道、有噪无损信道、无噪有损信道。例 4-4 中求出,对无噪无损信道 $H(X|Y) = H(Y|X) = 0$;对有噪无损信道 $H(X|Y) = 0$;对无噪有损信道 $H(Y|X) = 0$。

因此无噪无损信道的信道容量

$$C = \max_{p(x)} \{I(X;Y)\} = \max_{p(x)} \{H(X) - H(X|Y)\}$$
$$= \max_{p(x)} \{H(X)\} = \log r$$

由于无噪无损信道中输入符号个数 r 等于输出符号个数 s,因此无噪无损信道的信道容量为

$$C = \log r = \log s$$

最佳输入分布为等概分布。

有噪无损信道的信道容量

$$C = \max_{p(x)}\{I(X;Y)\} = \max_{p(x)}\{H(X) - H(X \mid Y)\}$$
$$= \max_{p(x)}\{H(X)\} = \log r$$

最佳输入分布为等概分布。

无噪有损信道的信道容量

$$C = \max_{p(x)}\{I(X;Y)\} = \max_{p(x)}\{H(Y) - H(Y \mid X)\}$$
$$= \max_{p(x)}\{H(Y)\} = \log s$$

最佳输入分布为使得输出为等概分布的输入分布。

4.5.4 对称信道的容量

由前面的讨论我们知道，离散信道可以由其转移概率排成的信道矩阵加以描述。因此若信道矩阵具有不同的特性，那么信道将有不同的特点。

离散信道中有一类特殊的信道，其特点是信道矩阵具有很强的对称性，现在介绍这类信道。

【定义 4-5】 若一个离散无记忆信道的信道矩阵中，每一行都是其他行的同一组元素的不同排列，则称此类信道为离散输入对称信道。

【定义 4-6】 若一个离散无记忆信道的信道矩阵中，每一列都是其他列的同一组元素的不同排列，则称此类信道为离散输出对称信道。

【定义 4-7】 若一个离散无记忆信道，既是输入对称信道，又是输出对称信道，这类信道称为对称信道。

【例 4-13】 给出 4 个信道矩阵，判断它们分别属于何种类型的信道。

$$\boldsymbol{P}_1 = \begin{bmatrix} \dfrac{1}{3} & \dfrac{1}{3} & \dfrac{1}{6} & \dfrac{1}{6} \\[2mm] \dfrac{1}{6} & \dfrac{1}{3} & \dfrac{1}{6} & \dfrac{1}{3} \end{bmatrix} \qquad \boldsymbol{P}_2 = \begin{bmatrix} 0.4 & 0.6 \\ 0.6 & 0.4 \\ 0.5 & 0.5 \end{bmatrix}$$

$$\boldsymbol{P}_3 = \begin{bmatrix} \dfrac{1}{3} & \dfrac{1}{3} & \dfrac{1}{6} & \dfrac{1}{6} \\[2mm] \dfrac{1}{6} & \dfrac{1}{6} & \dfrac{1}{3} & \dfrac{1}{3} \end{bmatrix} \qquad \boldsymbol{P}_4 = \begin{bmatrix} \dfrac{1}{2} & \dfrac{1}{3} & \dfrac{1}{6} \\[2mm] \dfrac{1}{6} & \dfrac{1}{2} & \dfrac{1}{3} \\[2mm] \dfrac{1}{3} & \dfrac{1}{6} & \dfrac{1}{2} \end{bmatrix}$$

解： $\boldsymbol{P}_1$ 中的两行都是由两个 1/3 和两个 1/6 构成的，因此是输入对称信道。

$\boldsymbol{P}_2$ 中的两列都是由 0.4、0.6、0.5 构成的，因此是输出对称信道。

$\boldsymbol{P}_3$ 中的两行都是由两个 1/3 和两个 1/6 构成的，且两列都是由 1/3 和 1/6 构成的，因此是对称信道。

$\boldsymbol{P}_4$ 中的行和列都是由 1/2、1/3、1/6 构成的，因此是对称信道。

为了给出对称信道的信道容量和最佳输入分布,先给出一个引理。

【引理 4-2】　对于对称信道,当输入分布为等概分布时,输出分布也为等概分布。

证明:信道输出概率为

$$p(y_j) = \sum_{i=1}^{r} p(x_i y_j) = \sum_{i=1}^{r} p(y_j \mid x_i) p(x_i)$$

因为输入等概分布,即 $p(x_i) = 1/r$,因此

$$p(y_j) = \frac{1}{r} \sum_{i=1}^{r} p(y_j \mid x_i)$$

其中,$\sum_{i=1}^{r} p(y_j \mid x_i)$ 为信道矩阵中第 j 列的和,由于信道是对称信道,因此信道矩阵中所有 s 列的和相等,即

$$\sum_{i=1}^{r} p(y_1 \mid x_i) = \sum_{i=1}^{r} p(y_2 \mid x_i) = \cdots = \sum_{i=1}^{r} p(y_s \mid x_i)$$

于是有

$$p(y_1) = p(y_2) = \cdots = p(y_s)$$

因此输出也是等概分布。

【定理 4-5】　若一个离散对称信道具有 r 个输入符号,s 个输出符号,则当输入为等概分布时,达到信道容量,且

$$C = \log s - H(p_1' p_2' \cdots p_s') \tag{4-15}$$

其中,$p_1' p_2' \cdots p_s'$ 为信道矩阵中的任意一行。

证明:考察平均互信息

$$I(X;Y) = H(Y) - H(Y \mid X)$$

其中噪声熵

$$H(Y \mid X) = \sum_{XY} p(xy) \log \frac{1}{p(y \mid x)}$$

$$= \sum_{X} p(x) \sum_{Y} p(y \mid x) \log \frac{1}{p(y \mid x)} = \sum_{X} p(x) H(Y \mid X = x)$$

其中,条件熵

$$H(Y \mid X = x) = \sum_{Y} p(y \mid x) \log \frac{1}{p(y \mid x)}$$

是固定 $X = x$ 时对 Y 求熵。由于信道的对称性,所以 $H(Y \mid X = x)$ 与 x 无关,从而有

$$H(Y \mid X = x) = H(p_1' p_2' \cdots p_s')$$

因此得

$$I(X;Y) = H(Y) - H(p_1' p_2' \cdots p_s')$$

根据信道容量的定义,可得

$$C = \max_{p(x)} \{I(X;Y)\} = \max_{p(x)} \{H(Y) - H(p_1' p_2' \cdots p_s')\}$$

由于已知 $H(Y) \leqslant \log s$,而其等号成立的充要条件是输出 Y 为等概分布,所以

$$C = \log s - H(p_1' p_2' \cdots p_s')$$

这表明达到信道容量 C 的概率分布是使输出为等概分布的信道输入分布。换句话说,求

离散对称信道的最佳输入分布，实质上是求一种输入分布 $p(x)$，它使输出熵 $H(Y)$ 达到最大。

当输出符号等概分布时，输出熵 $H(Y)$ 达到最大。由引理 4-2 可知，当输入为等概分布时，输出也为等概分布，因此对称信道的最佳输入分布是等概分布。

【例 4-14】 接例 4-3，信道矩阵为

$$P_{Y|X} = \begin{bmatrix} 0.96 & 0.04 \\ 0.04 & 0.96 \end{bmatrix}$$

求该信道的信道容量。

解： 由于信道矩阵的每一行和每一列都是由 0.96、0.04 构成的，因此这是一个对称信道。信道容量为

$$C = \log s - H(p'_1 p'_2 \cdots p'_s) = \log 2 - H(0.96, 0.04) = 0.7577 \text{ 比特 / 符号}$$

能够使信道达到信道容量的信源分布，即最佳输入分布为等概分布。

计算结果表明，在这个对称信道中，每个符号平均能够传输的最大信息量为 0.7577 比特。例 4-14 严格计算出的结果验证了例 4-12 中，通过看图得出的结论。

4.5.5　一般信道的容量

对于一般的离散无记忆信道而言，信道容量的计算比较复杂，相当于解一个无约束的数学规划问题，可以用迭代算法实现。

信道容量

$$C = \max_{p(x)} \{ I(X;Y) \}$$

其中

$$I(X;Y) = \sum_j \sum_i p(x_i) p(y_j \mid x_i) \log \frac{p(y_j \mid x_i)}{p(y_j)}$$

$$= \sum_j \sum_i p(x_i) p(y_j \mid x_i) \log \frac{Q(x_i \mid y_j)}{p(x_i)}$$

其中

$$Q(x_i \mid y_j) = \frac{p(x_i) p(y_j \mid x_i)}{p(y_j)} = \frac{p(x_i) p(y_j \mid x_i)}{\sum\limits_{k=1}^{r} p(x_k) p(y_j \mid x_k)}$$

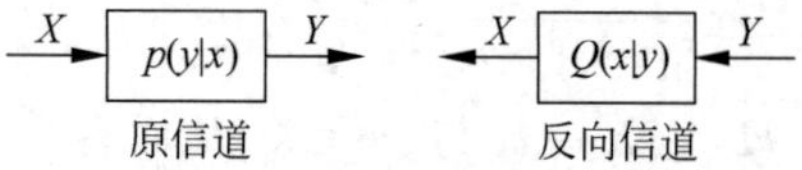

图 4-18　原信道和反向信道

将 $Q(x_i \mid y_j)$ 称为反条件概率，由信源分布和信道转移矩阵确定，可以设想为原信道的反向信道，如图 4-18 所示。

该反向信道的信道矩阵为

$$[Q(x_i \mid y_j)] \quad i = 1, 2, \cdots, r; \quad j = 1, 2, \cdots, s$$

且满足

$$Q(x_i \mid y_j) \geqslant 0 \quad i = 1, 2, \cdots, r; \quad j = 1, 2, \cdots, s$$

$$\sum_{i=1}^{r} Q(x_i \mid y_j) = 1 \quad j = 1, 2, \cdots, s$$

其实反向信道不止 $Q(x_i|y_j)$ 一个，凡是能够表达由 Y 到 X 的转移关系的条件概率矩阵都是反向信道，将这样的矩阵，即反向信道矩阵记为 $P(x|y)$。则平均互信息 $I(X;Y)$ 可

以看作输入概率分布 $p(x)$ 和反向信道转移概率 $P(x|y)$ 的函数,可记为 $f\{p(x),P(x|y)\}$。

当 $p(x)$ 给定时,使 $f\{p(x),P(x|y)\}$ 达到最大的反向转移概率分布 $P(x|y)$,由下述引理给定。

【引理 4-3】 对任意反向信道 $P(x|y)$,有

$$I(X;Y) \geqslant f\{p(x),P(x|y)\} \tag{4-16}$$

等号成立的充要条件是

$$P(x_i \mid y_j) = Q(x_i \mid y_j) = \frac{p(x_i)p(y_j \mid x_i)}{p(y_j)} = \frac{p(x_i)p(y_j \mid x_i)}{\sum\limits_{k=1}^{r} p(x_k)p(y_j \mid x_k)}$$

证明:由于

$$Q(x_i \mid y_j) = \frac{p(x_i)p(y_j \mid x_i)}{p(y_j)}$$

则

$$\sum_i P(x_i \mid y_j)\log P(x_i \mid y_j) \leqslant \sum_i P(x_i \mid y_j)\log Q(x_i \mid y_j)$$

当且仅当

$$P(x_i \mid y_j) = Q(x_i \mid y_j)$$

时等式成立,而

$$I(X;Y) = \sum_j \sum_i p(y_j)Q(x_i \mid y_j)\log \frac{Q(x_i \mid y_j)}{p(x_i)}$$

因此有

$$f\{p(x),P(x \mid y)\} - I(X;Y) = \sum_j p(y_j)\left\{\sum_i P(x_i \mid y_j)\log \frac{P(x_i \mid y_j)}{p(x_i)}\right.$$
$$\left. - \sum_i Q(x_i \mid y_j)\log \frac{Q(x_i \mid y_j)}{p(x_i)}\right\} \leqslant 0$$

上述定理说明,在给定原信道输入分布 $p(x)$ 的条件下,反向信道平均互信息的最大值是原信道的平均互信息,使得平均互信息达到最大的反向信道是 $Q(x_i|y_j)$,即

$$I(X;Y) = \max_{P(x|y)} f\{p(x),P(x \mid y)\} = f\{p(x),Q(x \mid y)\}$$

因此,原信道的信道容量为

$$C = \max_{p(x)}\{I(X;Y)\} = \max_{p(x)}\{\max_{P(x|y)} f\{p(x),P(x \mid y)\}\} \tag{4-17}$$

固定转移概率 $P(x|y)$ 时,$f\{p(x),P(x|y)\}$ 可以对输入分布 $p(x)$ 求最大值。由于信道容量 C 是在

$$p(x_i) \geqslant 0 \quad 且 \quad \sum_{i=1}^{r} p(x_i) = 1$$

条件下求 $I(X;Y)$ 的最大值,故可用拉格朗日乘子法。

定义函数

$$f(p(x)) = I(X;Y) - \lambda \sum_{i=1}^{r} p(x_i)$$

显然,$f(p(x))$ 和 $I(X;Y)$ 具有相同的极大值。

$$\frac{\partial}{\partial p(x_i)} f(p(x)) = \frac{\partial}{\partial p(x_i)} I(X;Y) - \lambda$$

$$= \sum_{j=1}^{s} p(y_j \mid x_i) \log p(y_j \mid x_i) - \sum_{j=1}^{s} \sum_{k=1}^{r} \frac{\partial}{\partial p(x_i)}$$
$$[p(x_k) p(y_j \mid x_k) \log p(y_j)] - \lambda$$

又因为

$$\frac{\partial}{\partial p(x_i)} \log p(y_j) = \left\{ \frac{\partial}{\partial p(x_i)} \ln p(y_j) \right\} \log e$$
$$= \left\{ \frac{\partial}{\partial p(x_i)} \ln \sum_{k=1}^{r} p(x_k) p(y_j \mid x_k) \right\} \log e = \frac{p(y_j \mid x_i)}{p(y_j)} \log e$$

所以

$$\sum_{j=1}^{s} \sum_{k=1}^{r} \frac{\partial}{\partial p(x_i)} [p(x_k) p(y_j \mid x_k) \log p(y_j)]$$

$$= \sum_{j=1}^{s} \frac{\partial}{\partial p(x_i)} [p(x_k) p(y_j \mid x_k) \log p(y_j)] +$$

$$\sum_{j=1}^{s} \sum_{k=1,k \neq i}^{r} \frac{\partial}{\partial p(x_i)} [p(x_k) p(y_j \mid x_k) \log p(y_j)]$$

$$= \sum_{j=1}^{s} [p(y_j \mid x_i) \log p(y_j)] + \sum_{j=1}^{s} \sum_{k=1,k \neq i}^{r} \frac{\partial}{\partial p(x_i)} [p(x_k) p(y_j \mid x_k) \log p(y_j)]$$

$$= \sum_{j=1}^{s} [p(y_j \mid x_i) \log p(y_j)] + \sum_{j=1}^{s} \left[p(x_i) p(y_j \mid x_i) \frac{\partial}{\partial p(x_i)} \log p(y_j) \right] +$$

$$\sum_{j=1}^{s} \sum_{k=1,k \neq i}^{r} \left[p(x_k) p(y_j \mid x_k) \frac{\partial}{\partial p(x_i)} \log p(y_j) \right]$$

则

$$\frac{\partial}{\partial p(x_i)} f(p(x)) = \sum_{j=1}^{s} \left[p(y_j \mid x_i) \log \frac{p(y_j \mid x_i)}{p(y_j)} \right] -$$

$$\sum_{j=1}^{s} \sum_{k=1}^{r} \left[p(x_k) p(y_j \mid x_k) \frac{p(y_j \mid x_i)}{p(y_j)} \log e \right] - \lambda$$

考虑 $\sum_{k=1}^{r} [p(x_k) p(y_j \mid x_k)] = p(y_j)$，令偏导数等于 0 得

$$\sum_{j=1}^{s} \left[p(y_j \mid x_i) \log \frac{p(y_j \mid x_i)}{p(y_j)} \right] = \log e + \lambda \quad i = 1, 2, \cdots, r \tag{4-18}$$

设该方程组有一组解：$p^*(x_1)$，$p^*(x_2)$，$\cdots$，$p^*(x_r)$，满足 $\sum_{i=1}^{r} p^*(x_i) = 1$，求得极值为

$$C = \lambda + \log e \tag{4-19}$$

【定理 4-6】 当且仅当 $p(x)$ 满足

$$\frac{\partial}{\partial p(x_i)} g(p(x)) = \lambda \quad i = 1, 2, \cdots, r \tag{4-20}$$

时，$g(p(x)) = I(X; Y)$ 达到最大值（信道容量）。

　　证明：

$$\frac{\partial}{\partial p(x_i)} g(p(x)) = \sum_{j=1}^{s} \left[p(y_j \mid x_i) \log \frac{p(y_j \mid x_i)}{p(y_j)} \right] - \log e \quad i=1,2,\cdots,r$$

先证充分性。

由于

$$\frac{\partial}{\partial p(x_i)} g(p(x)) = \lambda \quad i=1,2,\cdots,r$$

即

$$\sum_{j=1}^{s} \left[p(y_j \mid x_i) \log \frac{p(y_j \mid x_i)}{p(y_j)} \right] = \log e + \lambda \quad i=1,2,\cdots,r$$

满足式(4-18)，故 $p(x)$ 为极值点 $p^*(x)$，得证。

再证必要性。

由于 $p(x)$ 为极值点，因此它为拉格朗日乘子法求偏导数的方程组中的一个解，式(4-18)成立，从而有

$$\sum_{j=1}^{s} \left[p(y_j \mid x_i) \log \frac{p(y_j \mid x_i)}{p(y_j)} \right] = \log e + \lambda \quad i=1,2,\cdots,r$$

同理可证，根据公式

$$I(X;Y) = \sum_j \sum_i p(x_i) p(y_j \mid x_i) \log \frac{Q(x_i \mid y_j)}{p(x_i)}$$

分布 $p(x)$ 使 $f\{p(x), P(x|y)\}$ 达到最大值的充要条件是

$$\frac{\partial}{\partial p(x_i)} f\{p(x), P(x \mid y)\} = \lambda \quad i=1,2,\cdots,r$$

而

$$\lambda = \frac{\partial}{\partial p(x_i)} f\{p(x), P(x \mid y)\}$$

$$= \frac{\partial}{\partial p(x_i)} \left\{ \sum_j \sum_k p(x_k) p(y_j \mid x_k) \left[\log P(x_k \mid y_j) - \log p(x_k) \right] \right\}$$

$$= \sum_j p(y_j \mid x_i) \log P(x_i \mid y_j) - \sum_j p(y_j \mid x_i) \left[\log p(x_i) + \log e \right]$$

$$= \sum_j p(y_j \mid x_i) \log P(x_i \mid y_j) - \log p(x_i) - \log e$$

不妨取 log 的底为 e，则

$$\ln p(x_i) = \sum_j p(y_j \mid x_i) \ln P(x_i \mid y_j) - \lambda - 1$$

$$p(x_i) = e^{-(\lambda+1)} \times e^{\sum_j p(y_j \mid x_i) \ln P(x_i \mid y_j)}$$

由于约束条件

$$\sum_{i=1}^{r} p(x_i) = 1$$

因此

$$p(x_i) = \frac{\exp\left\{ \sum_j p(y_j \mid x_i) \ln P(x_i \mid y_j) \right\}}{\sum_i \exp\left\{ \sum_j p(y_j \mid x_i) \ln P(x_i \mid y_j) \right\}}$$

这样,通过交替地固定 $p(x)$ 和 $P(x|y)$,可以求得使 $f\{p(x),P(x|y)\}$ 为最大的分布,从而有以下的迭代算法。

设初始分布为 $p^{(0)}(x)$,一般可取等概分布,即

$$p^{(0)}(x_i) = \frac{1}{r}; \quad i = 1, 2, \cdots, r$$

令 $k = 0, 1, 2, \cdots$ 为迭代号,则迭代公式为

$$P^{(k)}(x_i \mid y_j) = \frac{p(y_j \mid x_i)p^{(k)}(x_i)}{\sum_l p(y_j \mid x_l)p^{(k)}(x_l)} \quad i = 1, 2, \cdots, r; j = 1, 2, \cdots, s \quad (4\text{-}21)$$

$$p^{(k+1)}(x_i) = \frac{\exp\left\{\sum_j p(y_j \mid x_i)\ln P^{(k)}(x_i \mid y_j)\right\}}{\sum_i \exp\left\{\sum_j p(y_j \mid x_i)\ln P^{(k)}(x_i \mid y_j)\right\}} \quad i = 1, 2, \cdots, r \quad (4\text{-}22)$$

$$C^{(k+1)} = f\{p^{(k+1)}(x), P^{(k)}(x \mid y)\} \quad (4\text{-}23)$$

迭代步骤如下:

(1) 取初始分布 $p^{(0)}(x)$。

(2) 根据式(4-21)计算 $P^{(k)}(x_i|y_j)$。

(3) 根据式(4-22)计算 $p^{(k+1)}(x_i)$。

(4) 根据式(4-23)计算 $C^{(k+1)}$。

(5) 若 $|C^{(k+1)} - C^{(k)}| < \delta$,则转向步骤(7)。

(6) 令 $k = k+1$,转向步骤(2)。

(7) 输出 $p^{(k+1)}(x_i)$ 和 $C^{(k+1)}$。

该迭代算法的收敛性由下述定理给出。

【定理 4-7】 对上述迭代算法有

$$\lim_{k \to \infty} |C - C^{(k)}| = 0 \quad (4\text{-}24)$$

等价表示

$$\lim_{k \to \infty} C^{(k)} = C \quad (4\text{-}25)$$

证明:不妨令

$$s_i^{(k+1)} = \sum_i \exp\left\{\sum_j p(y_j \mid x_i)\ln P^{(k)}(x_i \mid y_j)\right\} \quad k = 0, 1, 2, \cdots \quad (4\text{-}26)$$

则

$$p^{(k+1)}(x_i) = \frac{s_i^{(k+1)}}{\sum_l s_l^{(k+1)}}$$

而

$$C^{(k+1)} = f\{p^{(k+1)}(x), P^{(k)}(x \mid y)\} = \sum_i \sum_j p(y_j \mid x_i)p^{(k+1)}(x_i)\ln\frac{P^{(k)}(x_i \mid y_j)}{p^{(k+1)}(x_i)}$$

$$= \sum_i \sum_j p(y_j \mid x_i)p^{(k+1)}(x_i)\ln\frac{P^{(k)}(x_i \mid y_j)}{\dfrac{s_i^{(k+1)}}{\sum_l s_l^{(k+1)}}}$$

$$= \sum_i p^{(k+1)}(x_i) \left\{ \sum_j p(y_j \mid x_i) \left[\ln P^{(k)}(x_i \mid y_j) - \ln s_i^{(k+1)} + \ln \sum_l s_l^{(k+1)} \right] \right\}$$

根据式(4-26)有

$$C^{(k+1)} = \ln \sum_l s_l^{(k+1)}$$

设 $p^*(x)$ 是达到信道容量的最佳输入分布,即

$$C = \sum_j \sum_i p^*(x_i) p(y_j \mid x_i) \ln \frac{P^*(x_i \mid y_j)}{p(x_i)}$$

其中

$$P^*(x_i \mid y_j) = \frac{p(y_j \mid x_i) p^*(x_i)}{\sum\limits_l p(y_j \mid x_l) p^*(x_l)} \quad i = 1, 2, \cdots, r; \ j = 1, 2, \cdots, s$$

则

$$\sum_i p^*(x_i) \ln \frac{p^{(k+1)}(x_i)}{p^{(k)}(x_i)}$$

$$= \sum_i p^*(x_i) \ln \left[\frac{s_i^{(k+1)}}{\sum\limits_l s_l^{(k+1)}} \times \frac{1}{p^{(k)}(x_i)} \right]$$

$$= -C^{(k+1)} + \sum_i p^*(x_i) \ln \frac{1}{p^{(k)}(x_i)} + \sum_i p^*(x_i) \ln s_i^{(k+1)}$$

$$= -C^{(k+1)} + \sum_i \left[\sum_j p(y_j \mid x_i) \right] p^*(x_i) \ln \frac{1}{p^{(k)}(x_i)} +$$

$$\sum_i p^*(x_i) \left[\sum_j p(y_j \mid x_i) \ln P^{(k)}(x_i \mid y_j) \right]$$

$$= -C^{(k+1)} + \sum_i \sum_j p(y_j \mid x_i) p^*(x_i) \ln \frac{P^{(k)}(x_i \mid y_j)}{p^{(k)}(x_i)}$$

$$= -C^{(k+1)} + \sum_i \sum_j p(y_j \mid x_i) p^*(x_i) \ln \left[\frac{1}{p^{(k)}(x_i)} \times \frac{p(y_j \mid x_i) p^{(k)}(x_i)}{\sum\limits_l p(y_j \mid x_l) p^{(k)}(x_l)} \right]$$

$$= -C^{(k+1)} + \sum_j \left\{ \sum_i p(y_j \mid x_i) p^*(x_i) \ln \left[\frac{1}{p^{(k)}(x_i)} \times \frac{p(y_j \mid x_i) p^{(k)}(x_i)}{\sum\limits_l p(y_j \mid x_l) p^{(k)}(x_l)} \right] \right\}$$

$$= -C^{(k+1)} + C + \sum_j \left\{ \sum_i p(y_j \mid x_i) p^*(x_i) \cdot \right.$$

$$\left. \ln \left[\frac{p^*(x_i)}{p^{(k)}(x_i)} \times \frac{1}{P^*(x_i \mid y_j)} \times \frac{p(y_j \mid x_i) p^{(k)}(x_i)}{\sum\limits_l p(y_j \mid x_l) p^{(k)}(x_l)} \right] \right\}$$

$$= -C^{(k+1)} + C + \sum_j \left\{ \sum_i p(y_j \mid x_i) p^*(x_i) \ln \left[\frac{\sum\limits_l p(y_j \mid x_l) p^*(x_l)}{\sum\limits_l p(y_j \mid x_l) p^{(k)}(x_l)} \right] \right\} \quad (4\text{-}27)$$

令

$$h_j^{(k)} = \sum_l p(y_j \mid x_l) p^{(k)}(x_l) \quad j = 1, 2, \cdots, s \tag{4-28}$$

$$h_j^* = \sum_l p(y_j \mid x_l) p^*(x_l) \quad j = 1, 2, \cdots, s \tag{4-29}$$

则式(4-27)可以写成

$$\sum_i p^*(x_i) \ln \frac{p^{(k+1)}(x_i)}{p^{(k)}(x_i)} = -C^{(k+1)} + C + \sum_j h_j^* \ln \frac{h_j^*}{h_j^{(k)}}$$

由式(4-28)和式(4-29)可知，h^* 和 $h^{(k)}$ 分别对应最佳输入分布和 k 步迭代时输入分布的输出符号分布函数，故有

$$\sum_j h_j^* \ln \frac{h_j^*}{h_j^{(k)}} \geqslant 0$$

从而

$$C - C^{(k+1)} \leqslant \sum_i p^*(x_i) \ln \frac{p^{(k+1)}(x_i)}{p^{(k)}(x_i)} \quad k = 0, 1, 2, \cdots$$

又因为

$$C \geqslant C^{(k+1)} \quad k = 0, 1, 2, \cdots$$

所以

$$\sum_{k=0}^{N-1} |C - C^{(k+1)}| \leqslant \sum_{k=0}^{N-1} \sum_i p^*(x_i) \ln \frac{p^{(k+1)}(x_i)}{p^{(k)}(x_i)}$$

$$= \sum_i p^*(x_i) \ln \frac{p^{(N)}(x_i)}{p^{(0)}(x_i)} \leqslant \sum_i p^*(x_i) \ln \frac{p^*(x_i)}{p^{(0)}(x_i)} < \infty$$

不等式右侧与 N 无关，所以级数 $|C - C^{(k)}|\big|_{k=1}^{\infty}$ 是收敛级数，即

$$\lim_{k \to \infty} |C - C^{(k)}| = 0$$

该定理表明，迭代算法一定能得到任意接近信道容量的解，接近的程度取决于第(5)步中的值 δ；算法的收敛速度与初始分布的选择有关，初始分布越接近最佳分布，收敛速度越快。当初始分布选为等概分布时，有

$$\sum_{k=0}^{N-1} |C - C^{(k+1)}| \leqslant \sum_i p^*(x_i) \ln \frac{p^*(x_i)}{p^{(0)}(x_i)} = \ln r - H_e(p^*(x_i))$$

$$\min_k |C - C^{(k)}| \leqslant \frac{\ln r - H_e(p^*(x_i))}{N}$$

上式表明，在 k 足够大之后，$C^{(k)}$ 以 $1/N$ 的速度逼近信道容量 C。

4.5.6　信源和信道的匹配

信源发出的消息符号一般要通过信道来传输。对于一个信道，其信道容量是一定的，而且只有当输入符号的概率分布 $p(x)$ 满足一定条件时，才能达到信道容量 C。一般情况下，信源与信道连接时，其信息传输率 $R = I(X;Y)$ 并未达到最大。若信息传输率达到了信道容量，则称此信源与信道匹配；否则，不匹配，信道有剩余。

信道剩余度定义为

$$信道剩余度 = C - I(X;Y) \tag{4-30}$$

式中，C 是该信道的信道容量，即最大传输能力；$I(X;Y)$ 是信源通过该信道的实际传输能力。

可见如果信道剩余度不等于 0,说明信道没有得到充分利用。如何才能让信道得到充分利用,即如何让信源和信道匹配呢?这需要通过信源编码来实现,通过信源编码可以改变原始信源的概率分布,让信源分布尽量接近最佳输入分布。

4.6 本章小结

本书内容主要包括信源、信道、信源编码、信道编码四部分。本章研究了信道,主要是离散无记忆信道及其容量主要内容见表 4-2。

表 4-2 本章小结

| 离散无记忆信道 | 无噪无损信道 | 有噪无损信道 | 无噪有损信道 |

信道矩阵
$$P_{Y|X} = \begin{bmatrix} p_{11} & p_{12} & \cdots & p_{1s} \\ p_{21} & p_{22} & \cdots & p_{2s} \\ \vdots & \vdots & \ddots & \vdots \\ p_{r1} & p_{r2} & \cdots & p_{rs} \end{bmatrix}$$

信道疑义度:$H(X \mid Y) = -\sum_{XY} p(x_i y_j)\log p(x_i \mid y_j)$

噪声熵:$H(Y \mid X) = -\sum_{XY} p(x_i y_j)\log p(y_j \mid x_i)$

平均互信息(信息传输率):$I(X;Y) = \sum_{XY} p(y \mid x)p(x)\log \dfrac{p(y \mid x)}{\sum_X p(y \mid x)p(x)}$

是信源概率分布 $p(x)$ 的上凸函数,是信道传递概率 $p(y \mid x)$ 的下凸函数

信道容量:$C = \max\limits_{p(x)}\{I(X;Y)\}$,反映出了该信道传输信息的最大能力

无噪无损信道信道容量:$C = \log r = \log s$
最佳输入分布为等概分布

有噪无损信道信道容量:$C = \log r$
最佳输入分布为等概分布

无噪有损信道信道容量:$C = \log s$
最佳输入分布为使得输出为等概的输入分布

对称信道信道容量:$C = \log s - H(p_1' p_2' \cdots p_s')$
最佳输入分布为等概分布

级联信道 数据处理定理:$I(X;Z) \leqslant I(X;Y)$、$I(X;Z) \leqslant I(Y;Z)$
信息越传越少

当信源与信道连接时,若信息传输率达到了信道容量,则称此信源与信道匹配;否则,不匹配,信道有剩余。
信道剩余度定义为:信道剩余度 $= C - I(X;Y)$

信道可以从不同的角度分类。按照输入和输出符号的时间特性分类,可以分为离散信道、连续信道和半连续信道。按照输入和输出端的个数分类,可以分为两端信道、多元接入信道和广播信道。按照信道的统计特性分类,信道可以分为恒参信道和随参信道。按照信道的记忆特性分类,信道可以分为无记忆信道和有记忆信道。还给出了三种特殊信道:无噪无损信道、有噪无损信道、无噪有损信道。

离散无记忆信道是一类重要的信道,可以用信道转移概率描述。衡量信道噪声大小有

两个指标：信道疑义度和噪声熵。平均互信息衡量了信道的实际传输能力。

从平均互信息引出了信道容量的概念，重点研究了离散无记忆信道的信道容量。信道容量衡量了信道的最大传输能力。

最后是级联信道，以及信源和信道的匹配。

4.7 习题

4-1 举例说明下列信道：

（1）无损、有噪、不对称的信道；

（2）无损、有噪、对称的信道；

（3）无噪信道；

（4）无用的无噪信道。

4-2 二进制对称信道是一种很重要的特殊信道，试对其传递概率进行分析并写出传递矩阵。

4-3 设对称离散信道矩阵为

$$P = \begin{bmatrix} \dfrac{1}{3} & \dfrac{1}{3} & \dfrac{1}{6} & \dfrac{1}{6} \\ \dfrac{1}{6} & \dfrac{1}{6} & \dfrac{1}{3} & \dfrac{1}{3} \end{bmatrix}$$

求信道容量 C。

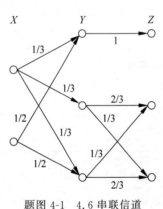

题图 4-1　4.6 串联信道

4-4 设有扰离散信道的输入端是以等概率出现的 A,B,C,D 4 个字母。该信道的正确传输概率为 $1/2$，错误传输概率平均分布在其他 3 个字母上。验证在该信道上每个字母传输的平均信息量 0.208 比特。

4-5 试画出三元对称信道在理想（无噪声）和强噪声（输出不依赖于输入）情况下的信道模型，设信道输入等概分布。

4-6 串联信道如题图 4-1 所示，且 X、Y、Z 构成马尔可夫链，求总的信道矩阵。

4-7 设有一离散无记忆信源，其概率空间为 $\begin{bmatrix} X \\ P \end{bmatrix} = \begin{bmatrix} a_1 & a_2 \\ 0.6 & 0.4 \end{bmatrix}$，它们通过干扰信道，信道输出端的接收符号集为 $Y = \{b_1, b_2\}$，信道传输概率如题图 4-2 所示。求：

（1）信源 X 中事件 x_1 和 x_2 分别含有的自信息；

（2）收到消息 $y_j (j=1,2)$ 后，获得的关于 $x_i (i=1,2)$ 的信息量；

（3）信源 X 和信源 Y 的信息熵；

（4）信道疑义度 $H(X|Y)$ 和噪声熵 $H(Y|X)$；

（5）收到消息 Y 后获得的平均互信息。

4-8 已知信源 X 包含两种消息 $\{x_0, x_1\}$，且 $p(x_0) = 1/2, p(x_1) = 1/2$，信道是有扰的，信宿收到的消息集合 Y 包含 $\{y_0, y_1\}$，给定信道矩阵（传递矩阵）

$$P = \begin{bmatrix} p(y_0|x_0) & p(y_1|x_0) \\ p(y_0|x_1) & p(y_1|x_1) \end{bmatrix} = \begin{bmatrix} 0.98 & 0.02 \\ 0.2 & 0.8 \end{bmatrix}$$

求平均互信息 $I(X;Y)$。

4-9 设有扰信道的传输情况如题图4-3所示。试求这种信道的信道容量。

4-10 有一个二元对称信道,其信道矩阵如题图4-4所示。设该信道以1500个二元符号每秒的速率传输输入符号。现有一消息序列共有14000个二元符号,并设在这个消息中 $p(x_0)=p(x_1)=1/2$。问从信息传输的角度来考虑,10s内能否将这个消息序列无失真地传送完?

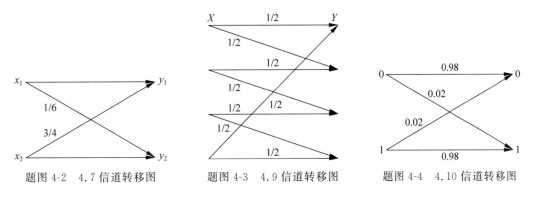

题图4-2 4.7信道转移图　　题图4-3 4.9信道转移图　　题图4-4 4.10信道转移图

4-11 设有一批电阻,按阻值分,70%是 $2k\Omega$,30%是 $5k\Omega$;按瓦数分,64%是 $1/8W$,其余是 $1/4W$。现在已知 $2k\Omega$ 阻值的电阻中 80%是 $1/8W$。问通过测量阻值可以平均得到的关于瓦数的信息量是多少?

4-12 若有两个串接的离散信道构成马尔可夫链,它们的信道矩阵都是

$$P = \begin{bmatrix} 0 & 0 & 0 & 1 \\ 0 & 0 & 0 & 1 \\ \dfrac{1}{2} & \dfrac{1}{2} & 0 & 0 \\ 0 & 0 & 1 & 0 \end{bmatrix}$$

并设第一个信道的输入符号等概分布。求 $I(X;Z)$ 和 $I(X;Y)$,并加以比较。

4-13 若已知信道输入分布为等概分布,即 $p_i = \dfrac{1}{4}$,$i=1,2,3,4$,分别作为下列两个信道的输入,两个信道的转移概率为

$$P_1 = \begin{bmatrix} \dfrac{1}{2} & \dfrac{1}{2} & 0 & 0 \\ 0 & \dfrac{1}{2} & \dfrac{1}{2} & 0 \\ 0 & 0 & \dfrac{1}{2} & \dfrac{1}{2} \\ \dfrac{1}{2} & 0 & 0 & \dfrac{1}{2} \end{bmatrix} \qquad P_2 = \begin{bmatrix} \dfrac{1}{2} & \dfrac{1}{2} & 0 & 0 & 0 & 0 & 0 & 0 \\ 0 & 0 & \dfrac{1}{2} & \dfrac{1}{2} & 0 & 0 & 0 & 0 \\ 0 & 0 & 0 & 0 & \dfrac{1}{2} & \dfrac{1}{2} & 0 & 0 \\ 0 & 0 & 0 & 0 & 0 & 0 & \dfrac{1}{2} & \dfrac{1}{2} \end{bmatrix}$$

试求:这两个信道的容量 C_1 和 C_2,并问这两个信道上是否有噪声?

4-14 已知信源发出 a_1 和 a_2 两种消息,且 $p(a_1)=p(a_2)=1/2$。此信息在二进制对称信道上传输,信道传输特性为 $p(b_1|a_1)=p(b_2|a_2)=1-\varepsilon$,$p(b_1|a_2)=p(b_2|a_1)=\varepsilon$,求互信息量 $I(a_1;b_1)$ 和 $I(a_1;b_2)$。

4-15 一个快餐店只提供汉堡包和牛排,当顾客进店以后只需向厨房喊一声"汉堡包"或"牛排",不过通常有 8% 的概率厨师可能会听错。一般来说进店的顾客 90% 会点汉堡包,10% 会点牛排。问:

(1) 这个信道的信道容量;

(2) 每次顾客点菜时提供的信息量;

(3) 这个信道是否可以正确传递顾客点菜的信息?

(4) 如果第(3)问的结论是可以正确传输顾客点菜信息,而确实有 8% 的概率厨师会听错,请问这如何解释?

第 5 章

连续信源和连续信道

5.1 连续信源

5.1.1 连续信源的数学模型

在 2.5 节我们讲过,对连续随机变量来讲,最基本的统计量是概率密度函数。因此连续信源用概率密度函数来描述。对随机变量 X 存在函数 $p(x)$,且

$$p(x) \geqslant 0$$

$$\int_{-\infty}^{+\infty} p(x)\mathrm{d}x = 1$$

则 $p(x)$ 就是该连续信源的概率密度函数。

$$F(x) = P(X < x) = \int_{-\infty}^{x} p(\alpha)\mathrm{d}\alpha$$

称为概率分布函数。

因此,简单连续信源的模型写为

$$\begin{bmatrix} X \\ P \end{bmatrix} = \begin{bmatrix} x & \int_{-\infty}^{+\infty} p(x)\mathrm{d}x = 1 \\ p(x) & \end{bmatrix}$$

5.1.2 连续信源的熵和互信息

在 2.5 节我们已经讲过,连续信源的熵是由绝对熵和微分熵两部分构成的,绝对熵为一无穷大项,通常将其舍去,在不引起混淆的情况下,将微分熵简称为连续信源的熵。

【定义 5-1】 对于连续信源 X,其概率密度函数为 $p(x)$,则该连续信源的熵为

$$H(X) = -\int_{-\infty}^{+\infty} p(x)\log p(x)\mathrm{d}x \tag{5-1}$$

连续信源的熵与离散信源的熵具有类似的形式,但其意义不相同。连续信源的熵与离散信源的熵相比,去掉了一个无穷大项。连续信源的不确定性本应该为无穷大,但是由于实际应用中常常关心的是熵之间的差值,无穷大项可相互抵消,故这样定义连续信源的熵不会影响讨论所关心的互信息量、信道容量等。需要强调的是,连续信源的熵只是熵的相对值,不是绝对值,而离散信源的熵是绝对值。

定义 5-1 给出的是单个连续随机变量的熵,如果有多个随机变量,可以定义联合熵、条件熵、互信息等概念。

【定义 5-2】 设有两个连续随机变量 X 和 Y，其联合熵为

$$H(X,Y) = -\iint\limits_{-\infty}^{+\infty} p(xy)\log p(xy)\mathrm{d}x\mathrm{d}y \tag{5-2}$$

式中 $p(xy)$ 为二维联合概率密度函数。

【定义 5-3】 设有两个连续随机变量 X 和 Y，其条件熵为

$$H(X \mid Y) = -\iint\limits_{-\infty}^{+\infty} p(xy)\log p(x \mid y)\mathrm{d}x\mathrm{d}y \tag{5-3}$$

或者

$$H(Y \mid X) = -\iint\limits_{-\infty}^{+\infty} p(xy)\log p(y \mid x)\mathrm{d}x\mathrm{d}y \tag{5-4}$$

式中 $p(x|y)$ 和 $p(y|x)$ 为条件概率密度函数。

【定义 5-4】 两个连续随机变量 X 和 Y 之间的平均互信息量为

$$I(X;Y) = H(X) - H(X \mid Y) = H(Y) - H(Y \mid X) \tag{5-5}$$

由该定义可以得到

$$I(X;Y) = H(X) + H(Y) - H(X,Y)$$

证明：

$$
\begin{aligned}
I(X;Y) &= H(X) - H(X \mid Y) \\
&= H(X) + \iint\limits_{-\infty}^{+\infty} p(xy)\log p(x \mid y)\mathrm{d}x\mathrm{d}y \\
&= H(X) + \iint\limits_{-\infty}^{+\infty} p(xy)\log \frac{p(xy)}{p(y)}\mathrm{d}x\mathrm{d}y \\
&= H(X) + \int_{-\infty}^{+\infty} p(y)\log \frac{1}{p(y)}\mathrm{d}y + \iint\limits_{-\infty}^{+\infty} p(xy)\log p(xy)\mathrm{d}x\mathrm{d}y \\
&= H(X) + H(Y) - H(X,Y)
\end{aligned}
$$

由上述推导可以看出，有

$$I(X;Y) = I(Y;X)$$

并且

$$H(X,Y) - H(X) - H(Y) = \iint\limits_{-\infty}^{+\infty} p(xy)\log \frac{p(x)p(y)}{p(xy)}\mathrm{d}x\mathrm{d}y$$

$$\leqslant \iint\limits_{-\infty}^{+\infty} p(xy)\left[\frac{p(x)p(y)}{p(xy)} - 1\right]\log e\,\mathrm{d}x\mathrm{d}y = 0$$

故有

$$I(X;Y) \geqslant 0$$

上述定义与离散信源的对应关系式完全类似，而且可以证明连续信源的平均互信息也具有非负性。连续信源中各种熵和平均互信息之间的关系也可以用图 2-6 的维拉图表示。但是由于连续信源的熵是微分熵，略掉了一个无穷大项，因此它不具有非负性和极值性。

【例 5-1】 求均值为 m，方差为 σ^2 的高斯分布的熵。

解：高斯随机变量的概率密度为

$$p(x) = \frac{1}{\sqrt{2\pi}\,\sigma}\exp\left\{-\frac{(x-m)^2}{2\sigma^2}\right\}$$

则有

$$H(X) = -\int_{-\infty}^{+\infty} p(x)\log p(x)\mathrm{d}x$$

$$= -\int_{-\infty}^{+\infty} p(x)\left[\log\frac{1}{\sqrt{2\pi}\,\sigma}\exp\left\{-\frac{(x-m)^2}{2\sigma^2}\right\}\right]\mathrm{d}x$$

如果取对数的底为 e，则

$$H(X) = -\int_{-\infty}^{+\infty} p(x)\left[-\ln\sqrt{2\pi}\,\sigma - \frac{1}{2\sigma^2}(x-m)^2\right]\mathrm{d}x$$

$$= \ln\sqrt{2\pi}\,\sigma + \frac{1}{2\sigma^2}\sigma^2 = \ln\sqrt{2\pi e}\,\sigma$$

【例 5-2】 设随机变量 X 和 Y 的联合概率密度为

$$p(xy) = \frac{1}{2\pi\sigma_x\sigma_y\sqrt{1-\rho^2}} \cdot$$

$$\exp\left\{-\frac{1}{2(1-\rho^2)}\left[\frac{(x-m_x)^2}{\sigma_x^2} - \frac{2\rho(x-m_x)(y-m_y)}{\sigma_x\sigma_y} + \frac{(y-m_y)^2}{\sigma_y^2}\right]\right\}$$

求：(1) $H(X)$ 和 $H(Y)$ 各是多少？

(2) $H(X|Y)$ 和 $H(Y|X)$ 各是多少？

(3) $H(X,Y)$ 是多少？

(4) $I(X;Y)$ 是多少？

解：

(1)

$$p(x) = \int_{-\infty}^{+\infty} p(xy)\mathrm{d}y = \frac{1}{\sqrt{2\pi}\,\sigma_x}\exp\left\{-\frac{(x-m_x)^2}{2\sigma_x^2}\right\}$$

故

$$H(X) = -\int_{-\infty}^{+\infty} p(x)\log p(x)\mathrm{d}x = \ln\sqrt{2\pi e}\,\sigma_x$$

同理可得

$$H(Y) = \ln\sqrt{2\pi e}\,\sigma_y$$

(2) 由条件熵定义，有

$$H(X\mid Y) = -\iint_{-\infty}^{+\infty} p(xy)\log p(x\mid y)\mathrm{d}x\mathrm{d}y$$

$$= \iint_{-\infty}^{+\infty} p(xy)\left\{\ln\sqrt{2\pi\sigma_x^2(1-\rho^2)} + \frac{1}{2}\left[\frac{(x-m_x)^2}{(1-\rho^2)\sigma_x^2} - \frac{2\rho(x-m_x)(y-m_y)}{(1-\rho^2)\sigma_x\sigma_y} + \right.\right.$$

$$\left. \frac{(y-m_y)^2}{(1-\rho^2)\sigma_y^2} - \frac{(y-m_y)^2}{\sigma_y^2} \right] \ln e \right\} \mathrm{d}x\,\mathrm{d}y$$

$$= \ln\sqrt{2\pi\sigma_x^2(1-\rho^2)} + \frac{\log e}{2}\left(\frac{1}{1-\rho^2} - \frac{2\rho^2}{1-\rho^2} + \frac{1}{1-\rho^2} - 1\right) = \ln\sqrt{2\pi e\sigma_x^2(1-\rho^2)}$$

同理可得

$$H(Y\mid X) = \ln\sqrt{2\pi e\sigma_y^2(1-\rho^2)}$$

（3）由联合熵定义，有

$$H(X,Y) = -\iint\limits_{-\infty}^{+\infty} p(xy)\log p(xy)\mathrm{d}x\,\mathrm{d}y$$

$$= \iint\limits_{-\infty}^{+\infty} p(xy)\left\{\ln 2\pi\sigma_x\sigma_y\sqrt{(1-\rho^2)} + \frac{1}{2}\left[\frac{(x-m_x)^2}{(1-\rho^2)\sigma_x^2} - \frac{2\rho(x-m_x)(y-m_y)}{(1-\rho^2)\sigma_x\sigma_y} + \right.\right.$$

$$\left.\left. \frac{(y-m_y)^2}{(1-\rho^2)\sigma_y^2}\right]\ln e\right\}\mathrm{d}x\,\mathrm{d}y$$

$$= \ln 2\pi\sigma_x\sigma_y\sqrt{(1-\rho^2)} + \frac{\log e}{2}\left(\frac{1}{1-\rho^2} - \frac{2\rho^2}{1-\rho^2} + \frac{1}{1-\rho^2}\right)$$

$$= \ln\left[2\pi e\sigma_x\sigma_y\sqrt{(1-\rho^2)}\right]$$

（4）由互信息量定义，有

$$I(X;Y) = H(X) - H(X\mid Y)$$

$$= \ln\sqrt{2\pi e}\sigma_x - \ln\sqrt{2\pi e\sigma_x^2(1-\rho^2)} = -\ln\sqrt{(1-\rho^2)}$$

上述结果表明，两个高斯随机变量的各自熵只与各自的方差有关。条件熵与相关系数 ρ 有关，当 $\rho=0$ 时，即 X 和 Y 互不相关时，或者说互相独立时，则有 $H(X)=H(X\mid Y)$ 和 $H(Y)=H(Y\mid X)$。联合熵也与 ρ 有关，而互信息量仅与 ρ 有关，与方差无关，当 $\rho=0$ 时，$I(X;Y)=0$。

5.2 连续信道及其信道容量

对于连续信道，其输入和输出均为连续的随机信号，但从时间关系上来分，可以分为时间离散信号和时间连续信号两大类。当信道输入输出只能在特定时刻变化，即时间为离散值时，称信道为离散时间信道（或时间离散信道）。当信道的输入输出是随时间变化的，即时间为连续值时，称为连续信道或者波形信道。我们在 1.3 节已经介绍过这些信号。下面将分别讨论这两种类型的信道。

5.2.1 时间离散信道

设时间离散信道的输入和输出集分别为 X 和 Y。N 个单元时间信道的输入序列为 $x=\{x_1, x_2, \cdots, x_N\}$；输出序列为 $y=\{y_1, y_2, \cdots, y_N\}$。信道转移概率密度为 $p(y\mid x)$。类似于离散信道，若

$$p(y \mid x) = \prod_{n=1}^{N} p(y_n \mid x_n)$$

就称该信道是无记忆信道。

这样,对于时间离散信道的研究就可以归结为对单位时间段上信道的输入、输出和干扰之间的关系的研究,也就是单个符号的传输问题的研究了。信道容量 C 定义为

$$C = \max_{p(x)} \{ I(X;Y) \}$$

其中 $p(x)$ 为输入事件 x 的概率密度。

由于输入和干扰是相互独立的,对于一维随机变量,其信道模型可以表示为

$$Y = X + N$$

式中,X 为输入随机变量,Y 为输出随机变量,N 为随机噪声,且 X 和 N 统计独立。

设随机变量 X 和 N 的概率密度分别为 $p_X(x)$ 和 $p_n(z)$,不难求得随机变量 Y 在 X 条件下的概率密度为

$$p(y \mid x) = p_N(y-x) = p_N(z)$$

则有

$$H(Y \mid X) = -\iint_{-\infty}^{+\infty} p(xy) \log p(y \mid x) \,\mathrm{d}x\,\mathrm{d}y$$

$$= -\iint_{-\infty}^{+\infty} p_X(x) p(y \mid x) \log p(y \mid x) \,\mathrm{d}x\,\mathrm{d}y$$

$$= -\iint_{-\infty}^{+\infty} p_X(x) p_N(y-x) \log p_N(y-x) \,\mathrm{d}x\,\mathrm{d}y$$

$$= -\int_{-\infty}^{\infty} p_X(x) \int_{-\infty}^{\infty} p_N(z) \log p_N(z) \,\mathrm{d}z\,\mathrm{d}x$$

$$= -\int_{-\infty}^{\infty} p_X(x) H(N) \,\mathrm{d}x = H(N)$$

式中,$H(N)$ 为信道噪声的熵,因此互信息为

$$I(X;Y) = H(Y) - H(Y \mid X) = H(Y) - H(N)$$

由上式可以看出,简单加性噪声信道的互信息由输出熵和噪声熵所决定。若输入信源 X 和噪声信源 N 分别为均值为 0、方差为 σ_X^2 和 σ_N^2 的高斯分布,则随机变量 Y 为均值为 0、方差为 $\sigma_X^2 + \sigma_N^2$ 的高斯分布。所以

$$I(X;Y) = H(Y) - H(N)$$

$$= \frac{1}{2} \log \left[2\pi e (\sigma_X^2 + \sigma_N^2) \right] - \frac{1}{2} \log \left[2\pi e \sigma_N^2 \right] = \frac{1}{2} \log \left(1 + \frac{\sigma_X^2}{\sigma_N^2} \right)$$

当 σ_X^2 / σ_N^2 任意大时,则 $I(X;Y)$ 同样也可以任意大。由于实际中信号和噪声的能量是有限的,所以我们所研究的时间离散连续信道的容量是在功率受限条件下进行的。

【定义 5-5】 对于输入信号平均功率不大于 S 的时间离散信道的容量定义为

$$C = \sup_{n, p_n} \frac{1}{n} I(X;Y)$$

式中上限是对所有的 n 和所有的概率分布 p_n 上求的。在无记忆条件下，时间离散信道容量为

$$C = \max_{p_n} I(X;Y)$$

对于平均功率受限的、最简单的一维时间离散可加高斯噪声信道的互信息为

$$I(X;Y) = H(Y) - H(N)$$

因此信道容量为

$$C = H(Y) - H(N) = \frac{1}{2}\log\left(1 + \frac{\sigma_X^2}{\sigma_N^2}\right)$$

非高斯性加性噪声信道容量的计算相当复杂，只能给出其上下限，有下述定理存在。

【定理 5-1】 假设输入信源的平均功率小于 σ_X^2，信道加性噪声平均功率为 σ_N^2，则可加噪声信道容量 C 满足

$$\frac{1}{2}\log\left(1 + \frac{\sigma_X^2}{\sigma^2}\right) \leqslant C \leqslant \frac{1}{2}\log\left(\frac{\sigma_X^2 + \sigma_N^2}{\sigma^2}\right)$$

式中 σ^2 为噪声的熵功率。

证明： 对于加性噪声信道

$$Y = X + N$$

当输入信源和噪声的均值分别为 0 时，信道的输出功率为 $\sigma_X^2 + \sigma_N^2$。由于

$$H(Y) \leqslant \frac{1}{2}\log\left[2\pi e(\sigma_X^2 + \sigma_N^2)\right]$$

且

$$\sigma^2 = \frac{1}{2\pi e}e^{2H(N)}$$

即

$$H(N) = \frac{1}{2}\log(2\pi e\sigma^2)$$

故有

$$C = \max_{p}\left[H(Y) - H(N)\right] = \max_{p}\left[H(Y)\right] - H(N)$$

$$\leqslant \frac{1}{2}\log\left[2\pi e(\sigma_X^2 + \sigma_N^2)\right] - \frac{1}{2}\log(2\pi e\sigma^2) = \frac{1}{2}\log\left(\frac{\sigma_X^2 + \sigma_N^2}{\sigma^2}\right)$$

故不等式右端成立。当噪声满足高斯分布时，则有 $\sigma^2 = \sigma_N^2$，等号成立。

由于任何一个信源的熵功率都小于或等于其平均功率，即

$$\sigma^2 \leqslant \sigma_N^2$$

所以有

$$\frac{1}{2}\log\left[2\pi e(\sigma_X^2 + \sigma_N^2)\right] \geqslant \frac{1}{2}\log\left[2\pi e(\sigma_X^2 + \sigma^2)\right]$$

当选择输入信源功率为 σ_X^2 的高斯变量时，有

$$C \geqslant I(X;Y) = H(Y) - H(N) \geqslant \frac{1}{2}\log\left[2\pi e(\sigma_X^2 + \sigma^2)\right]$$

$$-\frac{1}{2}\log(2\pi\mathrm{e}\sigma^2) = \frac{1}{2}\log\left(1 + \frac{\sigma_X^2}{\sigma^2}\right)$$

因此

$$\frac{1}{2}\log\left(1 + \frac{\sigma_X^2}{\sigma^2}\right) \leqslant C \leqslant \frac{1}{2}\log\left(\frac{\sigma_X^2 + \sigma_N^2}{\sigma^2}\right)$$

上述定理表明,当噪声功率 σ_N^2 给定后,高斯型干扰是最坏的干扰,此时信道容量 C 最小。因此,在实际应用中和科学研究中,往往把干扰视为高斯分布,研究最坏的情况通常是比较安全的。

5.2.2 连续信道

时间连续信道也称作波形信道。设输入和输出为随机过程 $X(t)$ 和 $Y(t)$,设 $N(t)$ 为随机噪声,那么简单的加性噪声信道模型可以表示为

$$Y(t) = X(t) + N(t)$$

输入、输出和噪声都是时间 t 的函数。

由于信道的带宽总是有限的,根据随机信号采样定理,可以将一个时间连续的信道变换成时间离散的随机序列进行处理。设输入、噪声和输出随机序列分别为 X_i、N_i 和 Y_i,$i=1,2,\cdots,n$,则有

$$Y_i = X_i + N_i \quad (i=1,2,\cdots,n)$$

下面将讨论平均功率受限情况下时间连续的高斯信道。

设高斯信道的平均功率为 σ_N^2,即

$$D\left[N(t)\right] = \sigma_N^2$$

对于随机序列 N_i,$i=1,2,\cdots,n$,则有

$$D\left[N_i\right] = \sigma_N^2$$

因为高斯白噪声的各样本值彼此相互独立,那么 n 维高斯分布的联合概率密度为

$$p(z) = p(z_1 z_2 \cdots z_n) = \frac{1}{(2\pi\sigma_N^2)^{n/2}}\exp\left\{-\frac{z_1^2 + z_2^2 + \cdots + z_n^2}{2\sigma_N^2}\right\}$$

对于加性噪声信道,由概率理论可知

$$p(y \mid x) = p(z) = \prod_{i=1}^{n} p(z_i) = \prod_{i=1}^{n} p(y_i \mid x_i)$$

由于信道是无记忆的,那么 n 维随机序列的平均互信息满足

$$I(X;Y) \leqslant \sum_{i=1}^{n} I(X_i;Y_i)$$

因此时间连续信道的信道容量为

$$C = \max_{p(x)} I(X;Y) = \max_{p(x)} \sum_{i=1}^{n} I(X_i;Y_i)$$

若信道为高斯信道,则时间连续信道的信道容量为

$$C = \frac{n}{2}\log\left(1 + \frac{\sigma_X^2}{\sigma_N^2}\right)$$

达到该信道容量的条件是，n 维输入随机序列中的每一分量都必须是均值为 0、方差为 σ_X^2 且相互独立的高斯变量。

5.3　本章小结

本章简要介绍了连续信源和连续信道，见表 5-1。

表 5-1　本章小结

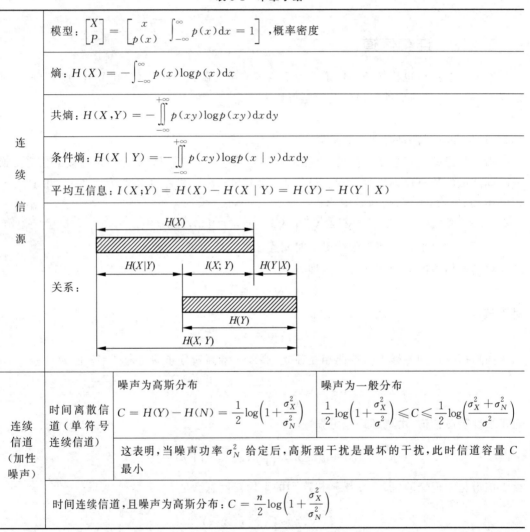

连续信源	模型：$\begin{bmatrix} X \\ P \end{bmatrix} = \begin{bmatrix} x & \int_{-\infty}^{\infty} p(x)\mathrm{d}x = 1 \\ p(x) & \end{bmatrix}$，概率密度	
	熵：$H(X) = -\int_{-\infty}^{\infty} p(x)\log p(x)\mathrm{d}x$	
	共熵：$H(X,Y) = -\iint_{-\infty}^{+\infty} p(xy)\log p(xy)\mathrm{d}x\mathrm{d}y$	
	条件熵：$H(X\mid Y) = -\iint_{-\infty}^{+\infty} p(xy)\log p(x\mid y)\mathrm{d}x\mathrm{d}y$	
	平均互信息：$I(X;Y) = H(X) - H(X\mid Y) = H(Y) - H(Y\mid X)$	
	关系：	

		噪声为高斯分布	噪声为一般分布
连续信道（加性噪声）	时间离散信道（单符号连续信道）	$C = H(Y) - H(N) = \dfrac{1}{2}\log\left(1 + \dfrac{\sigma_X^2}{\sigma_N^2}\right)$	$\dfrac{1}{2}\log\left(1 + \dfrac{\sigma_X^2}{\sigma^2}\right) \leqslant C \leqslant \dfrac{1}{2}\log\left(\dfrac{\sigma_X^2 + \sigma_N^2}{\sigma^2}\right)$
		这表明，当噪声功率 σ_N^2 给定后，高斯型干扰是最坏的干扰，此时信道容量 C 最小	
	时间连续信道，且噪声为高斯分布：$C = \dfrac{n}{2}\log\left(1 + \dfrac{\sigma_X^2}{\sigma_N^2}\right)$		

连续信源主要讲了信源的模型、熵、共熵、条件熵和平均互信息。需要注意的是，连续信源的熵不同于离散信源的熵。连续信源的熵是微分熵，与离散信源的熵相比，去掉了一个无穷大项。

连续信道分时间离散和时间连续两种情况讨论，信道上的噪声主要讨论了加性高斯噪声。给出了不同情况下的信道容量。

5.4 习题

5-1 设信源的输出幅度被限定在(a,b)内。证明：在限定范围内，当输出信号的概率密度是均匀分布时，信源具有最大熵

$$H_{\max}[x,p(x)]=\log(b-a)$$

5-2 设随机变量X的概率密度为

$$p(x)=\frac{1}{2}\lambda \mathrm{e}^{-\lambda|x|}$$

求随机变量X的熵。

5-3 证明连续信源X的熵$H(X)$是关于X的概率密度函数$p(x)$的上凸函数。

5-4 对于连续型随机序列X_i和$Y_i(i=1,2,\cdots,n)$，证明：当信源X_i无记忆时，则有

$$I(X;Y)\geqslant \sum_{i=1}^{n}I(X_i;Y_i)$$

当信道$p(y|x)$无记忆时，则有

$$I(X;Y)\leqslant \sum_{i=1}^{n}I(X_i;Y_i)$$

并问在什么条件下，上述两式等号成立。

第6章 无失真信源编码

CHAPTER 6

这一章无失真信源编码和下一章限失真信源编码讨论通信的有效性问题,即如何通过对信源进行编码,以压缩信源,提高传输效率。

6.1 编码的基本概念

6.1节介绍与编码相关的基本概念,这些概念无论是对无失真信源编码、限失真信源编码,还是后面将要讲到的信道编码都是适用的。

6.1.1 编码器和译码器

编码和译码的过程在现实生活中屡见不鲜。例如,如果将"汉译英"看作编码的过程,那么"英译汉"就是译码的过程。可见,编码和译码是两个相反的过程,且编码和译码都有输入和输出。图 6-1 所示是编码器示意图。编码器将输入序列 $S=(s_1, s_2, \cdots, s_L)$ 编码为输出序列 $C=(c_1, c_2, \cdots, c_L)$,其中输入序列中的每一个符号 s_i 来自于集合 $U=\{u_1, u_2, \cdots, u_n\}$,输出序列中的每一个符号 c_i 来自于集合 $W=\{w_1, w_2, \cdots, w_m\}$。集合 $W=\{w_1, w_2, \cdots, w_m\}$ 称为码字集合,其中的 w_i 称为码字。

$$\frac{S=(s_1, s_2, \cdots, s_L)}{s_i \in U=\{u_1, u_2, \cdots, u_n\}} \boxed{编码器} \frac{C=(c_1, c_2, \cdots, c_L)}{c_i \in W=\{w_1, w_2, \cdots, w_m\}}$$

图 6-1 编码器

【例 6-1】 分析编码器"汉译英"。

解:在编码器"汉译英"中,

$$U=\{我,是,一名,学生,老师,编码,理论,\cdots\}$$

即 U 是汉语单词集合。码字集合

$$W=\{\text{I, am, is, are, a, student, coding, theory, apple}, \cdots\}$$

即 W 是英文单词集合。

如果某次该编码器的输入是"我是一名学生",即输入序列 $S=(s_1="我", s_2="是", s_3="一名", s_4="学生")$,则编码器的输出为"I am a student",即输出序列 $C=(c_1="I", c_2="am", c_3="a", c_4="student")$。

在编码理论中,研究最多的是二元编码,或者说二进制编码,这种编码的码字都是由$\{0, 1\}$构成的。下面给出几个二进制编码的例子。

【**例 6-2**】　几种二进制编码如表 6-1 所示。

表 6-1　二进制编码

符　　号	码 1	码 2	码 3	码 4	码 5
u_1	00	0	0	1	1
u_2	01	10	11	01	10
u_3	10	00	00	001	100
u_4	11	01	11	0001	1000

对码 1,如果 $S = u_2 u_4 u_1$,则 $C = 011100$。

6.1.2　码的分类

码可以从很多角度进行分类。

1. 按照编码的目的分类

根据编码的目的,可以分为信源编码、保密编码、信道编码、调制编码四种。编码理论中主要研究信源编码和信道编码。

信源编码的目的是压缩消息的数据量,使得消息能够被更经济地传送出去,即提高信息传送的有效性。信道编码的目的是消除信道上噪声的影响,保证发送的消息不发生错误,即提高信息传送的可靠性。提高信息传输、存储和处理的有效性和可靠性是信息论研究的主要问题。

2. 按照码字的长度分类

按照码字的长度分类,可以分为等长码(定长码)和变长码。

等长码中所有码字的长度都相同。变长码中码字长短不一。如表 6-1 所示的 5 种编码方法中,码 1 是等长码,所有码字的长度都是 2。码 2、码 3、码 4、码 5 是变长码,各个码字的长度不同。每一个码字的长度简称为码长。

【**例 6-3**】　如果一个信源模型是 $\begin{bmatrix} X \\ P \end{bmatrix} = \begin{bmatrix} x_1 & x_2 & x_3 \\ \dfrac{1}{3} & \dfrac{1}{3} & \dfrac{1}{3} \end{bmatrix}$,则其对应的定长编码可以为

00,01,10,变长编码可以为 0,10,11。

3. 按照码字的奇异性分类

按照码字的奇异性分类,可以分为奇异码和非奇异码。

若码中所有码字都不相同,则称此码为非奇异码;反之,称为奇异码。非奇异性是正确译码的必要条件。如表 6-1 所示的 5 种编码方法中,码 3 是奇异码,因为码 3 中 u_2 和 u_4 对应的码字都是"11"。码 1、码 2、码 4、码 5 是非奇异码。

4. 按照译码时是否会产生歧义分类

按照译码时是否会产生歧义分类,可以分为唯一可译码和非唯一可译码。

对任意一个码字序列,如果译码时不会产生歧义,即译码结果唯一,则称为唯一可译码;否则,称为非唯一可译码。

显然,奇异码一定是非唯一可译码。例如表 6-1 中的奇异码码 3,如果对"11"译码,则译

码结果可以为 u_2，也可以为 u_4，译码结果不唯一。但是非奇异码并不一定都是唯一可译码，表 6-1 中的码 2 就是一个例子，如果译码器收到的码字序列是"01000010"，则可以译码为 $u_1u_2u_3u_4u_1$，也可以译码为 $u_4u_3u_3u_2$，译码结果不唯一。

5. 按照译码时是否需要知道下一个码字的符号分类

按照译码时是否需要知道下一个码字的符号分类，可以将唯一可译码分为即时码和非即时码。如果在译码的时候不需要知道下一个码字的符号就能译码，则称为即时码；否则，称为非即时码。

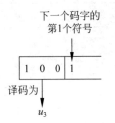

图 6-2　码 5 的译码（非即时）

表 6-1 中的码 4 是即时码，码 5 是非即时码。这是因为，对码 4，如果译码器收到码字序列"001"，立即就可以译码为 u_3，码 4 中每个码字的最后一个符号"1"好比码字的结束符。对码 5，如果译码器收到码字序列"100"，不能立即译码为 u_3，还需要再往下接收一个字符，如果再接收的字符为"1"，才能将前面的"100"译码为 u_3，再接收到的"1"已经是下一个码字的符号了。对码 5 的译码过程参见图 6-2。

通常只讨论唯一可译码的即时性。对非唯一可译码，由于译码时存在歧义，所以实际应用价值不大，一般不予讨论。

6. 按照符号 s_i 和 c_i 之间的映射关系分类

按照符号 s_i 和 c_i 之间的映射关系分类，可以分为分组码和卷积码。

如果无论 s_i 之前的符号是什么，s_i 始终编码为 c_i，即已经出现的符号对当前符号的编码没有影响，则这种码称为分组码；否则，称为卷积码。表 6-1 所示的 5 种编码方法均为分组码，卷积码将在信道编码中介绍。

6.1.3　N 次扩展码

若把 N 次扩展信源的概念加以引申，可以得到 N 次扩展码。

集合 $U=\{u_1, u_2, \cdots, u_n\}$ 的 N 次扩展为 $U^N=\{u_{i_1}u_{i_2}\cdots u_{i_N}\}$，相应有码字集合的 N 次扩展 $W^N=\{w_{i_1}w_{i_2}\cdots w_{i_N}\}$，其中 w_{i_j} 和 u_{i_j} 是一一对应的。

【例 6-4】　符号集 $U=\{A, B, C\}$ 分别编码为 00，01，10，试写出它的 2 次扩展码。

解：2 次扩展码的编码表为

AA	AB	AC	BA	BB	BC	CA	CB	CC
0000	0001	0010	0100	0101	0110	1000	1001	1010

有了 N 次扩展码，还可以从 N 次扩展码的角度定义唯一可译码。对任意的正整数 N，如果一种编码方法的 N 次扩展都是非奇异的，则这种编码方法就是唯一可译码。

6.2　"无失真"的本质

通信的根本问题是将信源的输出经信道传输后，在接收端精确地或者近似地复现出来，为此首先要将信源的输出表示出来，这就是信源编码问题。如果要求接收端精确地复现信源的输出,此时的信源编码就是无失真信源编码。

怎样进行信源编码,才能做到无失真? 无失真的本质是信源编码过程中没有信息量的损失,即

$$编码之前的信息量＝编码之后的信息量$$

而且我们知道,信源编码的目的是对信源进行压缩。因此无失真信源编码的基本问题是研究如何用最少的比特数把离散信源的熵值表示出来。

若要实现无失真信源编码,信源符号集合 $U=\{u_1,u_2,\cdots,u_n\}$ 和码字集合 $W=\{w_1,w_2,\cdots,w_m\}$ 中元素个数要相等,即 $n=m$,且在两个集合之间存在一一对应关系,即如图 6-3 或者表 6-2 所示。

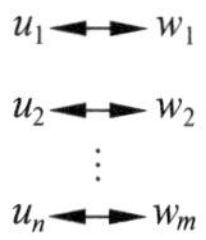

表 6-2　无失真信源编码表

符　　号	码　　字
u_1	w_1
u_2	w_2
$\cdots$	$\cdots$
u_n	w_m

$$u_1 \longleftrightarrow w_1$$
$$u_2 \longleftrightarrow w_2$$
$$\vdots$$
$$u_n \longleftrightarrow w_m$$

图 6-3　无失真信源编码

如果 $n>m$,即符号的个数多于码字的个数,会产生奇异性,不能做到无失真。如果 $n<m$,即码字的个数多于符号的个数,会产生码字的浪费,与信源编码压缩的初衷不符。因此必须 $n=m$。

6.3　定长码

由于定长码每个码字的长度相等,因此定长码的编译码相对简单。定长码最关键的问题是确定码长 l。假设对信源 $U=\{u_1,u_2,\cdots,u_n\}$ 进行 r 元定长编码,则存在唯一可译定长码的条件是

$$n \leqslant r^l$$

因此定长码的码长

$$l=\lceil \log_r n\rceil=\left\lceil \frac{\log n}{\log r}\right\rceil \tag{6-1}$$

其中,$\lceil\ \rceil$ 表示上取整运算。

如果对信源 U 的 N 次扩展信源 U^N 进行定长编码,若要使编得的定长码是唯一可译码,则必须满足

$$n^N \leqslant r^l$$

因此

$$\frac{l}{N} \geqslant \frac{\log n}{\log r}, \quad 即 \quad l=\left\lceil N\frac{\log n}{\log r}\right\rceil$$

【例 6-5】　两个信源,分别有 4 个和 5 个符号,如果分别对这两个信源进行唯一可译二进制定长编码,试给出编码方案。

解:对具有 4 个符号的信源,则 $n=4,r=2$,因此码长

$$l = \left\lceil \frac{\log n}{\log r} \right\rceil = \left\lceil \frac{\log 4}{\log 2} \right\rceil = \lceil 2 \rceil = 2$$

则编码方案为

符号	方案 1 码字	方案 2 码字
u_1	00	10
u_2	01	00
u_3	10	11
u_4	11	01

对具有 5 个符号的信源，则 $n=5, r=2$，因此码长

$$l = \left\lceil \frac{\log n}{\log r} \right\rceil = \left\lceil \frac{\log 5}{\log 2} \right\rceil = \lceil 2.3219 \rceil = 3$$

则编码方案为

符号	方案 1 码字	方案 2 码字
v_1	000	101
v_2	001	000
v_3	010	111
v_4	011	001
v_5	100	011

例 6-5 中，每一种情况分别给出两个编码方案。两个方案中虽然每一个信源符号对应的码字不同，但是两个方案从编码解码的角度讲没有区别，最终在接收端都能正确恢复信源符号。因此，对定长码来讲，只要码长 l 确定了，编码方案就确定了。

一个定长码确定之后，如何衡量它的优劣呢？有两个主要指标：编码信息率和编码效率。

编码信息率又叫编码速率，用 R' 表示

$$R' = \frac{l}{N} \log r \text{ 比特/符号}$$

其中码长 l 表示长为 N 的信源序列用多少个 r 进制码符号表示，因此 l/N 表示平均一个信源符号用多少个 r 进制码符号表示，再乘以 $\log r$ 表示将 r 进制转换为二进制，所以编码信息率的含义是在这种编码方案中，平均一个信源符号用多少个二进制符号表示。如果固定 $N=1$（一次扩展信源），$r=2$（二进制编码），则 $R'=l$。

编码效率用 η 表示

$$\eta = \frac{H(U)}{R'}$$

其中，$H(U)$ 是信源的熵。

信源熵 $H(U)$ 的含义是理论上平均一个信源符号用多少个二进制码符号表示，编码信息率 R' 的含义是这种编码方案中实际上平均一个信源符号用多少个二进制码符号表示，因此编码效率的含义是理论码长除以实际码长，即表示了一种编码的效率。

【例 6-6】 假设信源都是等概分布,试分别求例 6-4 的二次扩展码,以及例 6-5 的两种编码的编码信息率和编码效率。

解:例 6-4 的二次扩展码,在该码中,$N=2$,$r=2$,$l=4$,$n=3$,则

$$编码信息率:R' = \frac{l}{N}\log r = \frac{4}{2}\log 2 = 2 \text{ 比特/符号}$$

$$编码效率:\eta = \frac{H(U)}{R'} = \frac{\log 3}{2} = 0.7925$$

这说明在这种编码方案中,每个信源符号用 2 个二进制码符号表示,但是编码效率并不是很高,只有 79.25%。原因是长度为 2 的二元序列有四个:00,01,10,11,但是该编码中只用到三个,浪费了一个。

例 6-5 中有 4 个符号的信源,在该码中,$N=1$,$r=2$,$l=2$,$n=4$,则

$$编码信息率:R' = \frac{l}{N}\log r = \frac{2}{1}\log 2 = 2 \text{ 比特/符号}$$

$$编码效率:\eta = \frac{H(U)}{R'} = \frac{\log 4}{2} = 1$$

这说明在这种编码方案中,每个信源符号用 2 个二进制码符号表示,编码效率达到 100%。

例 6-5 中有 5 个符号的信源,在该码中,$N=1$,$r=2$,$l=3$,$n=5$,则

$$编码信息率:R' = \frac{l}{N}\log r = \frac{3}{1}\log 2 = 3 \text{ 比特/符号}$$

$$编码效率:\eta = \frac{H(U)}{R'} = \frac{\log 5}{3} = 0.774$$

这说明在这种编码方案中,每个信源符号用 3 个二进制码符号表示,但是编码效率并不是很高,只有 77.4%。原因是长度为 3 的二元序列有 8 个,但是该编码中只用到 5 个,浪费了 3 个。

6.4 变长码

6.4.1 变长码的概念

定长码的编码只与信源符号个数有关系,与各个符号出现的概率无关,所有信源符号分配长度相等的码字。

实际上,一般离散无记忆信源输出的各个符号的概率是不相等的,若概率大的符号编码为较短的码字;而概率小的符号编码为较长的码字。这样从整个信源来看,可以使得信源得到更好的压缩。这就是变长码的基本思想。

著名的摩尔斯电报码就是一种变长编码。

【例 6-7】 摩尔斯码是关于英文字母系统的相当有效的编码,它使用点(·)和划(—)两种符号来表示英文字母,如表 6-3 所示。发送摩尔斯电报时,点发出"滴"的声音,划发出"嗒"的声音。

表 6-3　摩尔斯码

A	•—	H	••••	O	———	V	•••—
B	—•••	I	••	P	•——•	W	•——
C	—•—•	J	•———	Q	——•—	X	—••—
D	—••	K	—•—	R	•—•	Y	—•——
E	•	L	•—••	S	•••	Z	——••
F	••—•	M	——	T	—		
G	——•	N	—•	U	••—		

摩尔斯码发明于 1837 年，是一种早期的数字化通信形式，世界上第一条电报就是通过它来传送的。摩尔斯码在早期的无线电上作用是非常大的，但是随着通信技术的不断进步，各国在 1999 年彻底停止了对它的正式使用。

对照题表 2-1 能够看到，摩尔斯码在一定程度上遵循了"大概率符号分配较短码字"的原则。对出现概率最高的前两个字母"E"和"T"均分配了最短的码，码长均为 1。

6.4.2　变长码的衡量指标

对离散无记忆信源进行信源编码，设编码后各个码字的码长分别为 l_1，l_2，$\cdots$，l_n，则定义该码的平均码长为

$$\bar{L} = \sum_{i=1}^{n} p(u_i) l_i \text{ 码符号/信源符号}$$

平均码长 $\bar{L}$ 是每个信源符号平均所用的码符号个数。信源编码的目的是为了提高信息传输系统的有效性，而 $\bar{L}$ 与编码后的压缩效果密切相关，若 $\bar{L}$ 大则压缩效果差，系统有效性差，若 $\bar{L}$ 小则压缩效果好，系统有效性高。因此对同一个信源编码，平均码长越小越好。如果某种编码方式的平均码长小于所有其他编码方式，则该码称为紧致码或者最佳码、最优码。

当信源给定时，信源熵 $H(U)$ 就确定了，它表示平均每个信源符号携带的信息量，如果平均码长为 $\bar{L}$，那么平均每个码符号携带的信息量定义为信息传输率 R

$$R = \frac{H(U)}{\bar{L}} \text{ 比特/码符号}$$

信息传输率 R 与 6.3 节定义的编码信息率（编码速率）R' 是不同的。编码信息率 R' 表示平均每个信源符号用多少个二进制符号表示，即平均每个信源符号携带的信息量。信息传输率 R 表示平均每个码符号携带的信息量。

知道了信源熵和平均码长，还可以定义编码效率 η

$$\eta = \frac{H(U)}{\bar{L} \log r}$$

平均码长 $\bar{L}$ 是每个信源符号平均所用的 r 进制码符号个数，乘以 $\log r$ 表示每个信源符号平均所用的二进制码符号个数。因此此处定义的编码效率与 6.3 节定义的编码效率是一致的，都表示理论码长除以实际码长。

对二元编码来说(即 $r=2$ 时)，从 R 和 η 的公式能够看出 $R=\eta$，但是两者的含义并不相同。这种不同来自于对信源熵 $H(U)$ 的不同的理解，如果将 $H(U)$ 理解为平均每个信源符号携带的信息量，则 $\dfrac{H(U)}{\overline{L}}$ 就是信息传输率 R；如果将 $H(U)$ 理解为理论上的平均码长，则 $\dfrac{H(U)}{\overline{L}}$ 就是编码效率 η。

6.4.3　变长码的特点

1. 能够提高压缩效果

由于变长码的基本思想是概率大的符号编码为较短的码字；而概率小的符号编码为较长的码字。因此相比于等长码，变长码能显著提高信源压缩效果。

【例 6-8】 对离散无记忆信源

$$\begin{bmatrix} U \\ P \end{bmatrix} = \begin{bmatrix} u_1 & u_2 & u_3 & u_4 \\ 0.5 & 0.25 & 0.125 & 0.125 \end{bmatrix}$$

分别用定长码和变长码对其编码，编码结果如表 6-4 所示(其中变长码编码方法将在 6.5 节介绍)。

表 6-4　定长码和变长码的比较

符　　号	定　长　码	变　长　码
u_1	00	0
u_2	01	10
u_3	10	110
u_4	11	111

定长码的平均码长为 2，变长码的平均码长为 1.75。变长码的压缩效果更好。

【例 6-9】 接例 6-3。等长编码时，平均码长为 2；变长编码时，平均码长为 1.67。从这个例子也能看出变长码的压缩效果。

2. 使信道复杂化

一般情况下，信源符号以恒速输出。信源输出经变长编码后，每秒输出的比特数就不是常量，因而不能直接由信道来传送。为了适应信道输出，必须增加缓冲设备，这就使得信道复杂化。

【例 6-10】 接例 6-8。假设信源每秒输出一个信源符号，信源输出一个信源序列为 $u_1 u_3 u_2$，则经过变长编码后，

信道第 1 秒：传输 1 个符号"0"；

信道第 2 秒：传输 3 个符号"110"；

信道第 3 秒：传输 2 个符号"10"。

可见每秒信道需要传输的符号个数是不一样的，这种信道在工程实践中是很难处理的，因此需要增加缓冲设备，通过缓冲设备的调节，使信道的传输接近匀速。缓冲器是一个一头输入，另一头输出的存储设备，输入不匀速，输出匀速。对例 6-10，缓冲器的输入 1 秒有时 1 个符号，有时 2 个符号，有时 3 个符号，输出速率一般取 $\overline{L}$：1.75 符号/秒。

6.4.4 唯一可译码和即时码的判别

由于非唯一可译码在译码的时候会出现歧义,因此变长码中主要研究唯一可译码,唯一可译码中又以即时码为重点。

关于信源符号数和码长之间应满足什么条件才能构成唯一可译码和即时码,有下述定理。

【定理 6-1】 设信源为 $U = \{u_1, u_2, \cdots, u_n\}$,对其进行 r 元信源编码,相应码字长度为 $l_1, l_2, \cdots, l_n$,则即时码存在的充要条件是

$$\sum_{i=1}^{n} r^{-l_i} \leqslant 1$$

该式称为克拉夫特(Kraft)不等式。

证明:先证充分性。

假设满足克拉夫特不等式的码长为 $l_1, l_2, \cdots, l_n$。这 n 个码字中长度为 i 的共有 n_i 个,并设最大码长为 l,则有

$$\sum_{i=1}^{l} n_i = n$$

因为 $l_1, l_2, \cdots, l_n$ 满足克拉夫特不等式,故有

$$r^{-l_1} + r^{-l_2} + \cdots + r^{-l_n} \leqslant 1$$

这个式子中,r^{-1} 有 n_1 项,r^{-2} 有 n_2 项,$\cdots$,r^{-l} 有 n_l 项,合并同类项后,变为

$$\sum_{i=1}^{l} n_i r^{-i} \leqslant 1$$

上式两端同乘 r^l 得

$$\sum_{i=1}^{l} n_i r^{l-i} \leqslant r^l$$

即

$$n_l \leqslant r^l - n_1 r^{l-1} - n_2 r^{l-2} - \cdots - n_{l-1} r$$

因为 l, n_i, r 都是正整数,因此

$$\sum_{i=1}^{l} n_i r^{-i} \leqslant 1 \Rightarrow \sum_{i=1}^{l-1} n_i r^{-i} < 1$$

故可推得

$$n_{l-1} < r^{l-1} - n_1 r^{l-2} - n_2 r^{l-3} - \cdots - n_{l-2} r$$

以此类推,还可得到

$$n_{l-2} < r^{l-2} - n_1 r^{l-3} - \cdots - n_{l-3} r$$

$$\vdots$$

$$n_3 < r^3 - n_1 r^2 - n_2 r$$

$$n_2 < r^2 - n_1 r$$

$$n_1 < r$$

根据这些不等式,采用树图法可以构造即时码。因为码符号个数为 r,故树图中一级节

点有 r 个。由于 $n_1 \leqslant r$，显然从这 r 个节点中可以选出 n_1 个节点作为终端节点，其余的 $r-n_1$ 个节点作为中间节点并继续延伸。

树图中二级节点的总数共有 $r(r-n_1)=r^2-n_1 r$ 个。由于 $n_2 \leqslant r^2 - n_1 r$，显然从这 $r^2-n_1 r$ 个节点中可以选出 n_2 个节点作为终端节点，其余的 $r^2-n_1 r-n_2$ 个节点作为中间节点并继续延伸。

如此下去，总可以找出 n_i 个节点作为终端节点，直到 $\sum\limits_{i=1}^{l} n_i = n$，便可以构造出整个树图。

由上述码数构造过程看出，如果只取终端节点作为码字，则所得的结果必为即时码。

再证必要性。

只需将上述证明过程反推回去即可。

可以将定理 6-1 的结果推广到唯一可译码的情况。

【定理 6-2】　在定理 6-1 所给定的条件下，唯一可译码存在的充要条件是

$$\sum_{i=1}^{n} r^{-l_i} \leqslant 1$$

该式称为麦克米伦(McMillan)不等式。该不等式与克拉夫特不等式在形式上完全相同。这个不等式首先由 Leon G. Kraft 于 1949 年在他的博士论文(MIT)中提出并证明的。后来，麦克米伦在 1956 年证明唯一可译码也满足此不等式。

证明：先证充分性。

由于即时码一定是唯一可译码，所以由定理 6-1 可知，充分性成立。

再证必要性。

对任意 q，等式

$$\left[\sum_{i=1}^{n} r^{-l_i}\right]^q = \left[r^{-l_1} + r^{-l_2} + \cdots + r^{-l_n}\right]^q$$

$$= \sum_{i_1=1}^{n} r^{-l_{i_1}} \sum_{i_2=1}^{n} r^{-l_{i_2}} \cdots \sum_{i_q=1}^{n} r^{-l_{i_q}} = \sum_{i_1=1}^{n} \sum_{i_2=1}^{n} \cdots \sum_{i_q=1}^{n} r^{-(l_{i_1}+l_{i_2}+\cdots+l_{i_q})}$$

该式最右边共有 n^q 项，代表了 q 个码字组成的码字序列的总数。

令

$$k = l_{i_1} + l_{i_2} + \cdots + l_{i_q}$$

即 k 可视为由 q 个长度分别为 $l_{i_1}, l_{i_2}, \cdots, l_{i_q}$ 的码字组成的码字序列的总长度。

因为是变长码，假设单个码字的码长的取值范围是

$$l_{\min} \leqslant l_i \leqslant l_{\max}$$

故

$$q l_{\min} \leqslant k \leqslant q l_{\max}$$

若令 $l_{\min}=1$，则有

$$q \leqslant k \leqslant q l_{\max}$$

因为 $l_{i_1}, l_{i_2}, \cdots, l_{i_q}$ 可以取 $l_1, l_2, \cdots, l_n$ 中任一值，而 $l_1, l_2, \cdots, l_n$ 又都可以取 $1, 2, \cdots, l_{\max}$ 中之一，故相同数量的 k 不会只出现一次，即在 n^q 个码字序列中，码符号序列总长度相等

的码字序列不止一个,现设为 N_k 个。

于是,经合并同类项后,有

$$\left[\sum_{i=1}^{n} r^{-l_i}\right]^q = \sum_{k=q}^{ql_{\max}} N_k r^{-k}$$

因为已知是唯一可译码,故总长为 k 的所有码字序列必定是不相同的,即非奇异的,故必存在下列关系

$$N_k \leqslant r^k$$

于是有

$$\left[\sum_{i=1}^{n} r^{-l_i}\right]^q = \sum_{k=q}^{ql_{\max}} N_k r^{-k} \leqslant \sum_{k=q}^{ql_{\max}} r^k r^{-k} = ql_{\max} - q + 1 \leqslant ql_{\max}$$

因此

$$\sum_{i=1}^{n} r^{-l_i} \leqslant (ql_{\max})^{1/q}$$

因为对于一切正整数 q,上式均成立,所以可以取极限

$$\lim_{q \to \infty} (ql_{\max})^{1/q} = 1$$

故

$$\sum_{i=1}^{n} r^{-l_i} \leqslant 1$$

需要注意的是,定理 6-1 和定理 6-2 只给出了即时码或唯一可译码存在的充要条件。也就是说,如果码字长度和码符号数满足克拉夫特(或麦克米伦)不等式时,必可构造出这种码长的即时码(或唯一可译码);但是一种编码方法的码长满足克拉夫特(或麦克米伦)不等式,并不意味着这种编码方法一定是即时码(或唯一可译码)。

【例 6-11】 接例 6-2。分析例 6-2 给出的五种编码方法的码长是否能构成即时码(或唯一可译码)。

解:

码 1: $\sum_{i=1}^{n} r^{-l_i} = 2^{-2} + 2^{-2} + 2^{-2} + 2^{-2} = 1 \leqslant 1$

因此,必存在至少一种码长为 2222 的二元码是即时码(或唯一可译码)。码 1 就是一个例子,它既是即时码,又是唯一可译码。

码 2、码 3: $\sum_{i=1}^{n} r^{-l_i} = 2^{-1} + 2^{-2} + 2^{-2} + 2^{-2} = \dfrac{5}{4} > 1$

因此,码长为 1222 的二元码必不可能是即时码(或唯一可译码)。

码 4、码 5: $\sum_{i=1}^{n} r^{-l_i} = 2^{-1} + 2^{-2} + 2^{-3} + 2^{-4} = \dfrac{15}{16} \leqslant 1$

因此,必存在至少一种码长为 1234 的二元码是即时码(或唯一可译码)。码 4 既是即时码,又是唯一可译码。码 5 是唯一可译码,但不是即时码。

定理 6-1 和定理 6-2 仅给出了即时码(或唯一可译码)存在的充要条件,如何判断某个给定的编码方法到底是不是即时码(或唯一可译码)呢?

前面我们说过对任意的正整数 N,如果一种编码方法的 N 次扩展码都是非奇异的,则

这种编码方法就是唯一可译码。这是判断一种编码方法是否为唯一可译码的一种方法,但是显然这种方法很难在应用中发挥作用,因为不可能一一检查所有 N 次扩展码的奇异性。有没有更好的方法呢? 有一个更简单的唯一可译码判别准则。

设 S_0 为原始码字的集合,再构造一系列集合 S_1, S_2, …。为得到集合 S_1,首先考察 S_0 中所有的码字。若码字 w_j 是码字 w_i 的前缀,即 $w_i = w_j A$,则将后缀 A 列为 S_1 中的元素, S_1 是由所有具有这种性质的 A 构成的集合。

一般地,要构造 S_n, $n > 1$,则将 S_0 与 S_{n-1} 比较。若有码字 $w \in S_0$,且 w 是 $u \in S_{n-1}$ 的前缀,即 $u = wA$,则将后缀 A 列为 S_n 中的元素。同样,若有码字 $u' \in S_{n-1}$ 是 $w' \in S_0$ 的前缀,即 $w' = u'A'$,则后缀 A' 亦列为 S_n 中的元素。如此便可构成集合 S_n。

简单说,就是从新产生的集合中拿出一个元素,从原始集合 S_0 中拿出一个元素,看有没有一个码字是另一个码字的前缀这种情况,如果有就将后缀放入更新的集合中。直到这个更新的集合为空集为止。

【命题 6-1】　一种码是唯一可译码的充要条件是 S_1, S_2, …中没有一个含有 S_0 中的码字。

【例 6-12】　接例 6-2。试判断例 6-2 给出的五种编码方法是否为唯一可译码。

解:对五种编码,分别构造各自的集合。

码 1		码 2		码 3		码 4		码 5		
S_0	S_1	S_0	S_1	S_0		S_0	S_1	S_0	S_1	S_2
00	∅	**0**	**0**	0		0	∅	1	0	∅
01		10		**11**		01		10	00	
10		00		00		001		100	000	
11		01		**11**		0001		1000		

码 1: S_0 中不存在一个码字是另一个码字前缀的情况, S_1 为空集,因此码 1 是唯一可译码。

码 2: S_0 中的"0"是"00"的前缀,将后缀"0"放入集合 S_1 中,此时 S_1 中已经包含了 S_0 中的码字,无需继续向下构造集合就能判断码 2 不是唯一可译码。

码 3: S_0 中本身就出现了 S_0 中的码字,因此码 3 不是唯一可译码。

码 4: S_0 中不存在一个码字是另一个码字前缀的情况, S_1 为空集,因此码 4 是唯一可译码。

码 5: S_0 中有一个码字是另一个码字前缀的情况,将所有后缀放入 S_1 中,从 S_0 和 S_1 中各取一个码字,不存在一个码字是另一个码字前缀的情况, S_2 为空集,且 S_1 中不包含 S_0 中码字,因此码 5 是唯一可译码。

命题 6-1 给出了如何判断一种编码方法是否为唯一可译码的方法,那如何判断一种编码方法是否为即时码呢?

【命题 6-2】　一个唯一可译码成为即时码的充要条件是其中任何一个码字都不是其他码字的前缀。

【例 6-13】　接例 6-12。在例 6-12 中我们已经知道,码 1、码 4 和码 5 是唯一可译码,试判断这三种编码方法中哪些是即时码。

解：

码 1：其中任何一个码字都不是其他码字的前缀，因此码 1 是即时码。

码 4：其中任何一个码字都不是其他码字的前缀，因此码 4 是即时码。

码 5：存在多个一个码字是其他码字前缀的情况，因此码 5 不是即时码。

从例 6-13 能够看出，如果 S_1 是一个空集，则这个码是即时码。

6.4.5　无失真信源编码定理（香农第一定理）

前面我们讲过，对同一个信源和码符号集，如果某种编码方式的平均码长小于所有其他编码方式，则该码称为紧致码，或者最佳码。无失真信源编码的基本问题就是要确定最佳码。那么平均码长有没有极限值？如果有，它的值又是多少呢？这是变长信源编码定理要解决的问题。

【定理 6-3】　对于熵为 $H(U)$ 的离散无记忆信源，若对其进行 r 元信源编码，则一定存在一种编码方式构成唯一可译码，其平均码长满足

$$\frac{H(U)}{\log r} \leqslant \bar{L} < \frac{H(U)}{\log r} + 1 \tag{6-2}$$

熵除以 $\log r$ 只是为了将熵的单位转换到 r 进制，以保持与平均码长 $\bar{L}$ 的单位统一。因此式（6-2）还可以写为

$$H_r(U) \leqslant \bar{L} < H_r(U) + 1$$

如果是二元编码，则式（6-2）可表示为

$$H(U) \leqslant \bar{L} < H(U) + 1$$

该定理表明，要构成唯一可译码，平均码长应处在信源熵和信源熵加 1 之间。

证明： 先证下界成立。

将式（6-2）下界条件改写为

$$H(U) - \bar{L} \log r \leqslant 0$$

根据熵和平均码长的定义有

$$H(U) - \bar{L} \log r = -\sum_{i=1}^{n} p(u_i) \log p(u_i) - \log r \sum_{i=1}^{n} p(u_i) l_i$$

$$= -\sum_{i=1}^{n} p(u_i) \log p(u_i) + \sum_{i=1}^{n} p(u_i) \log r^{-l_i}$$

$$= \sum_{i=1}^{n} p(u_i) \log \frac{r^{-l_i}}{p(u_i)} \tag{6-3}$$

应用 Jensen 不等式

$$E[f(x)] \leqslant f[E(x)]$$

有

$$H(U) - \bar{L} \log r \leqslant \log \sum_{i=1}^{n} p(u_i) \frac{r^{-l_i}}{p(u_i)} = \log \sum_{i=1}^{n} r^{-l_i}$$

因为存在唯一可译码的充要条件是

$$\sum_{i=1}^{n} r^{-l_i} \leqslant 1$$

这样,总可以找到一种唯一可译码,其平均码长满足克拉夫特不等式,故

$$H(U) - \bar{L}\log r \leqslant \log 1 = 0$$

于是有

$$\bar{L} \geqslant \frac{H(U)}{\log r}$$

等号成立的充要条件是

$$p(u_i) = r^{-l_i} \quad i = 1, 2, \cdots, n \tag{6-4}$$

这可以从式(6-3)得到证明。将式(6-4)代入式(6-3)中,有

$$H(U) - \bar{L}\log r = \sum_{i=1}^{n} p(u_i)\log \frac{r^{-l_i}}{p(u_i)} = \sum_{i=1}^{n} p(u_i)\log 1 = 0$$

故

$$\bar{L} = \frac{H(U)}{\log r} \tag{6-5}$$

式(6-5)表明,只有当选择每个码字的相应码长等于

$$l_i = \frac{-\log p(u_i)}{\log r} = -\log_r p(u_i)$$

时,$\bar{L}$ 才能达到下界值。

证明上界。

$$\bar{L} < \frac{H(U)}{\log r} + 1$$

上式并不是说平均码长 $\bar{L}$ 大于这个上界就不能构成唯一可译码,只是因为我们总希望平均码长 $\bar{L}$ 尽可能短,因此要证明的问题是当平均码长 $\bar{L}$ 小于该上界时,仍然存在唯一可译码,即只要能证明可选择一种唯一可译码满足上式即可。

令

$$\alpha_i = \frac{-\log p(u_i)}{\log r} = \frac{\log p(u_i)}{\log \frac{1}{r}} \tag{6-6}$$

因此 $p(u_i)$ 可表示为

$$p(u_i) = \left(\frac{1}{r}\right)^{\alpha_i}$$

选择每个码字的长度 l_i 为 α_i。但是 α_i 不一定是整数,分两种情况讨论:

(1) 若 α_i 是整数,则选择 $l_i = \alpha_i$。

(2) 若 α_i 不是整数,则选择整数 l_i 满足下式

$$\alpha_i < l_i < \alpha_i + 1$$

根据(1)和(2)得到码长 l_i 是下述范围内的整数

$$\alpha_i \leqslant l_i < \alpha_i + 1 \tag{6-7}$$

将式(6-6)代入式(6-7)中的下界,有

$$l_i \geqslant \frac{-\log p(u_i)}{\log r}$$

即

$$p(u_i) \geqslant r^{-l_i}$$

上式对一切 i 求和，得

$$\sum_{i=1}^{n} r^{-l_i} \leqslant \sum_{i=1}^{n} p(u_i) = 1$$

上式为克拉夫特不等式。表明存在按照式(6-7)定义码长的唯一可译码。

将式(6-6)代入式(6-7)中的上界，有

$$l_i < \frac{-\log p(u_i)}{\log r} + 1$$

对上述不等式取数学期望，有

$$\sum_{i=1}^{n} p(u_i) l_i < \frac{-\sum_{i=1}^{n} p(u_i) \log p(u_i)}{\log r} + 1$$

即

$$\bar{L} < \frac{H(U)}{\log r} + 1$$

定理 6-3 可以进一步推广，得到下述定理。

【定理 6-4】 无失真信源编码定理（香农第一定理）

离散无记忆信源 U 的 N 次扩展信源为 U^N，对该扩展信源 U^N 进行 r 元编码，总可以找到一种编码方法，构成唯一可译码，使信源 U^N 中每个信源符号（即长度为 N 的信源序列）所需的平均码长满足：

$$\frac{H(U)}{\log r} \leqslant \frac{\bar{L}_N}{N} < \frac{H(U)}{\log r} + \frac{1}{N} \tag{6-8}$$

或者

$$H_r(U) \leqslant \frac{\bar{L}_N}{N} < H_r(U) + \frac{1}{N}$$

当 $N \to \infty$ 时

$$\lim_{N \to \infty} \frac{\bar{L}_N}{N} = H_r(U)$$

其中，$\bar{L}_N$ 是无记忆 N 次扩展信源 U^N 中每个信源符号（即长度为 N 的信源序列）所对应的平均码长。

$\dfrac{\bar{L}_N}{N}$ 表示原始信源 U 中每个信源符号所对应的平均码长。定理 6-3 中的 $\bar{L}$ 和定理 6-4 中的 $\dfrac{\bar{L}_N}{N}$ 都是原始信源 U 中每个信源符号所对应的平均码长。但不同的是，对于 $\dfrac{\bar{L}_N}{N}$，为了得到这个平均值，不是直接对单个信源符号编码，而是对 N 次扩展信源编码得到的。

证明：将 U^N 视为一个新的离散无记忆信源，根据定理 6-3 得

$$H_r(U^N) \leqslant \bar{L}_N < H_r(U^N) + 1$$

由第 3 章知，N 次扩展信源的熵是原信源熵的 N 倍，即

$$H_r(U^N) = NH_r(U)$$

于是有

$$NH_r(U) \leqslant \bar{L}_N < NH_r(U) + 1$$

即

$$H_r(U) \leqslant \frac{\bar{L}_N}{N} < H_r(U) + \frac{1}{N}$$

显然，当 $N \to \infty$ 时，有

$$\lim_{N \to \infty} \frac{\bar{L}_N}{N} = H_r(U)$$

这表明，当 N 充分大时，每个信源符号所对应的平均码长 $\dfrac{\bar{L}_N}{N}$ 等于 r 进制的信源熵 $H_r(U)$。

若编码的平均码长 $\dfrac{\bar{L}_N}{N}$ 小于该信源熵 $H_r(U)$，则唯一可译码不存在。

将定理 6-4 的结论推广到平稳遍历的有记忆信源，有

$$\lim_{N \to \infty} \frac{\bar{L}_N}{N} = \frac{H_\infty}{\log r}$$

式中，H_∞ 为有记忆信源的极限熵。

无失真信源编码定理是香农信息论的三大定理之一。

类似于定长码中的编码速率，可以定义变长码的编码速率

$$R' = \frac{\bar{L}_N}{N} \log r$$

它表示编码后平均每个信源符号携带的信息量。于是，定理 6-4 又可以表述为，若

$$H(U) \leqslant R' < H(U) + \varepsilon$$

就存在唯一可译的变长编码。若

$$R' < H(U)$$

则不存在唯一可译的变长编码。不能实现无失真的信源编码。

【定理 6-5】　编码效率

$$\eta = \frac{H(U)}{R'} = \frac{H_r(U)}{\bar{L}}$$

一定小于或等于 1，其中 $\bar{L} = \dfrac{\bar{L}_N}{N}$。

证明：由定理 6-4 知

$$\bar{L} = \frac{\bar{L}_N}{N} \geqslant \frac{H(U)}{\log r} = H_r(U)$$

故编码效率一定小于或等于 1。

平均码长 $\bar{L}$ 越短，即 $\bar{L}$ 越接近它的极限值 $H_r(U)$，那么编码效率越趋近于 1，效率就越高，因此我们可以用编码效率 η 来衡量不同编码方案的优劣。

6.5 霍夫曼码

本章前面介绍的是无失真信源编码理论，从本节开始，介绍无失真信源编码方法。

6.5.1 二元霍夫曼码

1952 年，霍夫曼提出了一种信源编码方法，称为霍夫曼码。霍夫曼码是即时码，且是最佳码，即平均码长最短。

二元霍夫曼码编码步骤如下：

（1）将信源 U 的 n 个符号 u_i 按概率 $p(u_i)$ 从大到小排列。

（2）将两个概率最小的符号合并成一个新符号，新符号的概率为两个符号概率之和，得到只包含 $n-1$ 个符号的缩减信源 U_1。

（3）把缩减信源 U_1 的符号仍按概率从大到小排列，将其中两个概率最小的符号合并成一个符号，形成 $n-2$ 个符号的缩减信源 U_2。

（4）依次继续，直至信源最后只剩下 1 个符号为止。

（5）将每次合并的两个信源符号分别用 0 和 1 码符号表示。

（6）从最后一级缩减信源开始，向前返回，就得出各信源符号所对应的码符号序列，即得各信源符号对应的码字。

【例 6-14】 对离散无记忆信源

$$\begin{bmatrix} U \\ P \end{bmatrix} = \begin{bmatrix} u_1 & u_2 & u_3 & u_4 \\ 0.5 & 0.25 & 0.125 & 0.125 \end{bmatrix}$$

进行二元霍夫曼编码，并求平均码长和编码效率。

解：编码过程如图 6-4 所示。

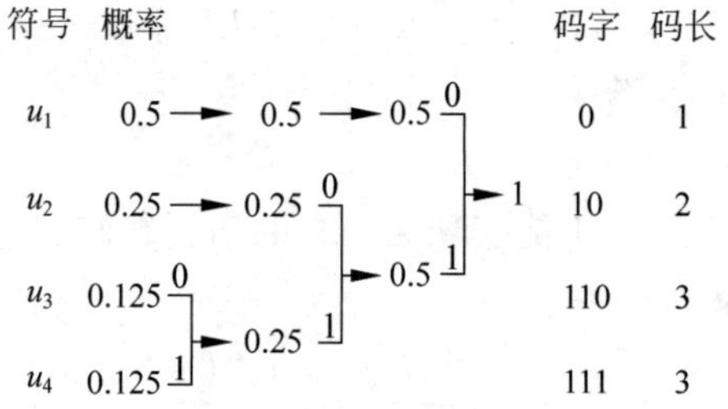

图 6-4 例 6-14 的二元霍夫曼编码

平均码长：

$$\bar{L} = \sum_{i=1}^{n} p(u_i) l_i = 1.75 \ \text{码符号} / \text{信源符号}$$

编码效率：

$$\eta = \frac{H(U)}{\bar{L} \log r} = \frac{-\sum\limits_{i} p(u_i) \log p(u_i)}{\bar{L} \log r} = \frac{1.75}{1.75 \log 2} = 100\%$$

将信源符号编为码字之后,就可以根据信源符号和码字之间的对应关系进行编码和译码。例如,如果信源输出了一个信源符号序列 $u_1 u_4 u_2$,则编码为 011110,译码器在收到这个 0-1 序列之后,只能译码为 $u_1 u_4 u_2$,不可能出现其他结果,译码正确。

【例 6-15】 对信源 $\begin{bmatrix} U \\ P \end{bmatrix} = \begin{bmatrix} 0 & 1 \\ 0.7 & 0.3 \end{bmatrix}$ 的二次扩展信源进行二元霍夫曼编码。

解：信源 U 的二次扩展信源为

$$\begin{bmatrix} U^2 \\ P \end{bmatrix} = \begin{bmatrix} 00 & 01 & 10 & 11 \\ 0.49 & 0.21 & 0.21 & 0.09 \end{bmatrix}$$

对其进行二元霍夫曼编码,编码表为

符号	00	01	10	11
码字	0	10	110	111

如果有一个长度为 60 的信源序列

010001111000011110010011000000000001000011000000000000100011

则经过二元霍夫曼编码之后变为一个长度为 53 的序列

10010111110010111110100111000000110010110000011100111

可见,数据得到了压缩。而且这种压缩是无失真的,即根据长度为 53 的序列和编码表能够准确恢复出原始信源序列。

【例 6-16】 对离散无记忆信源

$$\begin{bmatrix} U \\ P \end{bmatrix} = \begin{bmatrix} u_1 & u_2 & u_3 & u_4 & u_5 \\ 0.4 & 0.2 & 0.2 & 0.1 & 0.1 \end{bmatrix}$$

进行二元霍夫曼编码,并求平均码长和编码效率。

解：编码过程如图 6-5 所示。

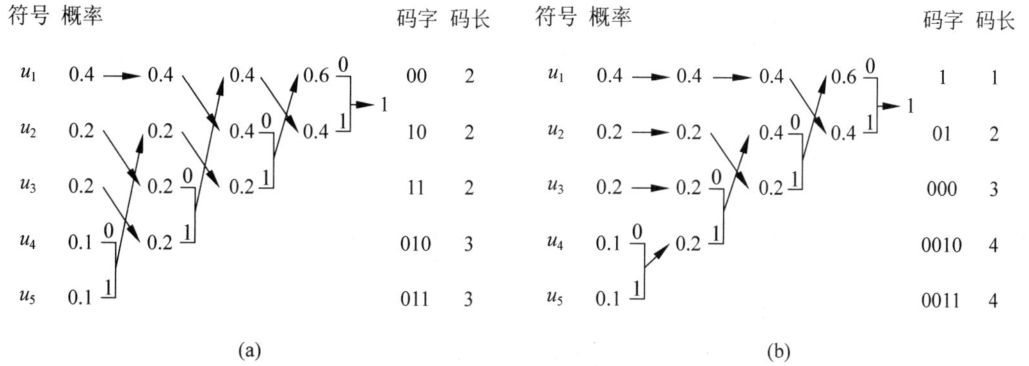

图 6-5 例 6-16 的两种二元霍夫曼编码

两种编码方案的平均码长均为

$$\bar{L} = \sum_{i=1}^{n} p(u_i)l_i = 2.2 \text{ 码符号 / 信源符号}$$

编码效率均为

$$\eta = \frac{H(U)}{\bar{L}\log r} = \frac{-\sum_i p(u_i)\log p(u_i)}{\bar{L}\log r} = \frac{2.12}{2.2\log 2} = 96.3\%$$

从例 6-16 能够看出，对同一个信源，同样进行二元霍夫曼编码，却得到了不同的编码结果，但是两种编码方案的平均码长和编码效率是相同的。平均码长相同并不是偶然现象，因为霍夫曼编码是最佳码，即平均码长最短的码，既然是"最"，就具有唯一性，因此平均码长相同，进而编码效率也相同。

那么例 6-16 的两种编码方案有没有好坏之分呢？有。可以通过码长方差来衡量。码长方差定义为

$$\sigma^2 = \sum_{i=1}^{n} p(u_i)(l_i - \bar{L})^2$$

码长方差越小，说明各个码字的码长越接近，传输时码字越能够被信道匀速传输。因此码长方差越小越好。

例 6-16 的两种编码方案的码长方差分别为

$$\sigma_{(a)}^2 = \sum_{i=1}^{n} p(u_i)(l_i - \bar{L})^2 = 0.16$$

$$\sigma_{(b)}^2 = \sum_{i=1}^{n} p(u_i)(l_i - \bar{L})^2 = 1.36$$

因此图 6-5(a)好于图 6-5(b)。

6.5.2 多元霍夫曼码

二元霍夫曼码的编码方法可以推广到 r 元编码中，不同的只是每次把概率最小的 r 个符号合并成一个新的信源符号，并分别用 $0,1,\cdots,(r-1)$ 等码元表示。

为了使短码得到充分利用，使平均码长最短，必须使最后一步的缩减信源有 r 个信源符号。因此，对于 r 元编码，信源 U 的符号个数 n 必须满足

$$n = (r-1)Q + r \tag{6-9}$$

即要求方程 $n=(r-1)Q+r$ 有整数解，其中 Q 为未知数，是合并的次数。当此方程没有整数解时，可以通过人为增加一些概率为 0 的符号来解决。

下面给出 r 元霍夫曼的编码步骤：

（1）验证所给 n 是否满足式(6-9)，若不满足该式，需要人为增加一些概率为 0 的符号。

（2）将信源符号按概率从大到小排列，将概率最小的 r 个符号合并成一个新符号，新符号的概率为 r 个符号概率之和，并分别用 $0,1,\cdots,(r-1)$ 给各个分支赋值。

（3）将新节点和剩下节点重新排队，重复步骤(2)直至树根。

（4）取树根到叶子的各树枝上的值，得到各符号码字。

【例 6-17】 对例 6-16 的信源分别进行三元霍夫曼和四元霍夫曼编码。

解：编码过程分别如图 6-6 和图 6-7 所示。

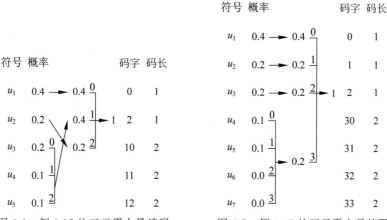

图 6-6　例 6-17 的三元霍夫曼编码　　　图 6-7　例 6-17 的四元霍夫曼编码

两种编码的平均码长分别为

$$\bar{L}_3 = \sum_{i=1}^{n} p(u_i) l_i = 1.4 \text{ 码符号 / 信源符号}$$

$$\bar{L}_4 = \sum_{i=1}^{n} p(u_i) l_i = 1.2 \text{ 码符号 / 信源符号}$$

编码效率为

$$\eta_3 = \frac{H(U)}{\bar{L} \log r} = \frac{-\sum_i p(u_i) \log p(u_i)}{\bar{L} \log r} = \frac{2.12}{1.4 \log 3} = 95.54\%$$

$$\eta_3 = \frac{H(U)}{\bar{L} \log r} = \frac{-\sum_i p(u_i) \log p(u_i)}{\bar{L} \log r} = \frac{2.12}{1.2 \log 4} = 88.33\%$$

这个例子中，从图 6-7 能够清楚看出为什么要增加概率为 0 的符号。增加概率为 0 的符号是为了将概率大的信源符号尽量向编码树的上层"挤"，越向上层，码长越短，这样短码能够得到充分利用，进一步提高了压缩效果。

6.6　算术编码

6.6.1　算术编码的基本原理

霍夫曼编码是对信源符号进行无失真信源编码，如果对信源序列编码，能够得到更好的压缩效果，通过下面的例子说明这一点。

【**例 6-18**】　试分别对信源 $\begin{bmatrix} U \\ P \end{bmatrix} = \begin{bmatrix} a & b \\ 0.7 & 0.3 \end{bmatrix}$ 的一次、二次、三次扩展信源进行霍夫曼编码，并比较平均码长和编码效率。

解：省略具体编码过程，将结果列在表 6-5 中。

表 6-5 对信源符号和信源序列编码的比较

符号	一次扩展		二次扩展				三次扩展							
符号	a	b	aa	ab	ba	bb	aaa	aab	aba	baa	abb	bab	bba	bbb
概率	0.7	0.3	0.49	0.21	0.21	0.09	0.343	0.147	0.147	0.147	0.063	0.063	0.063	0.027
码字	1	0	1	01	000	001	00	11	010	011	1000	1001	1010	1011
码长	1	1	1	2	3	3	2	2	3	3	4	4	4	4
平均码长	**1**		1.82				2.72601							
单符号平均码长	**1**		**0.91**				**0.90867**							
编码效率	**88.1%**		**96.2%**				**96.9%**							

可见对信源序列编码比对信源符号编码能够获得更好的压缩效果，且序列越长，单个符号所需的平均码长越短，编码效率越高。

算术编码就是对信源序列进行无失真信源编码的一种方法，且算术编码适合于信源符号个数 n 比较少的信源，这种信源称为小消息信源。

算术编码的基本思想是用信源序列对应的概率区间中的一个点来表示该信源序列。那什么是信源序列对应的概率区间呢？图 6-8 以例 6-18 为例，解释了这一点。

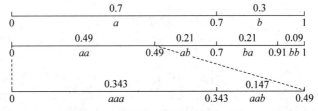

图 6-8 信源序列对应的概率区间

对一次扩展信源，序列 a 的概率是 0.7、b 的概率是 0.3，人为固定 a 在前 b 在后，则 a 对应的概率区间是 $[0，0.7)$，b 对应的概率区间是 $[0.7，1]$。其实就是将 0 到 1 的概率轴，按照 0.7（70%）和 0.3（30%）的比例分成两个区间。

对二次扩展信源，序列 aa 的概率是 0.49、ab 的概率是 0.21、ba 的概率是 0.21、bb 的概率是 0.09，因此 aa 对应的概率区间是 $[0，0.49)$，ab 对应的概率区间是 $[0.49，0.7)$，ba 对应的概率区间是 $[0.7，0.91)$，bb 对应的概率区间是 $[0.91，1]$。是在一次扩展信源概率区间的基础上，再次按照 0.7 和 0.3 的比例分别将 a 和 b 的概率区间分成两个区间。

对三次扩展信源，aaa 对应的概率区间是 $[0，0.343)$，aab 对应的概率区间是 $[0.343，0.49)$，…仍是按照 0.7 和 0.3 的比例分别将二次扩展信源中的 4 个概率区间各分成两个区间。

6.6.2 算术编码方法

由于算术编码的基本思想是用信源序列对应的概率区间中的一个点来表示该信源序

列。因此算术编码首先要求出信源序列对应的概率区间。信源序列对应的概率区间表示为 $[F(S), F(S)+p(S)]$，其中 $F(S)$ 称为序列的积累概率，$p(S)$ 是序列的概率。可见积累概率是概率区间的左端点值，概率是概率区间的长度。积累概率要通过递推的方式获得。

积累概率的初始值，即一次扩展信源中信源符号的积累概率为

$$F(u_k) = \sum_{i=1}^{k-1} p(u_i) \tag{6-10}$$

信源符号的积累概率是当前符号之前的所有符号的概率的和。根据信源符号的积累概率，可以通过递推的方式求出任意信源序列的积累概率，其递推公式为

$$\begin{cases} F(Su_r) = F(S) + p(S)F(u_r) \\ p(Su_r) = p(S)p(u_r) \end{cases} \tag{6-11}$$

其中：$F(Su_r)$——信源序列 S 添加一个新的信源符号 u_r 后得到的新序列 Su_r 的积累
　　　　　　概率；

　　　$p(Su_r)$——信源序列 S 添加一个新的信源符号 u_r 后得到的新序列 Su_r 的概率；

　　　$F(S)$　　——信源序列 S 的积累概率；

　　　$p(S)$　　——信源序列 S 的概率；

　　　$F(u_r)$　——信源符号 u_r 的积累概率；

　　　$p(u_r)$　——信源符号 u_r 的概率。

式(6-11)可以通过图 6-9 理解。

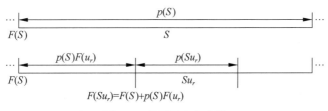

图 6-9　积累概率的递推

图中，已知序列 S 的积累概率，即概率区间的左端点值为 $F(S)$，S 的概率为 $p(S)$。则显然新序列 Su_r 的概率为 $p(Su_r) = p(S)p(u_r)$。如果新序列 Su_r 的积累概率为 $F(Su_r)$，则有

$$F(Su_r) - F(S) = p(S)F(u_r)$$

即在 $p(S)$ 上，Su_r 之前的概率占 $p(S)$ 的比例，等于 u_r 的积累概率。因此

$$F(Su_r) = F(S) + p(S)F(u_r)$$

算术编码的基本思想是用信源序列对应的概率区间中的一个点来表示该信源序列。概率区间的求法已经给出，那如何从这个区间中选择一个点呢？要回答这个问题，先来看看找出这个点之后如何构造算术编码。假设找出的这个点为 A，因为 A 是概率区间上的点，因此 A 是 0 到 1 之间的一个十进制小数，将这个十进制小数转换为二进制小数，假设这个二进制小数为 $A_2 = 0.a_1 a_2 \cdots a_L \cdots$，我们取 $a_1 a_2 \cdots a_L + 1$ 作为序列 S 的算术编码，L 就是码长，算术编码中规定码长 L 按下式计算

$$L = \left\lceil \log \frac{1}{p(S)} \right\rceil \tag{6-12}$$

如果我们取 A 等于序列的积累概率 $F(S)$，由于取码字时加了 1，因此可以保证取出的点一定大于积累概率 $F(S)$，又因为码长的控制，可以保证取出的点小于 $F(S)+p(S)$，因此取出的点一定是在 S 的概率区间上。

这样可以给出算术编码的编码方法：

（1）根据式（6-10）计算信源符号的积累概率；

（2）初始时设 $S=\varnothing$（空集），$F(\varnothing)=0, p(\varnothing)=1$；

（3）根据式（6-11）计算序列的积累概率 $F(Su_i)$ 和概率 $p(Su_i)$；

（4）根据式（6-12）计算码长 L；

（5）将 $F(S)$ 写成二进制数的形式，取其小数点后前 L 位作为序列 S 的码字，若后面有尾数就在第 L 位进位。

【例 6-19】 已知一个信源为 $\begin{bmatrix} U \\ P \end{bmatrix} = \begin{bmatrix} 0 & 1 \\ 0.25 & 0.75 \end{bmatrix}$，求信源序列 $S=1010$ 的算术编码。

解：信源符号的积累概率：$F(0)=0, F(1)=0.25$，编码过程如表 6-6 所示。

表 6-6　例 6-19 的编码过程

序列	$F(S)$	$p(S)$	L	码字	计算过程
$\varnothing$	0	1			$F(\varnothing 1)=F(\varnothing)+p(\varnothing)F(1)=0+1\times0.25=0.25$ $p(\varnothing 1)=p(\varnothing)p(1)=1\times0.75=0.75$
1	0.25	0.75			$F(10)=F(1)+p(1)F(0)=0.25$ $p(10)=p(1)p(0)=0.75\times0.25=0.1875$
10	0.25	0.1875			$F(101)=F(10)+p(10)F(1)=0.296875$ $p(101)=p(10)p(1)=0.1875\times0.75=0.140625$
101	0.296875	0.140625			$F(1010)=F(101)+p(101)F(0)=0.296875$ $p(1010)=p(101)p(0)=0.140625\times0.25=0.03515625$
1010	0.296875	0.03515625	5	01010	$L=\left\lceil \log\frac{1}{p(S)} \right\rceil=\left\lceil \log\frac{1}{0.03515625} \right\rceil=5$ $(0.296875)_{10}=(0.010011)_2$

现在我们分析一下这个例子：

（1）从这个例子能够看出，对长度为 N 的信源序列进行算术编码时，不需要知道其他长度为 N 的序列的概率，这是与霍夫曼编码的一个很大的不同。

（2）最终我们得到的码字是 01010，将其化为十进制小数，这个数为 0.3125，它确实是概率区间 $[0.296875, 0.296875+0.03515625\approx0.332)$ 上的一个点。

（3）信源序列 $S=1010$ 的原始长度为 4，经过算术编码之后长度为 5，码长比原始长度还要长。数据不但没有被压缩，反而更长了，这是不是说算术编码不是一种很好的无失真信源编码方法呢？当然不是。出现这种情况的原因是，信源中 0 和 1 出现的概率的比是 1∶3，但是序列 $S=1010$ 中 0 和 1 的个数是相等的，正是由于小概率的 0 出现的次数过多，使得码长比原始长度还长。如果是另外一个序列，比如 $S=11111100$，其编码过程如表 6-7 所示，最终编得的码字的长度为 7，小于原始长度 8。

表 6-7 $S=11111100$ 的编码过程

序 列	$F(S)$（二进制）	$p(S)$（二进制）	L	码 字
∅	0	1		
1	0.01	0.11		
11	0.0111	0.1001		
111	0.100101	0.011011		
1111	0.10101111	0.01010001		
11111	0.1100001101	0.0011110011		
111111	0.110100100111	0.001011011001		
1111110	0.110100100111	0.00001011011001		
11111100	0.110100100111	0.0000001011011001	7	1101010

6.6.3 算术译码方法

算术编码的译码方法：

(1) 求出各个信源符号的概率区间和积累概率，并将码字转换成十进制小数形式；

(2) 判断十进制小数所在符号区间，翻译出 1 个符号 u；

(3) 按照式(6-13)计算出一个新的十进制小数；

$$新值 = \frac{原值 - F(u)}{p(u)} \tag{6-13}$$

(4) 重复(2)、(3)直至全部信源序列被翻译完为止。

【例 6-20】 对例 6-19 中得到的码字 01010 译码。

解：码字对应的十进制小数为 0.3125，积累概率和概率区间如下：

信源符号	积累概率	概率区间
0	0	[0, 0.25)
1	0.25	[0.25, 1]

则译码过程如表 6-8 所示。

表 6-8 例 6-20 的译码过程

值	所在区间	译得的符号	计 算 过 程
0.3125	[0.25, 1]	1	新值 $= \dfrac{原值 - F(u)}{p(u)} = \dfrac{0.3125 - 0.25}{0.75} = 0.08333$
0.08333	[0, 0.25)	0	新值 $= \dfrac{原值 - F(u)}{p(u)} = \dfrac{0.08333 - 0}{0.25} = 0.33333$
0.3333	[0.25, 1]	1	新值 $= \dfrac{原值 - F(u)}{p(u)} = \dfrac{0.33333 - 0.25}{0.75} = 0.1111$
0.1111	[0, 0.25)	0	

译码结果为 1010，与编码之前的信源序列 $S=1010$ 是一致的，译码正确。

6.7 LZW 编码

霍夫曼编码和算术编码是高效的无失真信源编码方法，但是两种编码方法都要求事先知道信源的统计特性。然而在工程实践当中，有时要确知信源的统计特性是相当困难的，因此出现了信源统计特性未知时的无失真信源编码方法，这类编码方法称为通用编码。

1977 年，以色列学者兰佩尔（A. Lempel）和齐费（J. Ziv）提出一种基于字典的语法解析码，1978 年他们又提出了改进算法，习惯上将这两个算法分别称为 LZ77 和 LZ78。1984 年韦尔奇（T. A. Welch）将 LZ78 算法修改成一种实用的算法，后定名为 LZW 算法。LZW 算法保留了 LZ78 算法的自适应能力，压缩效果也大致相同，但 LZW 算法的显著特点是逻辑性强，易于硬件实现，且运算速度快。LZW 算法已经作为一种通用压缩方法广泛应用于小消息信源的压缩，主要是二值数据的压缩。

6.7.1 LZW 基本原理

LZW 算法的基本思想是建立一个编码表（转换表），韦尔奇称之为串表，该表将信源序列映射成定长的码字，通常码长设为 12 比特。算法在产生输出的同时动态更新串表。

LZW 算法只需扫描一次信源序列，无须进行有关信源的概率统计。LZW 算法对信源序列起始段的压缩效果较差，但随着信源序列的增长，串表由空逐步自适应建立，压缩效果逐步提高。

LZW 算法具有所谓的"前缀性"：假设任何一个字符串 P 和某一个字符 S 组成一个字符串 PS，若 PS 在串表中，则 P 也一定在串表中。S 为 P 的扩展，P 为 S 的前缀。正是由于 LZW 算法的前缀性，使得它可以实现压缩。这是因为假设 P 的长度为 L 比特，则信源序列中第一次出现 P 的时候，我们把 L 个比特编码为 12 比特；当 P 第二次出现的时候，我们把 P 和其后的符号 S 一起放在串表中，此时把 $L+1$ 个比特编码为 12 比特；当 PS 再次出现时，我们把 $L+2$ 个比特编码为 12 比特；…。可见 P 出现的次数越多，压缩效果越好。

6.7.2 LZW 编码方法

LZW 算法是对信源序列进行编码，编码步骤为

（1）将待编码信源序列中的所有单个字符存入串表中，并给每个符号赋一个码字值；

（2）读入第一个输入字符，赋给前缀变量 P；

（3）读下一个输入字符，赋给扩展变量 S；

（4）如果 S 为空，输出 P，停止；否则执行步骤（5）；

（5）如果 PS 不在串表中，则将 P 对应的码字值输出，将 PS 存入串表，并分配一个码字值，同时将扩展字符 S 赋给 P；否则将 PS 赋给 P；

（6）重复步骤（3）。

【例 6-21】 对信源序列 $XYXYZYXYXYXXXXX$ 进行 LZW 编码。

解：编码过程如表 6-9 所示。

表 6-9 例 6-21 的编码过程

次数	串 表	P	S	输出
0	字符串 | X | Y | Z 码字 | 1 | 2 | 3			
1	字符串 | X | Y | Z | XY 码字 | 1 | 2 | 3 | 4	X	Y	1
2	字符串 | X | Y | Z | XY | YX 码字 | 1 | 2 | 3 | 4 | 5	Y	X	2
3	字符串 | X | Y | Z | XY | YX 码字 | 1 | 2 | 3 | 4 | 5	X	Y	
4	字符串 | X | Y | Z | XY | YX | XYZ 码字 | 1 | 2 | 3 | 4 | 5 | 6	XY	Z	4
5	字符串 | X | Y | Z | XY | YX | XYZ | ZY 码字 | 1 | 2 | 3 | 4 | 5 | 6 | 7	Z	Y	3
6	字符串 | X | Y | Z | XY | YX | XYZ | ZY 码字 | 1 | 2 | 3 | 4 | 5 | 6 | 7	Y	X	
7	字符串 | X | Y | Z | XY | YX | XYZ | ZY | YXY 码字 | 1 | 2 | 3 | 4 | 5 | 6 | 7 | 8	YX	Y	5
8	字符串 | X | Y | Z | XY | YX | XYZ | ZY | YXY 码字 | 1 | 2 | 3 | 4 | 5 | 6 | 7 | 8	Y	X	
9	字符串 | X | Y | Z | XY | YX | XYZ | ZY | YXY 码字 | 1 | 2 | 3 | 4 | 5 | 6 | 7 | 8	YX	Y	
10	字符串 | X | Y | Z | XY | YX | XYZ | ZY | YXY | $YXYX$ 码字 | 1 | 2 | 3 | 4 | 5 | 6 | 7 | 8 | 9	YXY	X	8
11	字符串 | X | Y | Z | XY | YX | XYZ | ZY | YXY | $YXYX$ | XX 码字 | 1 | 2 | 3 | 4 | 5 | 6 | 7 | 8 | 9 | 10	X	X	1

续表

次数	串表												P	S	输出
12	字符串	X	Y	Z	XY	YX	XYZ	ZY	YXY	YXYX	XX		X	X	
	码字	1	2	3	4	5	6	7	8	9	10				
13	字符串	X	Y	Z	XY	YX	XYZ	ZY	YXY	YXYX	XX	XXX	XX	X	10
	码字	1	2	3	4	5	6	7	8	9	10	11			
14	字符串	X	Y	Z	XY	YX	XYZ	ZY	YXY	YXYX	XX	XXX	X	X	
	码字	1	2	3	4	5	6	7	8	9	10	11			
15	字符串	X	Y	Z	XY	YX	XYZ	ZY	YXY	YXYX	XX	XXX	XX	X	
	码字	1	2	3	4	5	6	7	8	9	10	11			
16	字符串	X	Y	Z	XY	YX	XYZ	ZY	YXY	YXYX	XX	XXX	XXXX	XXX	X	11
	码字	1	2	3	4	5	6	7	8	9	10	11	12			
17	字符串	X	Y	Z	XY	YX	XYZ	ZY	YXY	YXYX	XX	XXX	XXXX	X		1
	码字	1	2	3	4	5	6	7	8	9	10	11	12			

最终信源序列 $XYXYZYXYXYXXXXXX$ 被编码为 1 2 4 3 5 8 1 10 11 1，即

000000000001　000000000010　000000000100　000000000011　000000000101
000000001000　000000000001　000000001010　000000001011　000000000001

LZW 算法的译码过程比较简单，译码器收到 1 2 4 3 5 8 1 10 11 1 之后，只需查表 6-9 中最后一步形成的串表，即可得到原始信源序列。

通过例 6-21，读者可能觉得 LZW 算法的压缩效果非常差，信源序列的长度为 17，编码之后长度变为 120，不但没有压缩，反而数据量更大了。这与我们为了书写方便，举的例子较短有关。其实在工程实践中，信源序列的长度都非常长，比如二值图像，一个很小的 100×100 的二值图像，信源序列的长度就达到了 10000，信源序列越长，LZW 算法的压缩效果越好。

6.8　本章小结

本章介绍无失真信源编码，分理论和方法两部分，见表 6-10。

理论部分介绍编码器和译码器、码的分类、无失真的本质，以及定长码和变长码的衡量指标、特点等，变长码部分还介绍无失真信源编码定理，即香农第一定理。

方法部分介绍霍夫曼编码、算术编码、LZW 编码三种编码方法，这三种方法代表三种典型的无失真信源编码类型。

表 6-10　本章小结

分类(在分组的非奇异范围内)				唯一可译码的判别方法 即时码的判别方法		
等长码:一定是唯一可译码和即时码						
变长码	唯一可译码	即时码		麦克米伦不等式、克拉夫特不等式 $\sum\limits_{i=1}^{n} r^{-l_i} \leqslant 1$		
		非即时码				
	非唯一可译码					

理论	无失真的本质:编码之前的信息量=编码之后的信息量				
		码长/平均码长	编码信息率(编码速率):平均一个信源符号用多少个二进制符号表示	信息传输率 R:平均每个码符号携带的信息量	编码效率:理论上每个信源符号用的二进制码个数除以实际上用的二进制码个数	码长方差
	定长码	$l = \left\lceil N \dfrac{\log n}{\log r} \right\rceil$	$R' = \dfrac{1}{N} \log r$ 比特/符号		$\eta = \dfrac{H(U)}{R'}$	
	变长码	$\overline{L} = \sum\limits_{i=1}^{n} p(u_i) l_i$		$R = \dfrac{H(U)}{\overline{L}}$ 比特/码符号	$\eta = \dfrac{H(U)}{\overline{L} \log r}$	$\sigma^2 = \sum\limits_{i=1}^{n} p(u_i)(l_i - \overline{L})^2$
	无失真信源编码定理(香农第一定理): $\dfrac{H(U)}{\log r} \leqslant \dfrac{\overline{L}_N}{N} < \dfrac{H(U)}{\log r} + \dfrac{1}{N}$				

方法	霍夫曼:紧致码、即时码
	算术编码:适合小消息信源,对信源序列编码。用信源序列对应概率空间中的一个点代表该信源序列
	LZW:无须知道信源统计特性,适合小消息信源,对信源序列编码。串表具有前缀性

6.9　习题

6-1　一个有 4 个符号的信源,若对其进行三元霍夫曼编码,需要增加_____个概率为 0 的符号。

6-2　算术编码和 LZW 编码的共同特点是对_____编码,这样做可以提高编码效率。

6-3　有一个信源,它有 6 个可能的输出,其概率分布如题表 6-1 所示,表中给出了 A,B,C,D,E,F 六套编码方案。

题表 6-1　6 种编码方法

消　息	$p(a_i)$	A	B	C	D	E	F
a_1	1/2	000	0	0	0	0	0
a_2	1/4	001	01	10	10	10	100
a_3	1/16	010	011	110	110	1100	101
a_4	1/16	011	0111	1110	1110	1101	110
a_5	1/16	100	01111	11110	1011	1100	111
a_6	1/16	101	011111	111110	1101	1111	011

（1）求这些编码方案中,哪些是唯一可译码;

（2）求哪些是即时码;

（3）对所有唯一可译码,求出其平均码长 $\bar{L}$。

6-4 下面以码字集合的形式给出 5 种不同的编码,第一个码的码符号集合为 $\{x,y,z\}$,其他 4 个码都是二进制码。

$$\{xx,xz,y,zz,xyz\}$$
$$\{000,10,00,11\}$$
$$\{100,101,0,11\}$$
$$\{01,100,011,00,111,1010,1011,1101\}$$
$$\{01,111,011,00,010,110\}$$

对于上面列出的 5 种编码,分别回答下述问题:

（1）此码的码长分布是否满足 Kraft-McMillan 不等式?

（2）此码是否是即时码? 如果不是,请给出反例。

（3）此码是否是唯一可译码? 如果不是,请给出反例。

6-5 设有一个信源发出符号 A 和 B,它们是相互独立发出,并已知 $p(A)=\dfrac{1}{4}$,$p(B)=\dfrac{3}{4}$。

（1）计算该信源的熵;

（2）若用二进制代码传输消息,$A\to 0$、$B\to 1$,求 $p(0)$ 和 $p(1)$;

（3）对二次扩展信源,采用霍夫曼编码方法。求其平均传输速率及 $p(0)$ 和 $p(1)$;

（4）对三次扩展信源,采用霍夫曼编码方法。求其平均传输速率及 $p(0)$ 和 $p(1)$。

6-6 设信源 S 的 N 次无记忆扩展信源 S^N,用霍夫曼编码方法对此进行编码。码符号集为 $\{x_1,x_2,\cdots,x_r\}$,编码后所得的码符号可以看成一个新的信源

$$\begin{bmatrix} X \\ P \end{bmatrix} = \begin{bmatrix} x_1 & x_2 & \cdots & x_r \\ p_1 & p_2 & \cdots & p_r \end{bmatrix}$$

证明:当 $N\to\infty$ 时,新信源 X 符号集的概率分布 p_i 趋于 $\dfrac{1}{r}$(等概分布)。

6-7 某气象员报告气象状态,有 4 种可能的消息:晴、云、雨和雾。若每个消息是等概的,那么

（1）发送每个消息最少需要的二元符号数是多少?

（2）又若 4 个消息出现的概率分别为 1/4、1/8、1/8、1/2。问在此情况下各个消息所需的二元符号数是多少?

（3）如何编码?

6-8 令离散无记忆信源

$$\begin{bmatrix} S \\ P \end{bmatrix} = \begin{bmatrix} s_1 & s_2 & s_3 & s_4 & s_5 & s_6 & s_7 & s_8 & s_9 & s_{10} \\ 0.16 & 0.14 & 0.13 & 0.12 & 0.10 & 0.09 & 0.08 & 0.07 & 0.06 & 0.05 \end{bmatrix}$$

（1）求最佳二进制编码,计算平均码长和编码效率;

（2）求最佳三进制编码，计算平均码长和编码效率。

6-9 令离散无记忆信源

$$\begin{bmatrix} S \\ P \end{bmatrix} = \begin{bmatrix} s_1 & s_2 & s_3 \\ 0.5 & 0.3 & 0.2 \end{bmatrix}$$

（1）求 S 的最佳二进制编码，计算平均码长和编码效率；

（2）求 S^2 的最佳二进制编码，计算平均码长和编码效率；

（3）求 S^3 的最佳二进制编码，计算平均码长和编码效率。

6-10 已知一个信源所包含的 6 个符号的概率分别为 $0.25, 0.2, 0.2, 0.15, 0.1, 0.1$。试用霍夫曼编码方法对这 6 个符号进行信源编码，并求出平均码长，计算出信息传输率。

6-11 请问下述编码中哪些不可能是任何概率分布对应的霍夫曼编码？

（1）$\{0, 10, 11\}$

（2）$\{00, 01, 10, 110\}$

（3）$\{01, 10\}$

6-12 假设一个班有 75 个学生，现在要对这个班的学生进行学号编制，但不同于普通的自然数编法，用 x, y, z 三个符号来对学生进行编号，要求每个学生的学号都是等长的字符串，问编码完成后，这个班的学生的学号是几位？

6-13 判断是否存在即时码具有下列的码符号数和码字长度，若果有，试构造这样的码字：

（1）$r=2, l=\{1, 3, 3, 3, 4, 4\}$

（2）$r=3, l=\{1, 1, 2, 2, 3, 3, 3\}$

（3）$r=5, l=\{1, 1, 1, 1, 1, 8, 9\}$

6-14 在数字图像中，我们往往要对一些图像的灰度进行编码，设我们有一幅 8×8 的数字图像，其灰度级分布如题图 6-1 所示。

4	4	4	4	4	4	4	0
4	5	5	5	5	5	4	0
4	5	6	6	6	5	4	0
4	5	6	7	6	5	4	0
4	5	6	7	6	5	4	0
4	5	5	5	5	5	4	0
4	4	4	4	4	4	4	0
4	4	4	4	4	4	4	0

题图 6-1 数字图像灰度级

试用码符号集 $\{0, 1, 2\}$ 对图像进行有效编码，并说明自己编出码的编码效率。

6-15 （发酸的酒）某人得到了 5 瓶酒，已知其中有且仅有一瓶酒坏了（尝起来发酸）。仅凭肉眼观察，发现坏酒的概率分布 p_i 为 $(p_1, p_2, p_3, p_4, p_5) = \left(\dfrac{1}{3}, \dfrac{1}{4}, \dfrac{1}{6}, \dfrac{1}{6}, \dfrac{1}{12}\right)$。通过品尝则可以正确地找出坏酒。

假设此人一瓶一瓶地依次品尝，并且选择一种品尝的顺序，使得确定出坏酒所必须的品尝次数的期望值最小。请问：

（1）所需的品尝次数的期望值是多少？

（2）首先品尝的应该是那一瓶？

然后此人改变了策略，每次不再品尝单独的一瓶酒，而是将数瓶酒混合起来一起品尝，直到找到坏酒为止。

（3）在这种方式下所需的品尝次数的期望值是多少？

（4）首先品尝的应该是哪几瓶酒的混合？答案是唯一的吗？如果是唯一的，请解释其为什么；如果不是唯一的，请给出另外一种方案。（提示：品尝数瓶酒的混合等效于品尝其他几瓶酒的混合，因此这不算两种方案。另外，有两瓶酒坏掉的概率相等，都是 $1/6$，所以交换这两瓶酒不算新方案）

6-16 有一离散无记忆信源 $\begin{bmatrix} U \\ P \end{bmatrix} = \begin{bmatrix} a & b \\ 0.3 & 0.7 \end{bmatrix}$，试对序列 $bbaa$ 进行算术编码，填写下面的表格，并在旁边写明计算过程。

序列 S	$F(S)$	$p(S)$	码长	码字	计算过程
			---	---	---
b		0.7	---	---	
bb	0.51		---	---	
bba		0.147	---	---	
$bbaa$					

第 7 章

限失真信源编码

有的时候不需要信宿完全再现信源所发送的消息,例如图像中包含有人眼感觉不到的信息,因此在传输之前可以把这些人眼感觉不到的信息去掉,以节约传输成本、提高压缩效果,而不影响图像的使用价值。此时人眼看到的图像和原始图像已经不一样了,存在"失真",但这种失真又被"限制"在一定的范围之内,以人眼感觉不到为界限。

这种编码就是本章要研究的限失真信源编码。

在正式介绍限失真信源编码之前,先给出试验信道的概念。如图 7-1 所示,可以将信源编码的过程看作一次信息传输的过程,编码之前的数据经过一个有干扰的信道之后变为编码之后的数据。由于这个信道是假想的,因此称为试验信道。假想出试验信道的好处是后面就可以利用描述信道的数学工具和语言来描述信源编码。

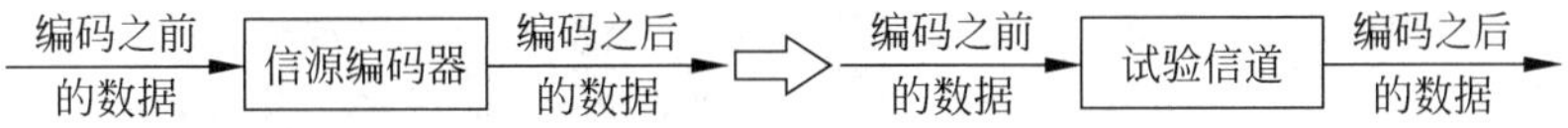

图 7-1　试验信道

7.1　失真的度量

既然限失真信源编码存在失真,我们就先看看失真是如何度量的。

7.1.1　失真函数和失真矩阵

假设信源(限失真编码之前的数据集)为 $\begin{bmatrix} U \\ P \end{bmatrix} = \begin{bmatrix} u_1 & u_2 & \cdots & u_n \\ p(u_1) & p(u_2) & \cdots & p(u_n) \end{bmatrix}$,接收端的接收量(编码之后的数据集)为 $\begin{bmatrix} V \\ P \end{bmatrix} = \begin{bmatrix} v_1 & v_2 & \cdots & v_m \\ p(v_1) & p(v_2) & \cdots & p(v_m) \end{bmatrix}$,对一对 (u_i, v_j),定义一个非负函数

$$d(u_i, v_j) \geqslant 0 \quad (i = 1, 2, \cdots, n; j = 1, 2, \cdots, m) \tag{7-1}$$

称此函数为失真函数(或称单个符号失真度)。用来度量信源发出符号为 u_i,接收符号为 v_j 时所引起的误差或失真。

由于信源 U 有 n 个符号,接收变量 V 有 m 个符号,因此 $d(u_i, v_j)$ 就有 $n \times m$ 个,可以排成矩阵形式,该矩阵称为失真矩阵,即

$$\boldsymbol{D}_{ij} = \begin{bmatrix} d(u_1,v_1) & d(u_1,v_2) & \cdots & d(u_1,v_m) \\ d(u_2,v_1) & d(u_2,v_2) & \cdots & d(u_2,v_m) \\ \vdots & \vdots & \ddots & \vdots \\ d(u_n,v_1) & d(u_n,v_2) & \cdots & d(u_n,v_m) \end{bmatrix}$$

失真函数有多种形式，汉明失真是其中常用的一种，汉明失真函数的定义是

$$d(u_i,v_j) = \begin{cases} 0, & i=j \\ 1, & i \neq j \end{cases}$$

此时的失真矩阵为 $\boldsymbol{D}_{ij} = \begin{bmatrix} 0 & 1 & 1 & \cdots & 1 \\ 1 & 0 & 1 & \cdots & 1 \\ 1 & 1 & 0 & \cdots & 1 \\ \vdots & \vdots & \vdots & \ddots & \vdots \\ 1 & 1 & 1 & \cdots & 0 \end{bmatrix}$，称为汉明失真矩阵。

【例 7-1】 JPEG 图像压缩方法是一种针对静态数字图像的限失真信源编码方法，由联合照片专家组（Joint Photographic Experts Group）开发，已经成为国际上通用的图像压缩标准，因此又称为 JPEG 标准。根据 JPEG 标准处理过的图像文件的后缀是"jpg"，用数码相机、手机等拍摄的照片大部分都是这种文件格式的。图 7-2 所示的是 JPEG 压缩前后的两幅 200×200 灰度图像。可以看到 JPEG 的压缩效果是非常明显的，压缩前图像存储占用 41KB，压缩后占用 21KB，节约了大约一半的存储空间。

(a) JPEG压缩前 "lena.bmp" 41KB　　　(b) JPEG压缩后 "lena.jpg" 21KB

图 7-2　JPEG 压缩

由于压缩前后都是灰度图像，因此压缩前后的数据集 $U=V=\{1,2,\cdots,256\}$，即 256 个灰度级。如果定义失真函数为相对失真

$$d(u_i,v_j) = \frac{|u_i - v_j|}{|u_i|}$$

得到失真矩阵为

$$\boldsymbol{D}_{ij} = \begin{bmatrix} 0 & 1 & 2 & \cdots & 255 \\ 0.5 & 0 & 0.5 & \cdots & 127 \\ 0.667 & 0.333 & 0 & \cdots & 84.33 \\ \vdots & \vdots & \vdots & \ddots & \vdots \\ 0.996 & 0.992 & 0.988 & \cdots & 0 \end{bmatrix}$$

7.1.2 序列失真

假设信源输出了一个长度为 N 的序列 $S=(s_1,s_2,\cdots,s_N)$，其中 s_i 取自数据集 U，该序列被限失真编码为序列 $Y=(y_1,y_2,\cdots,y_N)$，其中 y_i 取自数据集 V。则序列失真度定义为

$$d(S,Y)=\frac{1}{N}\sum_{l=1}^{N}d(s_l,y_l) \tag{7-2}$$

【例 7-2】 接例 7-1。由于两幅图像都是 200×200 的，即由 40000 个像素组成，因此压缩前后两幅图像可以分别看作两个长度为 40000 的序列 S 和 Y，则

$$S=\{160,158,158,160,156,157,155,158,152,155,\cdots\}$$
$$Y=\{163,162,161,160,158,157,156,156,155,155,\cdots\}$$

序列内的值是两幅图像各个像素的灰度值。因此这两幅图像之间的序列失真为

$$d(S,Y)=\frac{1}{40000}\sum_{l=1}^{40000}d(s_l,y_l)=\frac{1}{40000}\sum_{l=1}^{40000}\frac{|s_l-y_l|}{|s_l|}=0.0293$$

【例 7-3】 机器学习中，通常通过计算样本之间的失真来对数据进行分类。如图 7-3 所示，图(a)和图(b)是两个已知的样本，分别表示数字"6"和数字"9"，图(c)是待分类的样本。通过分别计算图(c)与图(a)、图(b)的失真，来判断图(c)中显示的是 6 还是 9；如果图(c)与图(a)的失真小，则认为图(c)中显示的是 6；否则，认为图(c)中显示的是 9。

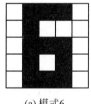
(a) 模式6

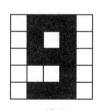
(b) 模式9

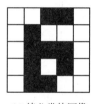
(c) 待分类的图像

图 7-3 图像分类

假设所用失真为汉明失真，试通过序列失真，计算图(c)中图像的分类结果。

解：图 7-3(a)与图 7-3(c)的汉明失真为 $\begin{pmatrix} 0 & 1 & 0 & 0 & 0 \\ 0 & 0 & 0 & 0 & 0 \\ 0 & 0 & 0 & 0 & 0 \\ 0 & 0 & 0 & 0 & 0 \\ 0 & 0 & 0 & 1 & 0 \end{pmatrix}$，序列失真为 $\frac{2}{25}$。图 7-3(b)与

图 7-3(c)的汉明失真为 $\begin{pmatrix} 0 & 1 & 0 & 0 & 0 \\ 0 & 0 & 0 & 1 & 0 \\ 0 & 0 & 0 & 0 & 0 \\ 0 & 1 & 0 & 0 & 0 \\ 0 & 0 & 0 & 1 & 0 \end{pmatrix}$，序列失真为 $\frac{4}{25}$。$\frac{2}{25}<\frac{4}{25}$，所以分类为模式 6。

7.1.3 平均失真和保真度准则

失真函数给出的是编码前后符号和符号之间的失真，如果要分析编码之后，整个信源的

失真大小，就需要用所有失真函数值的统计平均值表示，将失真函数值的数学期望称为平均失真，记作

$$\bar{D} = E[d(u,v)] = \sum_{i=1}^{n}\sum_{j=1}^{m} p(u_i,v_j)d(u_i,v_j) = \sum_{i=1}^{n}\sum_{j=1}^{m} p(u_i)p(v_j \mid u_i)d(u_i,v_j)$$

(7-3)

【例 7-4】 接例 7-1。假设信源 U 等概分布，试验信道的信道矩阵为

$$\boldsymbol{P} = \begin{bmatrix} 1/5 & 1/5 & 1/5 & 1/5 & 1/5 & 0 & 0 & 0 & 0 & 0 & 0 & \cdots \\ 1/6 & 1/6 & 1/6 & 1/6 & 1/6 & 1/6 & 0 & 0 & 0 & 0 & 0 & \cdots \\ 1/7 & 1/7 & 1/7 & 1/7 & 1/7 & 1/7 & 1/7 & 0 & 0 & 0 & 0 & \cdots \\ 1/8 & 1/8 & 1/8 & 1/8 & 1/8 & 1/8 & 1/8 & 1/8 & 0 & 0 & 0 & \cdots \\ 1/9 & 1/9 & 1/9 & 1/9 & 1/9 & 1/9 & 1/9 & 1/9 & 1/9 & 0 & 0 & \cdots \\ 0 & 1/9 & 1/9 & 1/9 & 1/9 & 1/9 & 1/9 & 1/9 & 1/9 & 1/9 & 0 & \cdots \\ \vdots & \vdots & \vdots & \vdots & \vdots & \vdots & \vdots & \vdots & \vdots & \vdots & \vdots & \cdots \end{bmatrix}$$

则平均失真为

$$\bar{D} = \sum_{i=1}^{256}\sum_{j=1}^{256} \frac{1}{256} p(v_j \mid u_i)d(u_i,v_j) = 0.0508$$

【注意】 序列失真和平均失真这两个概念是不一样的，平均失真是从总体上衡量一种限失真信源编码方法的失真程度，序列失真衡量的是一个具体的信源序列（例如一幅图片、一句话等）经过限失真信源编码之后的失真程度。

对限失真信源编码方法，通常要给出系统所允许的最大失真 D，只有当平均失真小于给定的允许失真，即

$$\bar{D} \leqslant D$$

(7-4)

时，编码才是有效的。式（7-4）称为保真度准则。保真度准则体现了限失真信源编码中的"限"。

7.2 信息率失真函数

7.2.1 信息率失真函数的定义和含义

如图 7-4 所示，对限失真信源编码，失真越大，说明编码后的数据能够提供的关于编码前数据的信息量越小，即需要通过试验信道传输的信息量越小，因此平均每个码元携带的信息量越小，即信息传输率越小。系统所允许的失真 D 是失真的最大值，因此当失真达到 D 的时候，信息传输率达到最小，我们关心的就是这个最小值，它是 D 的函数，记作 $R(D)$，这就是信息率失真函数。而编码后的数据能够提供的关于编码前的数据的信息量是编码前后数据之间的平均互信息，因此 $R(D)$ 就是平均互信息的最小值，即

$$R(D) = \min_{p(v_j \mid u_i) \in B_D} \{I(U;V)\}$$

其中，U 是编码之前的数据的集合，V 是编码之后的数据的集合，B_D 是所有满足保真度准则的试验信道的集合。

信息率失真函数的含义可以从两个方面来理解：

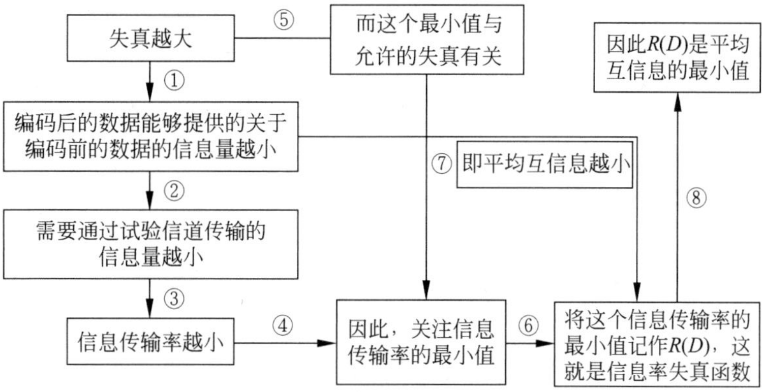

图 7-4 信息率失真函数的含义

（1）从所有满足保真度准则的试验信道中找到一个条件概率（即一个试验信道），使平均互信息最小，等同于选择（或者设计）一种信源编码方式，在满足保真度准则的条件下，使信息传输率最小，即保留的信息最少，也就是失真最大（达到系统所允许的最大失真 D），以达到压缩比最高。

（2）当给定系统所允许的失真 D 之后，$R(D)$ 已经是信息传输率的最小值，不能再小了。如果再小，系统将不满足保真度准则的要求。

7.2.2 信息率失真函数的定义域和性质

信息率失真函数是系统所允许的失真 D 的函数，假设系统能够达到的最小失真为 $D_{\min}$，系统所允许的最大失真为 $D_{\max}$，则 $R(D)$ 的定义域为 $[D_{\min}, D_{\max}]$。下面解决 $D_{\min}$ 和 $D_{\max}$ 的值。

1. $D_{\min}$

由于 $D_{\min}$ 是系统能够达到的最小平均失真，因此当给定信源 U 及失真矩阵 $\boldsymbol{D}_{ij}$ 时，

$$D_{\min} = \min_{p(v_j|u_i) \in B_D} \bar{D} = \min_{p(v_j|u_i) \in B_D} E\left[d(u_i, v_j)\right]$$

$$= \min_{p(v_j|u_i) \in B_D} \sum_{i=1}^{n} \sum_{j=1}^{m} p(u_i) p(v_j \mid u_i) d(u_i, v_j)$$

$$= \sum_{i=1}^{n} \left[p(u_i) \min_{p(v_j|u_i) \in B_D} \sum_{j=1}^{m} p(v_j \mid u_i) d(u_i, v_j) \right]$$

所以对任意的 u_i，只要能够找到一个 v_j，使得 $\sum_{j=1}^{m} p(v_j \mid u_i) d(u_i, v_j)$ 取最小值，则此时的平均失真就是 $D_{\min}$。

假设 $d(u_i, v^*)$ 是 $d(u_i, v_1), d(u_i, v_2), \cdots, d(u_i, v_m)$ 中最小的那一个，则

$$\sum_{j=1}^{m} p(v_j \mid u_i) d(u_i, v_j) = p(v_1 \mid u_i) d(u_i, v_1) + \cdots +$$

$$p(v^* \mid u_i) d(u_i, v^*) + \cdots + p(v_m \mid u_i) d(u_i, v_m)$$

的最小值就是 $d(u_i, v^*)$。此时在 $p(v_1|u_i), p(v_2|u_i), \cdots, p(v_m|u_i)$ 中，只有 $p(v^* \mid$

$u_i)=1$，其他的均为 0。这就意味着使得平均失真取 D_{min} 的试验信道（即限失真信源编码方法）也就确定了，该试验信道的特点是，对任一个信源符号 u_i

$$\begin{cases} \sum p(v_j \mid u_i)=1 & d(u_i,v_j)=\text{最小值的 } v_j \\ p(v_j \mid u_i)=0 & d(u_i,v_j) \neq \text{最小值的 } v_j \end{cases} \tag{7-5}$$

此时，信源的最小平均失真度为

$$D_{min} = \sum_{i=1}^{n} \left[p(u_i) \min_{p(v_j|u_i) \in B_D} \sum_{j=1}^{m} p(v_j \mid u_i) d(u_i,v_j) \right]$$

$$= \sum_{i=1}^{n} \left[p(u_i) \min_{v_j \in V} d(u_i,v_j) \right] \tag{7-6}$$

很多情况下 $D_{min}=0$，此时的信息率失真函数为 $R(0)$，这是系统所允许的失真为 0 时的信息传输率，即无失真时的信息传输率，即信息量没有损失时，平均每个信源符号带有的信息量，而信息量没有损失时，平均每个信源符号带有的信息量就是信源熵，因此

$$R(0)=H(U)$$

【例 7-5】 接例 7-1。已知失真矩阵为

$$\boldsymbol{D}_{ij} = \begin{bmatrix} 0 & 1 & 2 & \cdots & 255 \\ 0.5 & 0 & 0.5 & \cdots & 127 \\ 0.667 & 0.333 & 0 & \cdots & 84.33 \\ \vdots & \vdots & \vdots & \ddots & \vdots \\ 0.996 & 0.992 & 0.988 & \cdots & 0 \end{bmatrix}$$

求 D_{min} 及其对应的信道。

解：由式(7-6)知，最小允许失真度为

$$D_{min} = \sum_{i=1}^{n} \left[p(u_i) \min_{v_j \in V} d(u_i,v_j) \right] = \sum_{i=1}^{n} \left[p(u_i) \cdot 0 \right] = 0$$

由式(7-5)知，试验信道为

$$\boldsymbol{P} = \begin{bmatrix} 1 & & & \\ & 1 & & \\ & & \ddots & \\ & & & 1 \end{bmatrix}_{256 \times 256}$$

这说明只有当 1 编码为 1、2 编码为 2，$\cdots$，256 编码为 256，即图像没有发生任何变化的时候，才能做到无失真。

【例 7-6】 已知信源 U 为 $\begin{bmatrix} U \\ P(U) \end{bmatrix} = \begin{bmatrix} 0 & 1 & 2 \\ \dfrac{1}{3} & \dfrac{1}{3} & \dfrac{1}{3} \end{bmatrix}$，失真矩阵为 $\boldsymbol{D}_{ij} = \begin{bmatrix} 0 & 1 \\ \dfrac{1}{2} & \dfrac{1}{2} \\ 1 & 0 \end{bmatrix}$，求

D_{min} 及其对应的信道。

解：由式(7-6)知，最小允许失真度为

$$D_{min} = \sum_{i=1}^{n} \left[p(u_i) \min_{v_j \in V} d(u_i,v_j) \right] = \frac{1}{3} \cdot 0 + \frac{1}{3} \cdot \frac{1}{2} + \frac{1}{3} \cdot 0 = \frac{1}{6}$$

由式(7-5)知,试验信道为 $\boldsymbol{P} = \begin{bmatrix} 1 & 0 \\ p & 1-p \\ 0 & 1 \end{bmatrix}$,其中 $0 \leqslant p \leqslant 1$。之所以试验信道的第二行

为 $[p \quad 1-p]$,是因为失真矩阵第二行中的两个数相等且均为最小值。

2. $D_{\max}$

由图 7-4 中所示的"失真越大,平均互信息越小"可知,当平均互信息 $I(U,V)$ 取最小值时,失真达到最大。而平均互信息 $I(U,V)$ 是非负的,因此 $I(U,V)$ 的最小值是 0,将平均互信息 $I(U,V)=0$ 时的平均失真度定义为最大允许失真度 $D_{\max}$,即

$$D_{\max} = \min_{p(v_j|u_i) \in B_D} \{D \mid I(U,V)=0\} = \min_{p(v_j|u_i) \in B_D} \{D \mid R(D)=0\}$$

【思考】 为什么在求 $D_{\max}$ 时,要对 D 取最小值?

解: $D_{\max}$ 是平均互信息 $I(U,V)=0$ 时的最小平均失真度,如果平均失真 $\bar{D}$ 继续增大,$I(U,V)$ 也不会再减小,仍然为 0。也就是说,只要 $\bar{D} \geqslant D_{\max}$,$I(U,V)$ 都将为 0,因此我们只关注 $I(U,V)=0$ 时失真的最小值。

由于平均互信息 $I(U,V)=0$,这说明通过 V 不能获得关于 U 的任何信息,即 U 和 V 统计独立,即 $p(v_j|u_i) = p(v_j)$,因此

$$D_{\max} = \min_{p(v_j|u_i) \in B_D} \{D \mid I(U,V)=0\} = \min_{p(v_j) \in V} \{\bar{D}\}$$

$$= \min_{p(v_j) \in V} \sum_{i=1}^{n} \sum_{j=1}^{m} p(u_i) p(v_j \mid u_i) d(u_i, v_j)$$

$$= \min_{p(v_j) \in V} \sum_{j=1}^{m} p(v_j) \sum_{i=1}^{n} p(u_i) d(u_i, v_j)$$

假设 $\sum_{i=1}^{n} p(u_i) d(u_i, v^*)$ 是 $\sum_{i=1}^{n} p(u_i) d(u_i, v_1), \cdots, \sum_{i=1}^{n} p(u_i) d(u_i, v_m)$ 中最小的那一个,则

$$\sum_{j=1}^{m} p(v_j) \sum_{i=1}^{n} p(u_i) d(u_i, v_j) = p(v_1) \sum_{i=1}^{n} p(u_i) d(u_i, v_1) + \cdots +$$

$$p(v^*) \sum_{i=1}^{n} p(u_i) d(u_i, v^*) + \cdots +$$

$$p(v_m) \sum_{i=1}^{n} p(u_i) d(u_i, v_m)$$

的最小值就是 $\sum_{i=1}^{n} p(u_i) d(u_i, v^*)$。此时在 $p(v_1), p(v_2), \cdots, p(v_m)$ 中,只有 $p(v^*)=1$,其他的均为 0。这就意味着使得平均失真取 $D_{\max}$ 的试验信道(即限失真信源编码方法)也就确定了,该试验信道的特点是

$$p(v_j \mid u_i) = p(v_j),且$$

$$\begin{cases} \sum p(v_j) = 1 & \sum_{i=1}^{n} p(u_i) d(u_i, v_j) = 最小值的 v_j \\ \\ p(v_j) = 0 & \sum_{i=1}^{n} p(u_i) d(u_i, v_j) \neq 最小值的 v_j \end{cases} \tag{7-7}$$

其中 $p(v_j \mid u_i) = p(v_j)$ 表明信道矩阵中元素的值只与 v_j 有关，因此信道矩阵的所有行是相等的，每一行都表示了 V 的分布情况。

此时，信源的最大平均失真度为

$$D_{\max} = \min_{p(v_j) \in V} \sum_{j=1}^{m} p(v_j) \sum_{i=1}^{n} p(u_i) d(u_i, v_j) = \min_{p(v_j) \in V} \sum_{i=1}^{n} p(u_i) d(u_i, v_j) \quad (7\text{-}8)$$

如果系统达到最大平均失真度 $D_{\max}$，则通过 V 不能获得关于 U 的任何信息，即通过试验信道传输的信息量为 0，因此单个符号上携带的信息量也为 0，即信息传输率为 0，即

$$R(D_{\max}) = 0$$

【例 7-7】 已知信源为 $\begin{bmatrix} U \\ P \end{bmatrix} = \begin{bmatrix} -1 & 0 & +1 \\ \dfrac{1}{3} & \dfrac{1}{3} & \dfrac{1}{3} \end{bmatrix}$，失真矩阵为 $\boldsymbol{D}_{ij} = \begin{bmatrix} 1 & 2 \\ 1 & 1 \\ 2 & 1 \end{bmatrix}$，求 $D_{\max}$ 及其对应的信道。

解：由式（7-8）知，最大允许失真度为

$$D_{\max} = \min_{p(v_j) \in V} \sum_{i=1}^{n} p(u_i) d(u_i, v_j)$$

$$= \min\left\{ \frac{1}{3} \times 1 + \frac{1}{3} \times 1 + \frac{1}{3} \times 2 ; \frac{1}{3} \times 2 + \frac{1}{3} \times 1 + \frac{1}{3} \times 1 \right\} = \frac{4}{3}$$

由式（7-7）知，试验信道为 $\boldsymbol{P} = \begin{pmatrix} p & 1-p \\ p & 1-p \\ p & 1-p \end{pmatrix}$，其中 $0 \leqslant p \leqslant 1$。之所以试验信道的每一行

均为 $\begin{bmatrix} p & 1-p \end{bmatrix}$，是因为无论 v_j 取值如何，$\sum\limits_{i=1}^{n} p(u_i) d(u_i, v_j)$ 相等且均为最小值。

【例 7-8】 信源为 $\begin{bmatrix} U \\ P \end{bmatrix} = \begin{bmatrix} 0 & 1 \\ \omega & 1-\omega \end{bmatrix}$，其中 $\omega \leqslant 1/2$，失真函数为汉明失真 $\boldsymbol{D}_{ij} = \begin{bmatrix} 0 & 1 \\ 1 & 0 \end{bmatrix}$，求 $D_{\max}$ 及其对应的信道。

解：由式（7-8）知，最大允许失真度为

$$D_{\max} = \min_{p(v_j) \in V} \sum_{i=1}^{n} p(u_i) d(u_i, v_j) = \min\{\omega \cdot 0 + (1-\omega) \cdot 1; \omega \cdot 1 + (1-\omega) \cdot 0\} = \omega$$

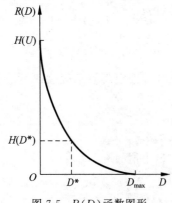

图 7-5 $R(D)$ 函数图形

由式（7-7）知，试验信道为 $\boldsymbol{P} = \begin{bmatrix} 0 & 1 \\ 0 & 1 \end{bmatrix}$。

3. $R(D)$ 函数的性质

$R(D)$ 函数图形如图 7-5 所示，从图中能够看出 $R(D)$ 函数的性质：

（1）$R(D_{\min}) \leqslant H(U)$，$R(D_{\max}) = 0$。

（2）下凸性。$R(D)$ 函数是允许失真 D 的下凸函数。

（3）连续性。$R(D)$ 函数是 D 的连续函数。

（4）单调递减性。随着 D 的增大，$R(D)$ 函数的值在减小。

【注意】 图 7-5 给出了 $R(D)$ 和 D 之间关系的一种趋势,至于两者之间到底是什么样的函数关系,即 $R(D)$ 函数到底是什么样的,这个问题解决起来比较困难,有兴趣的同学可以参考相关资料自学。

7.2.3 信息率失真函数和信道容量的关系

信息率失真函数给出了当满足保真度准则时,平均每个信源符号带有的信息量的最小值。而试验信道的信道容量 C 是平均每个信源符号带有的信息量的最大值。因此只有当 $R(D) < C$ 时,才能找到至少一个试验信道(即一种限失真信源编码方法)满足保真度准则的要求。更确切一些,该种限失真信源编码方法的实际信息传输率 R 要在 $R(D)$ 和 C 之间,下面的限失真信源编码定理更清楚地表明了 R 和 $R(D)$ 之间的关系。

7.2.4 限失真信源编码定理(香农第三定理)

【定理 7-1】(限失真信源编码定理、香农第三定理) 设 $R(D)$ 为离散无记忆信源 U 的信息率失真函数,R 为信息传输率,D 为允许失真,则当信息率 $R > R(D)$ 时,只要信源序列长度 L 足够长,一定存在一种编码方法,其译码平均失真小于或等于 $D + \varepsilon$,ε 为任意小的正数;反之,若 $R < R(D)$,则无论采用什么样的编码方法,其译码失真必大于 D。

如果是二元信源,对于任意小的 $\varepsilon > 0$,信源符号的平均码长满足如下公式

$$R(D) \leqslant \bar{L} < R(D) + \varepsilon$$

该定理的含义有两点:

(1) 该定理说明在允许失真 D 确定后,满足保真度准则的编码方法总是存在的,但并未给出编码步骤。即该定理证明了编码方法的存在性。

(2) 在给定允许失真 D 的情况下,实际信息率 R 的下限值,或信源信息压缩的下限值,就是 $R(D)$。不能再比 $R(D)$ 小了,否则将不满足保真度准则。

7.3 量化编码

7.3.1 量化编码的主要作用

连续信源限失真信源编码的主要方法是量化,所谓量化就是把连续信号(又称为模拟信号)变为离散信号的过程,所以量化也可称为数字化,量化后的信号也可称为数字信号。这种转换必将引入失真。

量化的目标是使这种失真尽量小。常用的量化方法有标量量化和矢量量化两种。所谓标量量化,是指每次只量化一个模拟样本值,故又称零记忆量化。矢量量化是把多个样本值联合起来形成多维矢量后再量化。

7.3.2 均匀量化

均匀量化是最简单的一种标量量化方法,又叫作线性量化。均匀量化的过程如图 7-6 所示,假设待编码的连续信源 $x = Q(t)$ 的幅度范围为 $[a_0, a_n]$,a_0 可为负无限,a_n 可为正无限。将 $[a_0, a_n]$ 均分为 n 个子区间,取每个子区间 $[a_i, a_{i+1}]$ 的中点值作为量化值

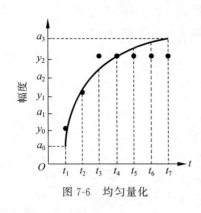

图 7-6　均匀量化

$$y_i = \frac{a_i + a_{i+1}}{2}$$

例如图 7-6 中 t_2 时刻，连续信号的值处在 $[a_1, a_2]$ 区间，因此 t_2 时刻连续信号的值被量化为 y_1。最终 $x = Q(t)$ 这个连续信号被量化为图 7-6 中的 7 个黑点。

这种量化之所以被称为"均匀"量化，是因为分割区间 $[a_0, a_n]$ 时是均分。

【注意】　从图 7-6 还能够看出量化的过程，即将模拟信号（连续信号）变为数字信号（离散信号）的过程实际上需要经过两步：

（1）抽样。在时间轴上取若干个点 $t_1, t_2, \cdots, t_N$（通常是等间隔取），这些时间点对应的信号值为 $x_1, x_2, \cdots, x_N$，这就是抽出来的样本值，称为离散时间信号。此时 $x_1, x_2, \cdots, x_N$ 已经是离散的了，但此时还不能叫作离散信号，这是因为每一个 x_i 的取值范围为 $[a_0, a_n]$ 这个区间，即 $x_i \in [a_0, a_n]$。

（2）离散化。对每一个 x_i 按照某种规则离散化为 $\{y_0, y_1, \cdots, y_{n-1}\}$ 这个集合中的一个值，此时得到的信号 $y_1, y_2, \cdots, y_N$ 就是离散信号。$y_1, y_2, \cdots, y_N$ 中的每一个 y，均来自集合 $\{y_0, y_1, \cdots, y_{n-1}\}$。

均匀量化的量化误差为

$$e_i = x_i - y_i$$

均方误差为

$$\sigma_e^2 = \frac{1}{N}\sum_{i=1}^{N}(x_i - y_i)^2$$

信噪比（Signal Noise Rate, SNR）为

$$\text{SNR} = 10\log \frac{\dfrac{1}{N}\sum\limits_{i=1}^{N}x_i^2}{\dfrac{1}{N}\sum\limits_{i=1}^{N}(x_i - y_i)^2} = 10\log \frac{\sigma^2}{\sigma_e^2}$$

【注意】　量化误差是一个失真函数。均方误差是一个序列失真。信噪比 SNR 也可以理解为一个序列失真，无论在科学研究中，还是在工程实践中都是一个常用的衡量误差大小的量。它其实就是用信号 $\dfrac{1}{N}\sum\limits_{i=1}^{N}x_i^2$ 除以噪声 $\dfrac{1}{N}\sum\limits_{i=1}^{N}(x_i - y_i)^2$，因此称为"信噪比"。但是，信噪比不同于一般的失真度量，一般的失真度量是失真越大函数值也越大，而信噪比正好相反，失真越大信噪比越小。

7.3.3　最优量化

将样本值量化总是要带来误差的，因此，人们在设计量化器时，总希望误差越小越好，即寻求最优量化误差。所谓最优量化，就是使量化的均方误差 σ_e^2 最小或者信噪比 SNR 最大的量化。一般来讲，要得到 σ_e^2 的最小值或者 SNR 的最大值，区间的分割是不均匀的，因此

最优量化一般属于非均匀量化。

7.3.4 矢量量化编码

回想第 6 章介绍的算术编码和 LZW 编码,它们的共同点是对信源序列进行编码,这样可以提高编码效率。受到这种思想的启发,可以把多个样本值联合起来形成多维矢量后再量化,这种量化称为矢量量化。

矢量量化的优点是:自由度更大,更灵活,编码效率可进一步提高。

矢量量化的缺点是:高维矢量很复杂,目前缺少有效的数学工具;而且联合概率也不易测定。

7.4 预测编码

在第 3 章介绍信源时提到,由于有记忆信源输出的信源符号之间具有相关性,使得信源存在冗余。如图 7-7(a)所示,图中两条横线分别代表两条消息的信息量,也就是两条消息的比特长度,由于两条消息具有相关性,因此两条横线有重叠部分,如果这两条消息不经处理直接传输,则需要传送的数据长度是 $a+2b+c$,很明显,相关部分被重复传输了两次。

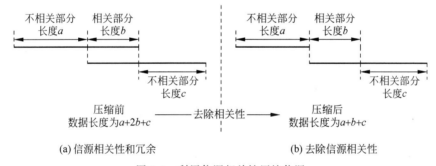

图 7-7 利用信源相关性压缩信源

因此信源编码可以通过去除信源相关性,剔除冗余,以达到压缩的目的,换句话说,可以利用信源相关性压缩信源。如图 7-7(b)所示,图中原来重复的相关部分通过信源编码只保留了一次,这样需要传送的数据长度降低为 $a+b+c$。

利用信源相关性压缩信源有两种主要方法:预测编码和变换编码。

7.4.1 预测编码的基本原理和方法

既然信源存在相关性,因此可以利用已经出现的信源符号预测将要出现的信源符号。假设有记忆信源的记忆长度为 k,信源输出序列为 $u_0 u_1 u_2 \cdots u_i \cdots$,将 i 时刻的预测值表示为 $\hat{u}_i$,则

$$\hat{u}_i = f(u_{i-k}, \cdots, u_{i-2}, u_{i-1})$$

其中 $f()$ 是预测函数。根据预测函数的不同,常用预测方法有线性预测、最优预测、自适应

预测等。

线性预测中

$$\hat{u}_i = a_k u_{i-k} + \cdots + a_2 u_{i-2} + a_1 u_{i-1} = \sum_{j=1}^{k} a_j u_{i-j}$$

其中 a_j 称为预测系数。最优预测要求选择合适的预测系数，使得预测误差最小，常用的误差是均方误差。自适应预测的预测系数不是固定的，在不断地随着信源特征而变化，通常这样可以得到较为理想的输出。

虽然可以根据已经出现的信源符号预测将要出现的信源符号，但是由于信源还存在不确定性，因此一般来讲预测值 $\hat{u}_i$ 与 i 时刻的实际值 u_i 是不相同的。假设它们之间的差值为 $e_i = u_i - \hat{u}_i$，预测编码就是对差值序列 $e_1 e_2 \cdots e_i \cdots$ 编码。

7.4.2 预测编码能够限失真压缩信源的原因

为什么对差值 e_i 编码就能够压缩信源呢？由于信源存在相关性，因此可以得到预测值 $\hat{u}_i$。换句话说，信源相关性就体现在预测值 $\hat{u}_i$ 上。在差值 $e_i = u_i - \hat{u}_i$ 中，将预测值 $\hat{u}_i$ 减去，就剪掉了相关性。去除相关性就压缩了信源。

7.4.3 DPCM 编译码原理

差分脉冲编码调制（Differential Pulse-Code Modulation，DPCM）是一种常用的预测编码方法。其 i 时刻的预测值等于前一时刻（$i-1$ 时刻）的实际值，即 $\hat{u}_i = u_{i-1}$。

DPCM 的编码过程为：如果 $e_i = u_i - \hat{u}_i = u_i - u_{i-1} \geqslant 0$，即 $u_i \geqslant u_{i-1}$，则第 i 时刻编码为 1；否则编码为 0。

DPCM 的译码过程为：如果码字为 1，则信号增加一个固定的幅度 Δ；如果码字为 0，则减少一个固定的幅度 Δ。

【例 7-9】　如图 7-8 所示，图(a)中的曲线是待编码的数据，试对其进行 DPCM 编译码。

解：编码过程如图 7-8(a)所示：

(1) 以等间隔抽样，抽样值为 $[u_0, u_1, u_2, \cdots]$。

(2) 确定每个时间点的编码值。以 t_3 时刻为例，由于此时 $u_3 > \hat{u}_3 = u_2$，因此编码为 1。整条曲线的 DPCM 编码输出（即码字）为 1111000011…

译码过程如图 7-8(b)所示。在 t_1 时刻，由于码字中的第 1 个符号为"1"，因此 t_1 时刻信号要增加一个固定的幅度 Δ；在 t_2 时刻，由于码字中的第 2 个符号为"1"，因此 t_2 时刻信号要再增加一个固定的幅度 Δ；…。译码完成之后的结果如图 7-8(b)中的折线所示。

【注意】　从图 7-8(b)能够发现，译码之后的数据（折线）与编码之前的数据（虚线）差别较大，即编码方法的失真较大，如何才能减小这种失真呢？

解：直观的考虑是提高采样频率，同时相应减小 Δ。其实这种直观的考虑是有理论依据的，采样频率越高，相邻两个采样点之间的差别越小，即相关性越强。DPCM 这种预测编码方法就是利用信源相关性对信源进行编码的，因此相关性越强，编码效果越好。

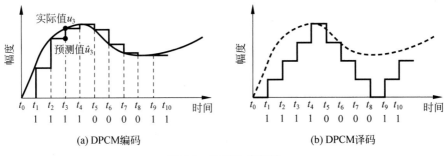

图 7-8 DPCM 编译码

7.5 变换编码

如前所述,变换编码是利用信源相关性压缩信源的另一种重要方法。"变换"二字来源于这种编码方法要将信号变换成另外一种表示形式。

7.5.1 变换编码的基本原理

先用两个例子说明"变换"的含义。

【**例 7-10**】 图 7-9 给出了一个直观的变换编码的例子,a 是平面上的一个向量,在二维坐标中将其分解到 x 轴和 y 轴上,长度分别为 1 和 2,则 a 可以用(1,2)表示。

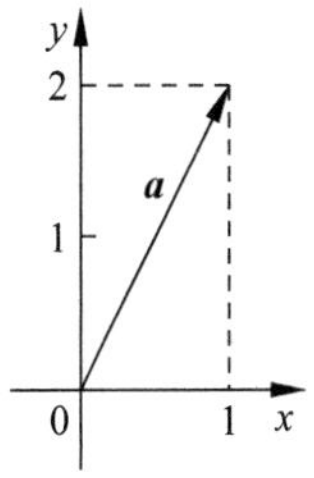

说明:这个笛卡儿坐标的例子能够表明变换编码的基本原理,由"向量 a"到"(1,2)"的过程就是一个变换的过程,这种变换称为"频域变换"。这其中:

(1)a 是空间中一个看得见摸得着的信号,称为一个空间域(简称空域)数据。

(2)在频域变换中,x 轴和 y 轴是两个"基",合在一起称为一组基。由于 x 轴和 y 轴互相垂直,因此称为一组正交基。

(3)向量 a 分解到 x 轴和 y 轴上的长度分别为 1 和 2,即 $a = 1 \cdot x + 2 \cdot y$,则 1 和 2 分别称为基 x 和基 y 的系数。

(4)系数构成的序列(1,2)称为频域数据。

即将空域数据 a 变换为频域数据(1,2),所用的基为 x 轴和 y 轴。

【**例 7-11**】 图 7-10 进一步解释了变换编码的原理,(a)表示信号 5,(b)表示信号 $5\sin(x)$,(c)表示信号 $0.5\sin(6x)$,(d)是将(a)、(b)、(c)三个信号相加之后的信号,即它可以表示为 $5 + 5\sin(x) + 0.5\sin(6x)$。

说明:这个例子进一步表明了变换编码的基本原理:

(1)信号(d)随时间发生变化,称为时间域(简称时域)数据,在频域变换中不区分空域数据和时域数据,认为它们都是待编码的数据。

(2)$\sin(x)$ 和 $\sin(6x)$ 是一组正交基,之所以两者正交,是因为两者的内积 $\int_{-\infty}^{+\infty} \sin(x)\sin(6x)\mathrm{d}x = 0$。图 7-9 中的 x 轴和 y 轴内积也为 0,因为 x 轴可以表示为 $(x,0)$,

图 7-9 笛卡儿坐标中的变换

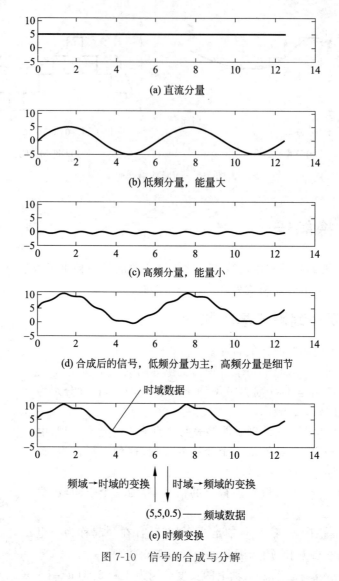

图 7-10　信号的合成与分解

y 轴可以表示为 $(0,y)$，也是一组正交基。只有两两正交的向量，才能作为一组基，才能彻底去除系数之间的相关性。

（3）5 是基 $\sin(x)$ 的系数，0.5 是基 $\sin(6x)$ 的系数，因此信号（d）对应的频域数据就是 $(5,5,0.5)$，其中第一个 5 表示的是不发生变化的信号（a），由于它不发生变化，因此称为 （d）的直流分量，直流分量实际上就是信号的均值。

（4）$\sin(x)$ 和 $\sin(6x)$ 相比，$\sin(x)$ 变化的慢，$\sin(6x)$ 变化的快，因此 5 是低频系数，0.5 是高频系数。

（5）频域数据中信号的幅度代表了信号的能量。（b）的幅度大（为 5），表示该信号能量大，（c）的幅度小（为 0.5），表示该信号能量小。由于信号（d）的低频系数大于高频系数，因此（d）的能量主要集中在低频。

（6）信号（d）与信号（b）非常相似，这说明低频表示信号大体的趋势，信号（d）的细微弯曲是由（c）产生的，这说明高频表示信号的细节。这与（5）中所说的能量是一致的，由于能量集中在低频,因此信号(d)与低频分量(b)相似。

从这两个例子可以看到,变换编码的核心在于频域变换。要对信号进行频域变换需要先确定一组正交基,然后将信号用这组正交基表示出来,直流分量和基的系数放在一起就是频域数据。选择的正交基不同,就产生了不同的频域变换。通常,由时域到频域的变换称为频域变换,由频域到时域的变换称为逆频域变换或者逆变换。

7.5.2　变换编码能够限失真压缩信源的原因

变换编码能够压缩信源,有两个方面的主要原因。

1. 利用信源相关性压缩信源

频域变换将信源的相关性按"层"分解了。以图 7-10 为例,信号(d)大体趋势上的相关性被分解到了 $\sin(x)$ 这个低频层,细节上的相关性被分解到了 $\sin(6x)$ 这个高频层,每一层上的相关性仅用一个实数表示。使得 $5+5\sin(x)+0.5\sin(6x)$ 这个非常复杂的信号,仅用 $(5,5,0.5)$ 三个实数就可以表示,大大压缩了数据量。

这同时也说明正交基的选取是非常关键的。选得好,各个层上的相关性得到正确分割,数据可以被大大压缩;选不好,各个层上相关性仍然交织在一起,表示起来仍然非常复杂,数据很难被压缩。

2. 舍弃高频系数

频域变换虽然能够压缩信源,但频域变换只是变换编码中的一个步骤。下面通过一个例子表明变换编码的基本过程。

【例 7-12】　接例 7-11。如图 7-11 所示,信号(d)经过频域变换之后的数据为 $(5,5,0.5)$,其中的 0.5 是高频分量的系数,前面已经讲过,高频分量仅影响信号的细节,因此可以将高频分量去掉而不影响信号的大体趋势,对应在这三个系数上就是保留前两个系数,丢弃高频系数 0.5,这样(d)这一个比较复杂的信号就被编码成了两个实数 $(5,5)$。由 $(5,5)$ 经过逆变换得到被还原后的信号,可以看到被还原后的信号和编码之前的(d)信号大体趋势相同,但是被还原后的信号舍弃了细节。两者不同,说明编码过程有失真,但这种失真仅表现在细节上。

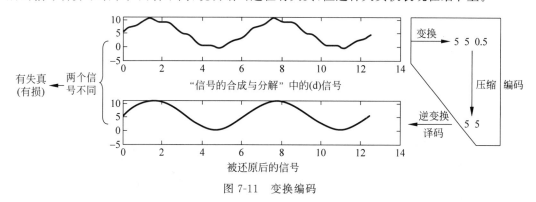

图 7-11　变换编码

说明:将信号(d)变为 $(5,5)$ 的过程就是变换编码的过程;由 $(5,5)$ 重构信号的过程就是译码的过程。

可见,变换编码能够限失真压缩信源的原因有两点:

(1) 频域变换将信源的相关性按"层"分解了。

（2）舍弃掉部分高频系数。

需要注意的是，被舍弃的高频系数不能随意选取，要根据实际应用的需要选取。例如，如果进行图像的压缩，要根据人眼视觉特点，舍弃掉人眼感觉不到的高频系数。

7.5.3 变换编码的广泛应用

变换编码广泛应用于图像、视频和声音等多媒体数据的压缩。如前所述，正交基的选取对频域变换起着关键作用。不同的正交基对应不同的频域变换，目前常用的频域变换有卡胡南-列夫变换（Karhimen-Loeve Transform，KLT）、离散余弦变换（Discrete Cosine Transform，DCT）、离散傅里叶变换（Discrete Fourier Transform，DFT）、离散小波变换（Discrete Wavelet Transform，DWT）等。

傅里叶变换把一个输入信号分解成很多正弦波的叠加，与例 7-11 给出的例子基本类似。图 7-12 给出一个方波信号的拟合过程。图 7-12(a)中，只用 1 条正弦波拟合，根本看不出方波的形态。随着更高频率、更小幅度的正弦波逐渐加入，方波的形态愈发明显，直至图 7-12(e)中叠加出来的信号就是方波。

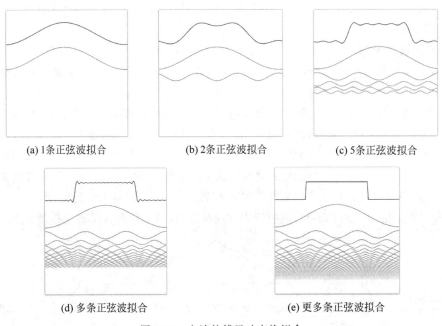

(a) 1条正弦波拟合　　　　(b) 2条正弦波拟合　　　　(c) 5条正弦波拟合

(d) 多条正弦波拟合　　　　(e) 更多条正弦波拟合

图 7-12　方波的傅里叶变换拟合

DCT 变换以其较好的能量紧凑性、存在快速算法等优点也得到了广泛的应用。如电视电话/会议视频编码标准 H. 261 和 H. 263；静态图像编码标准 JPEG；视频编码标准 MPEG1、MPEG2、MPEG4 等。图 7-13 给出 DCT 的一组基及图像分解。其中图 7-12(a)给出 8×8 个基，用于 8×8 图像的分解，其实每个基也是一个 8×8 的图像。从左上角到右下角，基图像的频率越来越高，即变化越来越快。图 7-13(b)利用图 7-13(a)中的基，对符号 "A" 的图像进行分解。与图 7-13(a)相比，图 7-13(b)中的基图像有明暗变化，这表示基的系数的大小。有的基与图 7-13(a)中的基还是相反的，这说明它们的系数是负数。因为有 8×8 个基，所以也会有 8×8 个系数，这些系数构成图像分解的系数矩阵，与原图像大小相同。

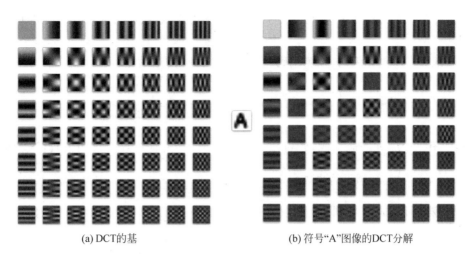

(a) DCT的基　　　　　　　　　(b) 符号"A"图像的DCT分解

图 7-13　DCT 的一组基及图像分解

7.6　本章小结

本章讲的是限失真信源编码,分理论和方法两部分,见表 7-1。

表 7-1　本章小结

理论	试验信道:将限失真信源编码的过程看作一次信息传输的过程,编码之前的数据经过一个有干扰的信道之后变为编码之后的数据			
	失真函数 $d(u_i,v_j) \geqslant 0$	失真矩阵 $\boldsymbol{D}_{ij}$	序列失真 $d(S,Y) = \dfrac{1}{N}\sum\limits_{l=1}^{N} d(s_l,y_l)$	平均失真 $\overline{D} = \sum\limits_{i=1}^{n}\sum\limits_{j=1}^{m} p(u_i,v_j)d(u_i,v_j)$ $= \sum\limits_{i=1}^{n}\sum\limits_{j=1}^{m} p(u_i)p(v_j\mid u_i)d(u_i,v_j)$
	保真度准则: $\overline{D} \leqslant D$,其中 D 是给定的			
	信息率失真函数 $R(D) = \min\limits_{p(v_j\mid u_i)\in B_D}\{I(U;V)\}$	$R(D)$ 已经是信息传输率的最小值,不能再小了。如果再小,系统将不满足保真度准则的要求		
		$D_{\min} = \sum\limits_{i=1}^{n}\left[p(u_i)\min\limits_{v_j\in V}d(u_i,v_j)\right]$		$D_{\max} = \min\limits_{p(v_j)\in V}\sum\limits_{i=1}^{n} p(u_i)d(u_i,v_j)$
		试验信道: $\sum\limits_{\text{所有}d(u_i,v_j)\text{取最小值的}v_j} p(v_j\mid u_i)=1$		试验信道: $p(v_j\mid u_i)=p(v_j)$,且 $\sum\limits_{\text{所有}\sum\limits_{i=1}^{n}p(u_i)d(u_i,v_j)\text{取最小值的}v_j} p(v_j)=1$
	限失真信源编码定理(香农第三定理): $R(D) \leqslant \overline{L} < R(D)+\varepsilon$			

方法		原理	方法
	量化编码	将连续信号变为离散信号	均匀量化、最优量化、矢量量化
	预测编码	去除信源相关性	DPCM
	变换编码	将信道变换到频域,去掉高频系数	DCT、DFT、小波

理论部分讲了失真的度量、保真度准则、信息率失真函数、限失真信源编码定理（香农第三定理）。

方法部分讲了量化编码、预测编码、变换编码三种编码方法。

7.7　习题

7-1　有一个二元等概信源，经过限失真信源编码，失真矩阵为汉明失真，试验信道为

$$\boldsymbol{P}_{V|U} = \begin{pmatrix} 1-\varepsilon & \varepsilon \\ \varepsilon & 1-\varepsilon \end{pmatrix}$$，则平均失真＝_____。

7-2　要满足保真度准则，信息传输率 R 必须_____（大于或者小于）信息率失真函数 $R(D)$。

7-3　预测编码和变换编码都是利用信源_____性压缩信源。

7-4　设有离散信道，信源符号集为 $X = \{x_1, x_2, \cdots, x_r\}$，接收符号集为 $Y = \{y_1, y_2, \cdots, y_s\}$，且 $r = s$，定义单个符号失真度为

$$d(x_i, y_j) = \begin{cases} 0, & i = j \\ 1, & i \neq j \end{cases}$$

求失真矩阵 $\boldsymbol{D}_{ij}$。

7-5　设有删除信道，信源符号集 $X = \{x_1, x_2, \cdots, x_r\}$，接收符号集 $Y = \{y_1, y_2, \cdots, y_s\}$，$s = r + 1$。定义它的单个符号失真度为

$$d(x_i, y_j) = \begin{cases} 0, & i = j \\ 1, & i \neq j \quad \text{（除 } j = s \text{ 以外的一切 } i, j） \\ 1/2, & i \neq j, j = s \end{cases}$$

其中，接收符号 y_s 作为一个删除符号。求失真矩阵 $\boldsymbol{D}_{ij}$。

7-6　若有一信源 $\begin{bmatrix} S \\ P \end{bmatrix} = \begin{bmatrix} s_1 & s_2 \\ 0.5 & 0.5 \end{bmatrix}$，每秒发出 2.66 个信源符号，将此信源的输出符号送入某二元无噪无损信道中进行传输，而信道每秒只传递两个二元符号。

（1）试问信源能否在此信道中进行无失真传输；

（2）若此信源失真度测量定义为汉明失真，问允许信源平均失真多大时，此信源就可以在此信道中传输。

7-7　某二元信源

$$\begin{bmatrix} X \\ P \end{bmatrix} = \begin{bmatrix} 0 & 1 \\ \dfrac{1}{2} & \dfrac{1}{2} \end{bmatrix}$$

其失真矩阵为

$$\boldsymbol{D}_{ij} = \begin{bmatrix} 0 & \alpha \\ \alpha & 0 \end{bmatrix}$$

求这个信源的 $D_{\max}$、$D_{\min}$ 及其对应的试验信道。

7-8　若无记忆信源为

$$\begin{bmatrix} X \\ P \end{bmatrix} = \begin{bmatrix} -1 & 0 & 1 \\ \dfrac{1}{3} & \dfrac{1}{3} & \dfrac{1}{3} \end{bmatrix}$$

接收符号集为 $Y = \left\{ -\dfrac{1}{2}, \dfrac{1}{2} \right\}$，其失真矩阵为

$$\mathbf{D}_{ij} = \begin{bmatrix} 1 & 2 \\ 1 & 1 \\ 2 & 1 \end{bmatrix}$$

求信源的最大平均失真度和最小平均失真度，并求选择何种信道可达到该 $D_{\max}$ 和 $D_{\min}$ 的失真。

7-9 某信源含有三个消息，概率分布为 0.2、0.3、0.5，失真矩阵为

$$\mathbf{D}_{ij} = \begin{bmatrix} 4 & 2 & 1 \\ 0 & 3 & 2 \\ 2 & 0 & 1 \end{bmatrix}$$

求 $D_{\max}$ 和 $D_{\min}$。

7-10 利用 $R(D)$ 的性质，画出一般 $R(D)$ 的曲线并说明其物理意义。试问为什么 $R(D)$ 是非负且非增的？

7-11 编码前后信源符号均为 0 和 1，失真矩阵定义为

$$\mathbf{D} = \begin{bmatrix} 0 & \infty \\ 1 & 0 \end{bmatrix}$$

右上角"∞"的含义是不允许用 1 来表示 0。设编码前随机变量 X 的概率分布为 $p(0) = p(1) = 1/2$，并令 $R(D)$ 表示随机变量 X 的信息率失真函数。求

(1) $R(0)$ 的值是多少？

(2) 使得 $R(D_0) = 0$ 的最小 D_0 是多少？

7-12 在题图 7-1 中标出信号均匀量化之后的结果。

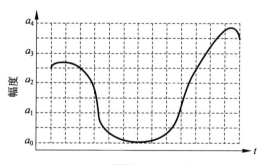

题图 7-1

第 8 章

信 道 编 码

在工程实践中,信道上总是存在着噪声,噪声的存在使得经过信道传输的数据有可能发生错误。如何只根据接收到的数据,就能将这种错误纠正过来,是信道编码要解决的问题,即要解决通信的可靠性问题。本书中讨论的纠错编码均为二元码。

8.1 信道编码的基本概念

8.1.1 编译码规则、检纠错能力

与信源编码一样,信道编码也包含编码器和译码器两部分。但是由于信道编码和信源编码的目的不同,两者存在非常大的差别,表 8-1 概括了这些差别,可见两者在目的、指标、编译码之间的关系等都是不一样的。

表 8-1　信道编码和信源编码的区别

	信 源 编 码	信 道 编 码
目的	压缩,通过去除信源冗余实现	纠错,通过引入冗余实现
主要指标	平均码长	平均错误译码概率
影响主要指标的因素	编码方法	编码方法、译码方法
编译码之间的关系	一个编码方法对应一个译码方法,译码是编码的逆过程	一个编码方法可能对应多个译码方法,在这多个译码方法中有一个能使平均错误译码概率最小

下面举两个例子说明信道编码的基本过程。

【例 8-1】 奇偶校验码是一种简单而又常用的信道编码方法。分为奇校验和偶校验。

说明:比如偶校验,它的编码规则为在一个字节中,前 7 位为数据,最后一位为校验位,如果前 7 位的和为奇数,则校验位为 1;如果前 7 位的和为偶数,则校验位为 0。换句话说,校验位使得一个字节的 8 位数加起来一定是偶数。

偶校验的译码规则为如果收到的一字节数据的 8 位的和为偶数,则认为数据中没有错误;如果和为奇数,则认为数据在传输过程中发生了错误,至于是第几位发生错误,不能确定。

可见,

（1）校验位就是人为加入的冗余,正是由于校验位(冗余)的存在,使得奇偶校验码具有检错能力。

（2）奇偶校验码只具有检错能力而不具有纠错能力,这是因为它只能发现错误,而不能纠正错误。

（3）当8位中只有1位发生错误的时候,奇偶校验码可以发现;当有2位发生错误的时候,奇偶校验码不能发现,它会认为这是一个正确的码字。即奇偶校验码只能检测1位错误,因此奇偶校验码的检错能力为1位。

【例8-2】　重复编码也是一种常用的信道编码方法。试分析其中的一次重复编码和三次重复编码。

说明：假设要传输二元数据0、1。

1. 一次重复编码

一次重复编码实际上是不进行信道编码,将数据直接发送出去,即信道编码规则为

$$0 \rightarrow 0、1 \rightarrow 1$$

译码规则为

$$0 \rightarrow 0、1 \rightarrow 1$$

可见,一次重复编码：

（1）没有冗余。

（2）如果接收的某一位发生错误,一次重复编码既不能检测到,更不能纠正,因此一次重复编码不具有检错/纠错能力。

2. 三次重复编码

三次重复编码的编码规则为

$$0 \rightarrow 000、1 \rightarrow 111$$

译码规则采用大数译码法则：

$$000,001,010,100 \rightarrow 0、111,110,101,011 \rightarrow 1$$

可见,三次重复编码

（1）有2位冗余。

（2）当一个码字的3个位中有1位或者2位发生错误时,接收者都能够知道该码字在传输过程中发生了错误,因此三次重复编码可以检2位错。

（3）当一个码字的3个位中有1位发生错误时,能够正确译码;当有2位发生错误时,不能正确译码,因此三次重复编码可以纠1位错。例如,发送者发送的是0,编码为000,如果传输过程中发生1位错,接收者接收到的是100,则译码为0,译码正确;如果传输过程中发生2位错,接收者接收到的是101,则译码为1,译码错误。

8.1.2　平均错误译码概率

1. 平均错误译码概率

信道编码的主要指标是平均错误译码概率,通过一个例子来理解平均错误译码概率的含义。

【例8-3】　对于例8-2中的三次重复编码,假设信源输出的两个符号为等概率分布,即

$$\begin{bmatrix} X \\ P \end{bmatrix} = \begin{bmatrix} 0 & 1 \\ \dfrac{1}{2} & \dfrac{1}{2} \end{bmatrix}$$

信源符号经过三次重复编码后在信道上传输，信道矩阵为

$$\boldsymbol{P} = \begin{bmatrix} 0.99 & 0.01 \\ 0.01 & 0.99 \end{bmatrix}$$

试计算此时的平均错误译码概率。

解：先分析有哪些错误译码的情况，如图 8-1 所示。

可见有 8 种传输错误能够引起译码错误，所有这 8 种错误发生的概率的平均值就是平均错误译码概率 P_e，

$$P_e = p(0) \times 0 \text{ 被译错的概率} + p(1) \times 1 \text{ 被译错的概率}$$

$$= 2\left(\frac{1}{2}(0.01^3 + 3 \times 0.01^2 \times 0.99)\right) = 0.0003$$

从这个例子能够看出，平均错误译码概率就是所有可能发生译码错误的概率的平均值，因此

$$P_e = \sum_{i=1}^{n} p(x_i) p_{ei} \tag{8-1}$$

其中，$p(x_i)$ 是信源符号 x_i 的概率，p_{ei} 是信源符号 x_i 被错误译码的概率。

2. 平均错误译码概率与编码规则有关

【例 8-4】 对例 8-3 中的信源和信道，如果进行一次重复编码，平均错误译码概率是多少？并与例 8-3 中的结果进行比较。

解：对一次重复编码，错误译码的所有情况如图 8-2 所示。

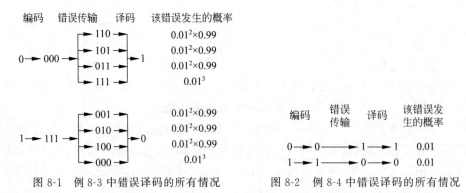

图 8-1 例 8-3 中错误译码的所有情况　　图 8-2 例 8-4 中错误译码的所有情况

因此平均错误译码概率为

$$P_e = \sum_{i=1}^{2} p(x_i) p_{ei} = \frac{1}{2} \times 0.01 + \frac{1}{2} \times 0.01 = 0.01$$

与例 8-3 比较之后能够看出，当采用不同的编码规则的时候，得到的平均错误译码概率是不一样的。因此平均错误译码概率与编码规则有关。

3. 平均错误译码概率与译码规则也有关系

【例 8-5】 一个二进制对称信道的信道矩阵和信源分别为

$$P = \begin{bmatrix} \dfrac{1}{4} & \dfrac{3}{4} \\ \dfrac{3}{4} & \dfrac{1}{4} \end{bmatrix}, \quad \begin{bmatrix} X \\ P \end{bmatrix} = \begin{bmatrix} 0 & 1 \\ p & 1-p \end{bmatrix}$$

信源符号不经过任何编码,直接在该信道上传输,采用两种不同的译码规则

译码规则1:$0 \to 0$、$1 \to 1$

译码规则2:$0 \to 1$、$1 \to 0$

试分别计算这两种不同译码规则的平均错误译码概率。

解:译码规则1中错误译码的所有情况如图8-3所示,因此平均错误译码概率为

$$P_e = \sum_{i=1}^{2} p(x_i) p_{ei} = \frac{3}{4} p + \frac{3}{4}(1-p) = \frac{3}{4}$$

译码规则2中错误译码的所有情况如图8-4所示,因此平均错误译码概率为

$$P_e = \sum_{i=1}^{2} p(x_i) p_{ei} = \frac{1}{4} p + \frac{1}{4}(1-p) = \frac{1}{4}$$

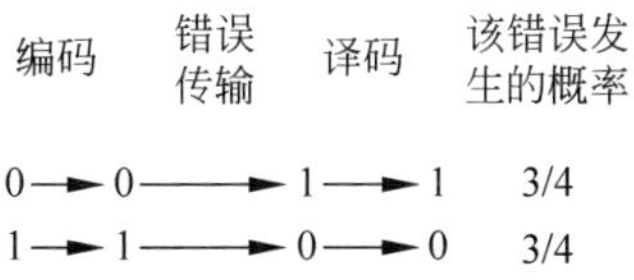

编码	错误传输	译码	该错误发生的概率
$0 \to 0$	$\longrightarrow$	$1 \to 1$	3/4
$1 \to 1$	$\longrightarrow$	$0 \to 0$	3/4

图8-3 译码规则1中错误译码的情况

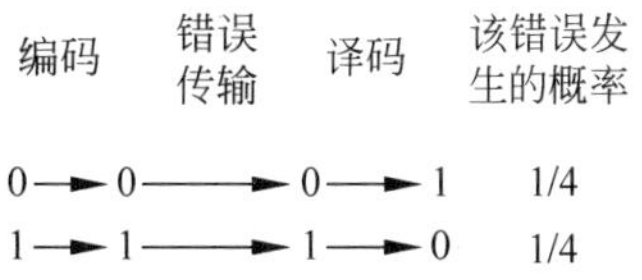

编码	错误传输	译码	该错误发生的概率
$0 \to 0$	$\longrightarrow$	$0 \to 1$	1/4
$1 \to 1$	$\longrightarrow$	$1 \to 0$	1/4

图8-4 译码规则2中错误译码的情况

由例8-5能够看出,在同样的编码规则下,不同译码规则的平均错误译码概率是不一样的。因此平均错误译码概率与译码规则也有关系。

8.2 译码规则

既然译码规则对平均错误译码概率有影响,因此有必要对译码规则作出研究。

【定义8-1】 设信道输入符号集为 $X = \{x_1, x_2, \cdots, x_n\}$,输出符号集为 $Y = \{y_1, y_2, \cdots, y_m\}$,若对每一个输出符号 y_j 都有一个确定的函数 $F(y_j)$,使 y_j 对应于唯一的一个输入符号 x_i,则称这样的函数为译码规则,记为

$$F(y_j) = x_i \tag{8-2}$$

平均错误译码概率与译码规则有关,是否有一种译码规则能够使平均错误译码概率 P_e 最小呢?在不考虑编码规则的情况下,极大似然译码能够使平均错误译码概率 P_e 达到最小。

【定义8-2】 选择译码函数 $F(y_j) = x^*$,使之满足条件

$$p(y_j \mid x^*) p(x^*) \geqslant p(y_j \mid x_i) p(x_i)$$

则称这种译码规则为极大似然译码规则。

极大似然译码能够使平均错误译码概率最小,这是因为

$$P_e = \sum_{i=1}^{n} p(x_i) p_{ei} = \sum_{x_i \in X} p(x_i) \sum_{y_j \in Y, F(y_j) \neq x_i} p(y_j \mid x_i)$$

$$= \sum_{y_j \in Y} \sum_{x_i \in X, x_i \neq F(y_j)} p(y_j \mid x_i) p(x_i) \tag{8-3}$$

由于对每一个 y_j，$p(y_j|x^*)p(x^*) = p(y_j|F(y_j))p(F(y_j))$ 是所有 x_i 中最大的，因此 $\sum\limits_{x_i \in X, x_i \neq F(y_j)} p(y_j \mid x_i) p(x_i)$ 最小，所以有 $\sum\limits_{y_j \in Y} \sum\limits_{x_i \in X, x_i \neq F(y_j)} p(y_j \mid x_i) p(x_i)$ 最小，即平均错误译码概率 P_e 最小。

在定义 8-2 中，$p(y_j|x^*)p(x^*) \geqslant p(y_j|x_i)p(x_i)$ 即 $p(x^*, y_j) \geqslant p(x_i, y_j)$；在式(8-3)中，$P_e = \sum\limits_{y_j \in Y} \sum\limits_{x_i \in X, x_i \neq F(y_j)} p(y_j \mid x_i) p(x_i) = \sum\limits_{y_j \in Y} \sum\limits_{x_i \in X, x_i \neq F(y_j)} p(x_i, y_j)$。因此要求得极大似然译码及其平均错误译码概率，在联合分布矩阵中考虑是最方便的。

【例 8-6】 对例 8-5 给出的信源和信道，试设计极大似然译码规则，并求平均错误译码概率。

解： 联合概率分布为

$$\boldsymbol{P}_{(X,Y)} = \begin{bmatrix} p_{Y|X}(0 \mid 0) p_X(0) & p_{Y|X}(1 \mid 0) p_X(0) \\ p_{Y|X}(0 \mid 1) p_X(1) & p_{Y|X}(1 \mid 1) p_X(1) \end{bmatrix} = \begin{bmatrix} \dfrac{1}{4}p & \dfrac{3}{4}p \\ \dfrac{3}{4}(1-p) & \dfrac{1}{4}(1-p) \end{bmatrix}$$

当 $0 \leqslant p \leqslant \dfrac{1}{4}$ 时，有 $\dfrac{1}{4}p < \dfrac{3}{4}(1-p)$ 且 $\dfrac{3}{4}p < \dfrac{1}{4}(1-p)$，因此极大似然译码规则为

$$F(0) = 1, \quad F(1) = 1$$

此时，平均错误译码概率为

$$P_e = \sum_{y_j \in Y} \sum_{x_i \in X, x_i \neq F(y_j)} p(x_i, y_j) = \frac{1}{4}p + \frac{3}{4}p = p$$

当 $\dfrac{1}{4} \leqslant p \leqslant \dfrac{3}{4}$ 时，有 $\dfrac{1}{4}p < \dfrac{3}{4}(1-p)$ 且 $\dfrac{3}{4}p > \dfrac{1}{4}(1-p)$，因此极大似然译码规则为

$$F(0) = 1, \quad F(1) = 0$$

此时，平均错误译码概率为

$$P_e = \sum_{y_j \in Y} \sum_{x_i \in X, x_i \neq F(y_j)} p(x_i, y_j) = \frac{1}{4}p + \frac{1}{4}(1-p) = \frac{1}{4}$$

当 $\dfrac{3}{4} \leqslant p \leqslant 1$ 时，有 $\dfrac{1}{4}p > \dfrac{3}{4}(1-p)$ 且 $\dfrac{3}{4}p > \dfrac{1}{4}(1-p)$，因此极大似然译码规则为

$$F(0) = 0, \quad F(1) = 0$$

此时，平均错误译码概率为

$$P_e = \sum_{y_j \in Y} \sum_{x_i \in X, x_i \neq F(y_j)} p(x_i, y_j) = \frac{3}{4}(1-p) + \frac{1}{4}(1-p) = 1-p$$

8.3 有噪信道编码定理（香农第二定理）

【定理 8-1】(有噪信道编码定理、香农第二定理)　对于一个给定的离散无记忆信道，信道容量为 C，当信息传输率 $R < C$ 时，只要码长足够长，则一定存在一种编码方法，使译码的平均错误译码概率随着码长的增加，按指数下降到任意小。

该定理的含义是可以通过信道编码(增加码长,即引入更多的冗余),使通信过程实际上不发生错误,或者使错误控制在允许范围之内。换句话说,在给出平均错误译码概率的要求后,总存在一种信道编码方法满足该平均错误译码概率的要求,即给出了信道编码方法的存在性。定理的证明见有关文献。

8.4 线性分组码

平均错误译码概率与编码规则有关系,从 8.4 节开始,我们介绍编码规则,即信道编码方法。线性分组码是最有实用价值的信道编码方法之一。

8.4.1 基本概念

线性分组码的编码过程如图 8-5 所示。将待编码的数据分成等长的数据块,每组长度为 k,这 k 个比特称为信息元,根据这 k 个比特的信息元计算出 r 个新的比特,称为校验元,将这 r 个比特的校验元连接在 k 个比特的信息元后面,形成长度为 $n=k+r$ 的数据块,称为一个码字。这样的码称为 (n,k) 线性分组码。码字用 $C=(c_{n-1}, c_{n-2}, \cdots, c_1, c_0)$ 表示,其中前 k 个比特 $c_{n-1}, c_{n-2}, \cdots, c_{n-k}$ 为信息元,后 r 个比特 $c_{n-k-1}, \cdots, c_1, c_0$ 为校验元。

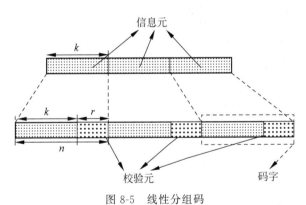

图 8-5 线性分组码

线性分组码有两个主要特点:线性和分组。分组的含义在 6.1.2 节已经讲过,具体到信道编码中,指的是 r 个比特的校验元只与本组的信息元有关,与其他组的信息元无关,即只根据本组的 k 个比特的信息元计算得到。

线性的含义是校验元与信息元之间是线性关系。在二元编码中表现为

$$c_i = g_{i1}c_{n-1} + g_{i2}c_{n-2} + \cdots + g_{ik}c_{n-k}, \quad g_{ij} \in \{0,1\}, \quad i=0,1,\cdots,r-1; j=1,2,\cdots,k$$

【例 8-7】 $(7,3)$ 线性分组码的编码规则为

$$c_3 = c_6 + c_4$$
$$c_2 = c_6 + c_5 + c_4$$
$$c_1 = c_6 + c_5$$
$$c_0 = c_5 + c_4$$

试给出编码表。

解：$(7,3)$线性分组码中 $n=7,k=3$，因此共有 $2^k=2^3=8$ 种信息元，编码表如表 8-2 所示。

表 8-2　$(7,3)$线性分组码的编码表

信　息　元	码　　字	信　息　元	码　　字
000	000 0000	100	100 1110
001	001 1101	101	101 0011
010	010 0111	110	110 1001
011	011 1010	111	111 0100

从这个例子，还可以引出码字空间的概念。$(7,3)$线性分组码中一共有 8 个码字，这 8 个 码字可以构成一个集合 $\{0000000，0011101，0100111，0111010，1001110，1010011，1101001，1110100\}$，这个集合就称为$(7,3)$线性分组码的码字空间。可见 码字空间中并不包含所有 $2^n=2^7=128$ 个码字，码字空间中出现的码字对线性分组码来 讲是合法的，因此称为许用码字或者合法码字，简称码字；码字空间中未出现的码字称 为禁用码字，例如"0011001"就是一个禁用码字。所有许用码字组成的集合就是码字 空间。

8.4.2　线性分组码的性质

1. 线性分组码的封闭性

【定理 8-2】　线性分组码满足封闭性，即若 X 和 Y 为一个二元线性分组码中的任意两 个码字，则 $X+Y$ 也是该线性分组码中的一个码字。

证明：假设线性分组码的编码规则为

$$c_i=g_{i1}c_{n-1}+g_{i2}c_{n-2}+\cdots+g_{ik}c_{n-k}, g_{ij}\in\{0,1\},$$
$$i=0,1,\cdots,n-1; j=1,2,\cdots,k$$

则码字 $X=(x_{n-1},x_{n-2},\cdots,x_1,x_0)$ 和 $Y=(y_{n-1},y_{n-2},\cdots,y_1,y_0)$ 满足

$$x_i=g_{i1}x_{n-1}+g_{i2}x_{n-2}+\cdots+g_{ik}x_{n-k}$$
$$y_i=g_{i1}y_{n-1}+g_{i2}y_{n-2}+\cdots+g_{ik}y_{n-k} \qquad i=0,1,\cdots,n-1; j=1,2,\cdots,k$$

因此

$$(x_i+y_i)=g_{i1}(x_{n-1}+y_{n-1})+g_{i2}(x_{n-2}+y_{n-2})+\cdots+g_{ik}(x_{n-k}+y_{n-k})$$

所以 $X+Y$ 也是该线性分组码中的一个码字。

2. 线性分组码一定包含全 0 码字

线性分组码的编码规则为

$$c_i=g_{i1}c_{n-1}+g_{i2}c_{n-2}+\cdots+g_{ik}c_{n-k},\quad g_{ij}\in\{0,1\},$$
$$i=0,1,\cdots,n-1; j=1,2,\cdots,k$$

对全 0 信息元，即 $c_{n-1}=c_{n-2}=\cdots=c_{n-k}=0$，可得

$$c_i=0,\quad i=0,1,\cdots,n-1$$

即全 0 信息元对应的码字就是全 0 码字。

8.4.3　线性分组码的两个重要参数——编码效率和最小汉明距离

如何衡量不同线性分组码的好坏？有两个主要指标：编码效率和最小汉明距离。

1. 编码效率

编码效率 R 简称码率，它是衡量线性分组码有效性的一个重要指标。R 定义为

$$R = \frac{k}{n}$$

码率 R 表示码字中信息元所占的比例。当两种编码方法的检错纠错能力相同时，码率大的码要优于码率小的码。这是因为码率越大，相对来说引入的冗余越少，传输有效性更高。

2. 最小汉明距离

要给出最小汉明距离的概念，先要给出汉明重量和汉明距离的概念。

在信道编码中，定义码字中非零码元的数目为码字的汉明（Hamming）重量，简称码重。例如码字"0111010"的码重为 4，码字"0000000"的码重为 0。线性分组码的码字空间中的每一个码字都有自己的码重，所有码重中最小的非零码重定义为该线性分组码的最小汉明重量。

【例 8-8】　接例 8-7。试计算(7,3)线性分组码的最小汉明重量。

解：从表 8-2 能够看出，除全 0 码字之外，其他码字的重量都为 4，因此该线性分组码的最小汉明重量为 4。

在信道编码中，把两个码字 C_1 和 C_2 之间对应码位上具有不同二元码元的个数定义为两个码字之间的汉明距离，简称码距，用 $d(C_1, C_2)$ 表示。例如码字"0111010"和"1010011"之间的汉明距离为 4。汉明距离具有以下三个性质：

(1) 对称性：$d(C_1, C_2) = d(C_2, C_1)$；

(2) 非负性：$d(C_1, C_2) \geqslant 0$；

(3) 三角不等式：$d(C_1, C_2) \leqslant d(C_1, C_3) + d(C_3, C_2)$。

(n, k) 线性分组码中任意两个码字之间汉明距离的最小值称为该线性分组码的最小汉明距离，用 d_{min} 表示。

【例 8-9】　接例 8-7。试计算(7,3)线性分组码的最小汉明距离。

解：(7,3)线性分组码中共有 8 个码字，经过两两计算汉明距离，得到最小汉明距离为 4。

从例 8-9 可以发现，如果按照定义求码的最小汉明距离，需要进行两两码字之间的比较，非常麻烦，下面的定理给出了求最小汉明距离的简单方法。

【定理 8-3】　线性分组码的最小距离等于码中码字的最小重量。

证明：用 $\omega(X)$ 表示码 X 的重量，因为

$$d_{min} = \min\{d(X, Y) \mid X \neq Y\} = \min\{\omega(X + Y) \mid X \neq Y\}$$

而 $X + Y$ 也是码字，所以 $d_{min} = \min\{\omega(X) \mid X \neq 0\}$。

定理 8-3 为求得线性分组码的最小汉明距离提供了一种简单的方法，我们不必再计算两两码字之间的码距，只要计算码字的码重，就能求得最小汉明距离。

最小汉明距离是线性分组码的另一个重要参数，它可以用来衡量码的检错和纠错能力。

有以下两个结论。

（1）若一个线性分组码能检测 e 个错误，则要求最小码距为

$$d_{\min} \geqslant e+1$$

或者说，若一个线性分组码的最小码距为 $d_{\min}$，则它最多能检测 $d_{\min}-1$ 个错误。

该结论可以通过图 8-6(a) 来说明，对一个许用码字 C_1，以 C_1 为圆心，以码的检错能力 e 为半径画一个圆，任何其他许用码字一定处在这个圆的外面。这是因为如果一个许用码字 C_2 处在圆的内部或者边上，那么 C_2 就处在了 C_1 的检错范围之内，会被认为是一个有错误的码字，这与 C_2 是许用码字矛盾。因此两个许用码字之间的距离至少为 $e+1$。

（2）若一个线性分组码能纠正 t 个错误，则要求最小码距为

$$d_{\min} \geqslant 2t+1$$

或者说，若一个线性分组码的最小码距为 $d_{\min}$，则它最多能纠正 $\left\lfloor \dfrac{d_{\min}-1}{2} \right\rfloor$ 个错误。

该结论可以通过图 8-6(b) 来说明，对任意两个许用码字 C_1 和 C_2，分别以这两个码字为圆心，以码的纠错能力 t 为半径画两个圆，则这两个圆一定是相离的。这是因为如果这两个圆相交，则至少有一个禁用码字 X 处在两个圆相交的部分，当接收方接收到 X 的时候，就不能确定到底应该把 X 纠正为 C_1，还是应该把 X 纠正为 C_2，即译码产生了歧义，这是不允许的。因此两个圆要相离，两个许用码字之间的距离至少为 $2t+1$。

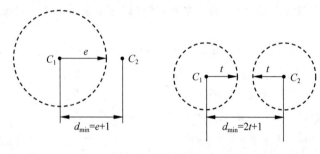

(a) 码距与检错能力的关系　　(b) 码距与纠错能力的关系

图 8-6　最小汉明距离与检错和纠错能力的关系

可见知道了最小汉明距离，就知道了码的检错和纠错能力，它是线性分组码最重要的参数，因此 (n,k) 线性分组码也经常写为 $(n,k,d_{\min})$ 线性分组码。

【例 8-10】 接例 8-7。试分析 $(7,3)$ 线性分组码的检错和纠错能力。

解：在例 8-9 中已经得到，$(7,3)$ 线性分组码的 $d_{\min}=4$，则它最多能检测 $d_{\min}-1=3$ 个错误，最多能纠正 $\left\lfloor \dfrac{d_{\min}-1}{2} \right\rfloor =1$ 个错误。

最小汉明距离有明显的几何意义。以例 8-2 的三次重复编码为例，三次重复编码实际是 $(3,1)$ 线性分组码，长度为 3 的二进制序列一共 8 个，我们要从其中选出 2 个，怎么选？原则就是选出的这些许用码字两两之间距离的最小值达到最大，即让 $d_{\min}$ 尽量大一些，这也是设计编码方案时的最基本的原则。图 8-7(a) 给出一个示意图，8 个中选 2 个，那就选距离为 3 的一对：000 和 111，可以检 2 位错，纠 1 位错。其实选择 110 和 001、010 和 101、011 和 100 也是可以的，与 000 和 111 这对的检错纠错能力相同，没有本质区别。

如果要进行(3，2)线性分组码，就需要从 8 个二进制序列中选出 4 个，无论怎么选，$d_{\min}=1$，此时既没有检错能力，也没有纠错能力。图 8-7(b)给出一种方案。

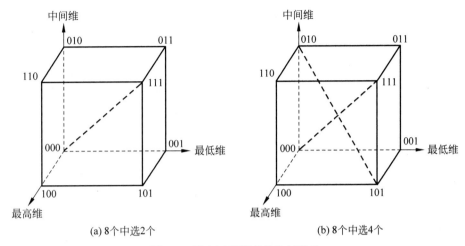

(a) 8个中选2个　　　　　　　　　　　　(b) 8个中选4个

图 8-7　最小汉明距离的几何意义

【思考】　根据以上分析，(3，2)线性分组码既没有检错能力，也没有纠错能力。但是根据图 8-7(b)，如果接收方收到的码字是 110，我们能够知道这个码有错误，能"检错"。这如何理解呢？

解：一个线性分组码能检 e 个错误，它的含义是所有 e 个错误都能检出来。而(3，2)线性分组码中，1 个错误有时能检出来(比如 010 错成 110)，有时检不出来(比如 010 错成 000)，因此认为它没有检错能力。纠错能力也是一样理解。

推广到一般的$(n，k)$线性分组码，要从 2^n 个序列中选出 2^k 个作为码字，设计编码方案的基本原则就是选的时候尽量均匀，以使 $d_{\min}$ 尽量大。

8.4.4　生成矩阵和监督矩阵

生成矩阵和监督矩阵(又称为校验矩阵)是描述线性分组码的重要而又方便的数学工具。

1. 生成矩阵

先通过一个例子说明生成矩阵的概念。

【例 8-11】　接例 8-7。试给出(7，3)线性分组码的生成矩阵。

解：(7，3)线性分组码的码字 $\boldsymbol{C}=(c_6，c_5，c_4，c_3，c_2，c_1，c_0)$，其中前 3 个比特为信息元，记为 $\boldsymbol{M}=(c_6，c_5，c_4)$，编码规则为

$$c_3=c_6+c_4$$
$$c_2=c_6+c_5+c_4$$
$$c_1=c_6+c_5$$
$$c_0=c_5+c_4$$

可进一步写为

$$c_6=c_6$$
$$c_5=c_5$$
$$c_4=c_4$$

$$c_3 = c_6 + c_4$$
$$c_2 = c_6 + c_5 + c_4$$
$$c_1 = c_6 + c_5$$
$$c_0 = c_5 + c_4$$

将其写为矩阵的形式

$$\begin{bmatrix} c_6 & c_5 & c_4 & c_3 & c_2 & c_1 & c_0 \end{bmatrix} = \begin{bmatrix} c_6 & c_5 & c_4 \end{bmatrix} \begin{bmatrix} 1 & 0 & 0 & 1 & 1 & 1 & 0 \\ 0 & 1 & 0 & 0 & 1 & 1 & 1 \\ 0 & 0 & 1 & 1 & 1 & 0 & 1 \end{bmatrix}$$

即

$$C = MG$$

其中

$$G = \begin{bmatrix} 1 & 0 & 0 & 1 & 1 & 1 & 0 \\ 0 & 1 & 0 & 0 & 1 & 1 & 1 \\ 0 & 0 & 1 & 1 & 1 & 0 & 1 \end{bmatrix}$$

矩阵 G 就是该$(7,3)$线性分组码的生成矩阵。

从这个例子能够看出，任何一个信息元与生成矩阵相乘就得到了该信息元对应的码字，因此生成矩阵 G 建立了信息元与码字间的一一对应关系，它起着编码器的变换作用。

一般地，对一个(n,k)线性分组码，它的生成矩阵 G 表示为

$$G = \begin{bmatrix} g_{11} & g_{12} & \cdots & g_{1n} \\ g_{21} & g_{22} & \cdots & g_{2n} \\ \vdots & \vdots & \ddots & \vdots \\ g_{k1} & g_{k2} & \cdots & g_{kn} \end{bmatrix}, \quad g_{ij} \in \{0,1\}, \quad i=1,2,\cdots,k; \ j=1,2,\cdots,n$$

生成矩阵是一个 k 行 n 列的矩阵，可以把长度为 k 的信息元变为长度为 n 的码字。

生成矩阵不唯一，可以用下面的例子说明。

【例 8-12】 给出两个生成矩阵

$$G_1 = \begin{bmatrix} 1 & 0 & 1 & 0 & 1 & 1 \\ 1 & 1 & 0 & 1 & 0 & 1 \\ 1 & 1 & 1 & 0 & 0 & 0 \end{bmatrix}, \quad G_2 = \begin{bmatrix} 1 & 0 & 0 & 1 & 1 & 0 \\ 0 & 1 & 0 & 0 & 1 & 1 \\ 0 & 0 & 1 & 1 & 0 & 1 \end{bmatrix}$$

分别求 G_1 和 G_2 对应的码字空间，并进行分析。

解：两个生成矩阵对应的码字空间如表 8-3 所示。

表 8-3　不同生成矩阵得到的码字空间

信　息　元	用 G_1 得到的$(6,3)$码	用 G_2 得到的$(6,3)$码
000	000 000	000 000
001	111 000	001 101
010	110 101	010 011
011	001 101	011 110
100	101 011	100 110
101	010 011	101 011
110	011 110	110 101
111	100 110	111 000

可见,两个生成矩阵对应的码字空间是相同的。码字空间相同意味着码的最小汉明距离相同,即意味着码的检错纠错能力相同,因此我们认为用 G_1 得到的码和用 G_2 得到的码是等价的。虽然两个码等价,但是两个码的生成矩阵并不相同,所以说生成矩阵不唯一,即不同的生成矩阵可能生成相同的码字空间。

那么这两个矩阵有没有好坏之分呢？有。观察矩阵 G_2 发现,G_2 的前三列构成一个单位矩阵,像 G_2 这样前 k 列能够构成单位矩阵的生成矩阵称为系统码生成矩阵,表示为

$$G = \begin{bmatrix} I_k & P \end{bmatrix}$$

其中,I_k 是一个 $k \times k$ 的单位矩阵。由它生成的码称为系统码,否则称为非系统码。

系统码的特点是码字中信息元部分不发生变化,只是在信息元的后面加上了校验元,因此系统的编译相对简单,而且系统码的检错纠错能力与非系统码是一样的,因此系统码得到了广泛的应用和研究。

既然系统码好于非系统码,那能否把非系统码的生成矩阵变为与它等价的系统码的生成矩阵呢？这是完全可以做到的,而且变换方法并不复杂。可以进行下面的初等变换,来达到此目的:

(1) 交换行的位置;

(2) 对行乘以一个非零常量;

(3) 对一行乘以一个常量然后加到另一行上;

(4) 交换列的位置;

(5) 对列乘以一个非零常量。

在二元编码中上述操作可以简化为

(1) 交换行的位置;

(2) 将一行加到另一行上;

(3) 交换列的位置。

这些操作既能将非系统码的生成矩阵变为系统码的生成矩阵,又能保证所生成的码字空间不变(证明过程略)。

【定理8-4】 生成矩阵的每一行都是一个码字。

证明: 由于信息元包含所有 2^k 种情况,因此

$$\underset{(i-1)\text{个} \quad (k-i)\text{个}}{0\cdots010\cdots0}, \quad i=1,2,\cdots,k$$

都是合适的信息元,因此

$$\begin{bmatrix} c_{n-1} & c_{n-2} & \cdots & c_0 \end{bmatrix} = \underset{(i-1)\text{个} \quad (k-i)\text{个}}{\begin{bmatrix} 0\cdots010\cdots0 \end{bmatrix}} \begin{bmatrix} g_{11} & g_{12} & \cdots & g_{1n} \\ g_{21} & g_{22} & \cdots & g_{2n} \\ \vdots & \vdots & \ddots & \vdots \\ g_{k1} & g_{k2} & \cdots & g_{kn} \end{bmatrix} = \begin{bmatrix} g_{i1} & g_{i2} & \cdots & g_{in} \end{bmatrix}$$

这说明,生成矩阵中的每一行都是一个码字。

2. 监督矩阵

在 (n,k) 线性分组码中,如果矩阵 H 使得对任意码字 C 都有下式成立

$$HC^{\mathrm{T}} = \mathbf{0}^{\mathrm{T}}, \quad CH^{\mathrm{T}} = \mathbf{0}$$

则 H 称为 (n,k) 线性分组码的监督矩阵(或校验矩阵),其中 $[\,\bullet\,]^{\mathrm{T}}$ 表示矩阵 $[\,\bullet\,]$ 的转置。

监督矩阵可以写为

$$H = \begin{bmatrix} h_{11} & h_{12} & \cdots & h_{1n} \\ h_{21} & h_{22} & \cdots & h_{2n} \\ \vdots & \vdots & \ddots & \vdots \\ h_{r1} & h_{r2} & \cdots & h_{rn} \end{bmatrix}, \quad h_{ij} \in \{0,1\}, \quad i=1,2,\cdots,r; \; j=1,2,\cdots,n$$

监督矩阵是一个 r 行 n 列的矩阵。

对监督矩阵 H 各行实行初等变换，可以将后 r 列化为单位子矩阵，表示为

$$H = \begin{bmatrix} Q & I_r \end{bmatrix}$$

这种形式的 H 称为监督矩阵 H 的标准形式。

接下来自然的问题是监督矩阵怎么获得？监督矩阵有什么用处？第二个问题将在后续章节中解决。要回答第一个问题，先来看看生成矩阵和监督矩阵的关系。

3. 生成矩阵和监督矩阵的关系

生成矩阵和监督矩阵的一般关系是

$$HG^T = 0^T, \quad GH^T = 0$$

这是因为，生成矩阵的每一行都是一个码字，而监督矩阵与码字的乘积为 0，因此生成矩阵和监督矩阵的乘积也为 0。

系统码的生成矩阵（$G = \begin{bmatrix} I_k & P \end{bmatrix}$）与监督矩阵标准形式（$H = \begin{bmatrix} Q & I_r \end{bmatrix}$）之间还有一种特殊的关系

$$P = Q^T \quad 或者 \quad Q = P^T$$

这是因为

$$GH^T = \begin{bmatrix} I_k & P \end{bmatrix}\begin{bmatrix} Q & I_r \end{bmatrix}^T = Q^T + P = 0$$

所以

$$P = Q^T \quad 或者 \quad Q = P^T$$

有了该结论，我们可以很方便地从一个矩阵获得另一个矩阵。

【例 8-13】 接例 8-11。已知 $(7，3)$ 线性分组码的生成矩阵为

$$G = \begin{bmatrix} 1 & 0 & 0 & 1 & 1 & 1 & 0 \\ 0 & 1 & 0 & 0 & 1 & 1 & 1 \\ 0 & 0 & 1 & 1 & 1 & 0 & 1 \end{bmatrix}$$

求监督矩阵。

解：根据系统码的生成矩阵与监督矩阵标准形式之间的关系，得到监督矩阵为

$$H = \begin{bmatrix} 1 & 0 & 1 & 1 & 0 & 0 & 0 \\ 1 & 1 & 1 & 0 & 1 & 0 & 0 \\ 1 & 1 & 0 & 0 & 0 & 1 & 0 \\ 0 & 1 & 1 & 0 & 0 & 0 & 1 \end{bmatrix}$$

8.4.5 对偶码

对一个 $(n，k)$ 线性分组码 C_I，它的生成矩阵为 G，监督矩阵为 H，如果交换 G 和 H 的作用，即以 H 为生成矩阵，以 G 为监督矩阵，可以构造另一个码 C_J，码 C_J 是一个 $(n，n-k)$

线性分组码,则称 C_I 和 C_J 互为对偶码。

【例 8-14】 求(7,3)线性分组码的对偶码。

解:(7,3)线性分组码的对偶码是一个(7,4)线性分组码,该(7,4)线性分组码的生成矩阵和监督矩阵分别为

$$
G_{(7,4)} = H_{(7,3)} = \begin{bmatrix} 1 & 0 & 1 & 1 & 0 & 0 & 0 \\ 1 & 1 & 1 & 0 & 1 & 0 & 0 \\ 1 & 1 & 0 & 0 & 0 & 1 & 0 \\ 0 & 1 & 1 & 0 & 0 & 0 & 1 \end{bmatrix} \xrightarrow{\text{化成标准形式}} G_{(7,4)} = \begin{bmatrix} 1 & 0 & 0 & 0 & 1 & 0 & 1 \\ 0 & 1 & 0 & 0 & 1 & 1 & 1 \\ 0 & 0 & 1 & 0 & 1 & 1 & 0 \\ 0 & 0 & 0 & 1 & 0 & 1 & 1 \end{bmatrix}
$$

$$
H_{(7,4)} = G_{(7,3)} = \begin{bmatrix} 1 & 0 & 0 & 1 & 1 & 1 & 0 \\ 0 & 1 & 0 & 0 & 1 & 1 & 1 \\ 0 & 0 & 1 & 1 & 1 & 0 & 1 \end{bmatrix} \xrightarrow{\text{初等变换}} H_{(7,4)} = \begin{bmatrix} 1 & 1 & 1 & 0 & 1 & 0 & 0 \\ 0 & 1 & 1 & 1 & 0 & 1 & 0 \\ 1 & 1 & 0 & 1 & 0 & 0 & 1 \end{bmatrix}
$$

表 8-4 列出了(7,4)线性分组码的编码表。

表 8-4 (7,4)线性分组码的编码表

信 息 元	码 字	信 息 元	码 字
0000	0000 000	1000	1000 101
0001	0001 011	1001	1001 110
0010	0010 110	1010	1010 011
0011	0011 101	1011	1011 000
0100	0100 111	1100	1100 010
0101	0101 100	1101	1101 001
0110	0110 001	1110	1110 100
0111	0111 010	1111	1111 111

8.4.6 伴随式、伴随式的错误图样表示、根据伴随式译码

在 8.4.4 节,我们提出过两个问题:监督矩阵怎么获得?监督矩阵有什么用处?其中第一个问题已经解决,那么监督矩阵到底有什么用处呢?监督矩阵是用来译码的,线性分组码之所以具有检错和纠错能力,与监督矩阵有很大的关系。为了说明该问题,先给出伴随式的概念。

1. 伴随式

假设接收方接收的码字为 R,则将

$$S = RH^\mathrm{T} \quad \text{或者} \quad S^\mathrm{T} = HR^\mathrm{T}$$

称为接收码字 R 的伴随式。

由于监督矩阵与任何码字的乘积均为 0,因此如果伴随式为 0,则认为接收码字 R 是一个许用码字,即未发生错误的码字;否则,认为接收码字 R 在传输过程中发生了错误。由此可见,监督矩阵可以用来检错。实际上,监督矩阵还可以用来纠错。为了说明监督矩阵是如何纠错的,先来介绍伴随式的错误图样表示。

2. 伴随式的错误图样表示

设发送的码字为 $C=(c_{n-1}, c_{n-2}, \cdots, c_0)$，而接收到的码字为 $R=(r_{n-1}, r_{n-2}, \cdots, r_0)$，则定义 $E=(e_{n-1}, e_{n-2}, \cdots, e_0)=R-C$ 为信道的错误图样。之所以称为错误图样是因为，若 $e_i=0$，则表示码字的第 i 位在传输过程中没有发生错误；若 $e_i=1$，则表示码字的第 i 位在传输过程中发生了错误，e_i 就成为第 i 位是否发生错误的标志位。

此时，伴随式可以表示为

$$S^T = HR^T = H(C+E)^T = HC^T + HE^T$$

由于 $HC^T=0^T$，所以

$$S^T = HC^T + HE^T = HE^T$$

将监督矩阵 H 表示为

$$H = \begin{bmatrix} h_1 & h_2 & \cdots & h_n \end{bmatrix}$$

其中，h_i 为 H 的第 i 列。则伴随式可以表示为

$$S^T = HE^T = \begin{bmatrix} h_{11} & h_{12} & \cdots & h_{1n} \\ h_{21} & h_{22} & \cdots & h_{2n} \\ \vdots & \vdots & \ddots & \vdots \\ h_{r1} & h_{r2} & \cdots & h_{rn} \end{bmatrix} \begin{bmatrix} e_{n-1} \\ e_{n-2} \\ \vdots \\ e_0 \end{bmatrix} = \begin{bmatrix} h_{11}e_{n-1} + h_{12}e_{n-2} + \cdots + h_{1n}e_0 \\ h_{21}e_{n-1} + h_{22}e_{n-2} + \cdots + h_{2n}e_0 \\ \vdots \\ h_{r1}e_{n-1} + h_{r2}e_{n-2} + \cdots + h_{rn}e_0 \end{bmatrix}$$

$$= h_1 e_{n-1} + h_2 e_{n-2} + \cdots + h_n e_0$$

这称为伴随式的错误图样表示。由此能够得出一个重要结论：对二元码来讲，伴随式是监督矩阵 H 中与错误码元对应列之和。例如如果 $E=[00101]$，则伴随式是监督矩阵中第 3 列和第 5 列的和。这点可以被用来纠错（译码）。

3. 根据伴随式译码

根据伴随式译码的过程如图 8-8 所示。

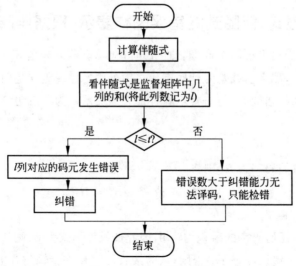

图 8-8　伴随式译码过程

（1）计算伴随式 $S^T = HR^T$。

（2）看伴随式是监督矩阵中几列的和，将此列数记为 l。如果 l 的值不唯一，取最小值。

（3）如果 l 小于或等于码的纠错能力 t，则转向第（4）步；否则，转向第（5）步。

（4）伴随式是监督矩阵中 l 列的和，则能够判断这 l 列对应的码元发生错误，可以纠错，译码结束。

（5）错误数大于码的纠错能力，无法译码，但能够判断肯定发生了错误。

【**例 8-15**】　接例 8-13。二元（7，3）线性分组码的监督矩阵为

$$H = \begin{bmatrix} 1 & 0 & 1 & 1 & 0 & 0 & 0 \\ 1 & 1 & 1 & 0 & 1 & 0 & 0 \\ 1 & 1 & 0 & 0 & 0 & 1 & 0 \\ 0 & 1 & 1 & 0 & 0 & 0 & 1 \end{bmatrix}$$

试分别对三个接收到的码字 $R_1 = [1010011]$、$R_2 = [1110011]$、$R_3 = [0011011]$ 译码。

解：在例 8-10 中已经知道，该（7，3）线性分组码能够纠 1 位错，即 $t = 1$。

对 R_1：

$$S^T = HR_1^T = \begin{bmatrix} 1 & 0 & 1 & 1 & 0 & 0 & 0 \\ 1 & 1 & 1 & 0 & 1 & 0 & 0 \\ 1 & 1 & 0 & 0 & 0 & 1 & 0 \\ 0 & 1 & 1 & 0 & 0 & 0 & 1 \end{bmatrix} \begin{bmatrix} 1 \\ 0 \\ 1 \\ 0 \\ 0 \\ 1 \\ 1 \end{bmatrix} = \mathbf{0}^T$$

伴随式为 $\mathbf{0}^T$，说明 R_1 本身就是一个许用码字，在传输过程中没有发生错误。

对 R_2：

$$S^T = HR_2^T = \begin{bmatrix} 1 & 0 & 1 & 1 & 0 & 0 & 0 \\ 1 & 1 & 1 & 0 & 1 & 0 & 0 \\ 1 & 1 & 0 & 0 & 0 & 1 & 0 \\ 0 & 1 & 1 & 0 & 0 & 0 & 1 \end{bmatrix} \begin{bmatrix} 1 \\ 1 \\ 1 \\ 0 \\ 0 \\ 1 \\ 1 \end{bmatrix} = \begin{bmatrix} 0 \\ 1 \\ 1 \\ 1 \end{bmatrix}$$

伴随式是监督矩阵中 1 列的和（第 2 列），因此 $l = 1$。由于 $l \leqslant t$，可以判定接收码字 R_2 的第二位发生错误，由此可以译码为 $[1010011]$。

对 R_3：

$$S^T = HR_3^T = \begin{bmatrix} 1 & 0 & 1 & 1 & 0 & 0 & 0 \\ 1 & 1 & 1 & 0 & 1 & 0 & 0 \\ 1 & 1 & 0 & 0 & 0 & 1 & 0 \\ 0 & 1 & 1 & 0 & 0 & 0 & 1 \end{bmatrix} \begin{bmatrix} 0 \\ 0 \\ 1 \\ 1 \\ 0 \\ 1 \\ 1 \end{bmatrix} = \begin{bmatrix} 0 \\ 1 \\ 1 \\ 0 \end{bmatrix}$$

伴随式至少是监督矩阵中 2 列的和（第 1、4 列的和，或者第 2、7 列的和），因此 $l=2$。由于 $l>t$，无法判断错误出在哪些位上，此时只能发现有错，即只能得到结论 $\boldsymbol{R}_3$ 是一个有错误的码字。

细心的读者可能会提出一个问题：当 $l \leqslant t$ 时，伴随式有没有可能既是这 l 列的和，又是另外 l 列的和呢？对于二元码来讲，这是不可能出现的情况，本书中省略对该问题的证明。只要 $l \leqslant t$，伴随式是哪 l 列的和，其结论是唯一的。这就是说，只要 $l \leqslant t$，我们总能够知道到底是码字中的哪几位发生错误。

8.4.7 汉明码

汉明码是 1950 年由汉明提出的一种能纠正单个错误的线性分组码，它不仅性能好而且易于工程实现，因此是工程中较为常用的一种纠错码。

对任意的整数 $r \geqslant 3$，总能构造出汉明码，满足：

(1) 码长：$n = 2^r - 1$；

(2) 信息位数：$k = 2^r - r - 1$；

(3) 监督位数：$r = n - k$；

(4) 最小码距：$d_{\min} = 3$；

(5) 汉明码的监督矩阵 $\boldsymbol{H}$ 的列由所有非零的 r 维向量组成。

根据其中的第(4)条可知，无论 r 等于多少，汉明码的最小汉明距离始终为 3，因此汉明码能纠正 1 个错误或者检测 2 个错误。其中的第(5)条给出了构造汉明码的方法，只要 r 给定，就可构造出具体的 $(n, k, 3)$ 汉明码。

【例 8-16】 试构造一个二元的 $(7, 4, 3)$ 汉明码。

解：由于 $r = 7 - 4 = 3$，因此 $\boldsymbol{H}$ 中共有 $2^3 - 1 = 7$ 列

$$\boldsymbol{H} = \begin{bmatrix} 0 & 0 & 0 & 1 & 1 & 1 & 1 \\ 0 & 1 & 1 & 0 & 0 & 1 & 1 \\ 1 & 0 & 1 & 0 & 1 & 0 & 1 \end{bmatrix}$$

即监督矩阵由所有的非零三维向量构成。对该监督矩阵进行初等变换，得到监督矩阵的标准形式

$$\boldsymbol{H} = \begin{bmatrix} 0 & 1 & 1 & 1 & 1 & 0 & 0 \\ 1 & 0 & 1 & 1 & 0 & 1 & 0 \\ 1 & 1 & 0 & 1 & 0 & 0 & 1 \end{bmatrix}$$

由此得到系统汉明码的生成矩阵为

$$\boldsymbol{G} = \begin{bmatrix} 1 & 0 & 0 & 0 & 0 & 1 & 1 \\ 0 & 1 & 0 & 0 & 1 & 0 & 1 \\ 0 & 0 & 1 & 0 & 1 & 1 & 0 \\ 0 & 0 & 0 & 1 & 1 & 1 & 1 \end{bmatrix}$$

表 8-5 列出了 $(7, 4, 3)$ 汉明码的编码表。

表 8-5 (7，4，3)汉明码的编码表

信 息 元	码 字	信 息 元	码 字
0000	0000 000	1000	1000 011
0001	0001 111	1001	1001 100
0010	0010 110	1010	1010 101
0011	0011 001	1011	1011 010
0100	0100 101	1100	1100 110
0101	0101 010	1101	1101 001
0110	0110 011	1110	1110 000
0111	0111 100	1111	1111 111

8.5 循环码

循环码是一类研究最深入、理论最成熟、应用最广泛的线性分组码。1957 年普朗格 (Prange)首先开始研究循环码,此后人们对循环码的研究在理论和实践两方面都取得了很大进展。

8.5.1 循环码的基本概念

假设 C 是一个(n,k)线性码,如果 C 中的任意一个码字经任意循环移位之后仍然是 C 中的码字,那么就称此码是一个循环码。

循环移位有循环左移和循环右移之分,而实际上两者是等价的,这是因为循环左移 i 位等于循环右移 $n-i$ 位,一般默认循环移位为循环左移。假设码字 $C=(c_{n-1},c_{n-2},\cdots,c_0)$,则循环移位 i 位之后表示为

$$C^{(i)}=(c_{n-i-1},c_{n-i-2},\cdots,c_0,c_{n-1},\cdots,c_{n-i+1},c_{n-i})$$

例 8-7 给出的(7,3)线性分组码就是一个循环码,如图 8-9 所示,图中的箭头代表循环左移 1 位。

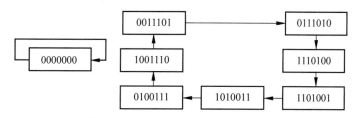

图 8-9 例 8-7 给出的(7,3)线性分组码是一个循环码

循环码有一个特殊的表示方式:多项式表示方法。假设码字 $C=(c_{n-1},c_{n-2},\cdots,c_0)$,则码字 C 的多项式表示为

$$C(x)=c_{n-1}x^{n-1}+c_{n-2}x^{n-2}+\cdots+c_1x+c_0$$

该式叫作码字 C 的码多项式。

基于这种表示方法,可以更方便地描述循环移位操作。假设码字 C 循环移位 i 位之后

的码字为 $\pmb{C}^{(i)}$，则码字 $\pmb{C}$ 的码多项式和码字 $\pmb{C}^{(i)}$ 的码多项式之间有如下关系：

$$C^{(i)}(x) \equiv x^i C(x) \pmod{(x^n + 1)}$$

其中，$C(x)$ 乘以 x^i 的目的是左移 i 位，对 $x^n + 1$ 取余式的目的是循环。

8.5.2　循环码的生成多项式和监督多项式

1. 生成多项式

根据循环码的循环特性，可由一个码字经过循环移位得到其他的非 0 码字，那么也就可以从一个码字的码多项式得到其他非 0 码字的码多项式。取其中次数为 $n-k$ 的多项式，将此多项式称为该循环码的生成多项式，记为

$$g(x) = g_{n-k}x^{n-k} + g_{n-k-1}x^{n-k-1} + \cdots + g_1 x + g_0$$

生成多项式 $g(x)$ 具有如下性质：

(1) 生成多项式的次数为 $n-k$。

(2) 生成多项式是 (n, k) 线性分组码的所有非零码多项式中，次数最低的多项式。若 $g(x)$ 不是次数最低的码多项式，那么设更低次的码多项式为 $g'(x)$，其次数为 $n-k-1$。$g'(x)$ 的前面 k 位为 0，即 k 个信息位全为 0，而监督位不为 0，这对线性码来说是不可能的。因此 $g(x)$ 是次数最低的码多项式，且 $g_{n-k} = g_0 = 1$，否则 $g(x)$ 经过 $n-1$ 次循环移位之后将得到次数低于 $n-k$ 次的码多项式。

(3) 在 (n, k) 循环码中，$g(x)$ 是唯一的 $n-k$ 次码多项式。如果存在另一个 $n-k$ 次码多项式，设为 $g'(x)$，根据线性码的封闭性，则 $g(x) + g'(x)$ 也必为一个码多项式。由于 $g(x)$ 和 $g'(x)$ 次数相同，它们的和式的 $n-k$ 次项系数为 0，那么 $g(x) + g'(x)$ 是一个次数低于 $n-k$ 次的码多项式，这与第 (2) 点矛盾，因此 $g(x)$ 是唯一的 $n-k$ 次码多项式。

(4) 生成多项式 $g(x)$ 一定是 $x^n + 1$ 的因式。

因此，当求一个 (n, k) 循环码时，只要分解多项式 $x^n + 1$，从中取出次数为 $n-k$ 的多项式，这个多项式就是生成多项式。

【例 8-17】　求 $(7, 3)$ 循环码的生成多项式。

解：分解多项式 $x^7 + 1$

$$x^7 + 1 = (x+1)(x^3 + x^2 + 1)(x^3 + x + 1)$$

其中的 $n-k = 4$ 次多项式为生成多项式

$$g_1(x) = (x+1)(x^3 + x^2 + 1) = x^4 + x^2 + x + 1$$

或者

$$g_2(x) = (x+1)(x^3 + x + 1) = x^4 + x^3 + x^2 + 1$$

细心的读者可能提出一个问题：$g(x)$ 不是唯一的 $n-k$ 次码多项式吗，为什么例 8-17 中得到两个次数为 4 的生成多项式呢？我们说由 $g_1(x)$ 生成的 $(7, 3)$ 循环码和由 $g_2(x)$ 生成的 $(7, 3)$ 循环码是不同的，即 $(7, 3)$ 循环码有两种（如表 8-6 所示），对每一种 $(7, 3)$ 循环码，它的生成多项式是唯一的。

表 8-6 两种(7，3)循环码的编码表

由 $g_1(x)$ 生成的(7, 3)循环码			
0000000	0010111	0101110	1011100
0111001	1110010	1100101	1001011
由 $g_2(x)$ 生成的(7, 3)循环码			
0000000	0011101	0111010	1110100
1101001	1010011	0100111	1001110

2. 监督多项式

$g(x)$是(n, k)循环码的生成多项式，则

$$h(x) = (x^n + 1)/g(x)$$

称为(n, k)循环码的监督多项式。可见监督多项式的次数为k，

$$h(x) = h_k x^k + h_{k-1} x^{k-1} + \cdots + h_1 x + h_0$$

以$n-k$次多项式$g(x)$为生成多项式，则生成一个(n, k)循环码；以$h(x)$为生成多项式，则生成$(n, n-k)$循环码，这两个循环码互为对偶码。

3. 生成矩阵和监督矩阵

(n, k)循环码的生成多项式

$$g(x) = g_{n-k} x^{n-k} + g_{n-k-1} x^{n-k-1} + \cdots + g_1 x + g_0$$

经$k-1$次循环移位，可以得到k个码多项式：$g(x)$，$xg(x)$，$\cdots$，$x^{k-1}g(x)$，这k个码多项式的系数构成一个矩阵

$$G = \begin{bmatrix} g_{n-k} & g_{n-k-1} & \cdots & g_1 & g_0 & 0 & \cdots & 0 \\ 0 & g_{n-k} & g_{n-k-1} & \cdots & g_1 & g_0 & \cdots & 0 \\ \vdots & \ddots & \ddots & \ddots & \ddots & \ddots & \ddots & \vdots \\ 0 & \cdots & 0 & g_{n-k} & g_{n-k-1} & \cdots & g_1 & g_0 \end{bmatrix}$$

这个矩阵就是(n, k)循环码的生成矩阵。

(n, k)循环码的监督多项式

$$h(x) = h_k x^k + h_{k-1} x^{k-1} + \cdots + h_1 x + h_0$$

则(n, k)循环码的监督矩阵为

$$H = \begin{bmatrix} 0 & \cdots & 0 & h_0 & h_1 & \cdots & h_{k-1} & h_k \\ 0 & \cdots & h_0 & h_1 & \cdots & h_{k-1} & h_k & 0 \\ \vdots & \ddots & \ddots & \ddots & \ddots & \ddots & \ddots & \vdots \\ h_0 & h_1 & \cdots & h_{k-1} & h_k & 0 & \cdots & 0 \end{bmatrix}$$

【例 8-18】 求(7，3)循环码的生成多项式、监督多项式、生成矩阵、监督矩阵。

解：例 8-17 中已经将多项式$x^7 + 1$分解为

$$x^7 + 1 = (x+1)(x^3 + x^2 + 1)(x^3 + x + 1)$$

并求出生成多项式为

$$g(x) = (x+1)(x^3 + x^2 + 1) = x^4 + x^2 + x + 1$$

则监督多项式为

$$h(x) = x^3 + x + 1$$

因此生成矩阵和监督矩阵分别为

$$G_{(7,3)} = \begin{bmatrix} 1 & 0 & 1 & 1 & 1 & 0 & 0 \\ 0 & 1 & 0 & 1 & 1 & 1 & 0 \\ 0 & 0 & 1 & 0 & 1 & 1 & 1 \end{bmatrix}, \quad H_{(7,3)} = \begin{bmatrix} 0 & 0 & 0 & 1 & 1 & 0 & 1 \\ 0 & 0 & 1 & 1 & 0 & 1 & 0 \\ 0 & 1 & 1 & 0 & 1 & 0 & 0 \\ 1 & 1 & 0 & 1 & 0 & 0 & 0 \end{bmatrix}$$

8.5.3 循环码的译码

循环码属于线性分组码,因此 8.4.6 节介绍的线性分组码的译码方法同样适用于循环码。不过对循环码来讲,还可以用多项式的形式描述该译码过程,有如下结论:

循环码的伴随式是接收到的码多项式 $R(x)$ 除以生成多项式 $g(x)$ 的余式,即

$$S(x) \equiv R(x)(\bmod g(x))$$

【例 8-19】 一个 (7, 4) 循环码的生成多项式 $g(x) = x^3 + x + 1$,一个码字为 0001011,若该码字在传输过程中发生错误,接收方接收到的码字为 1001011,试对其译码。

解：接收方接收到的码字为 1001011,即

$$R(x) = x^6 + x^3 + x + 1$$

因此

$$S(x) \equiv R(x) \bmod g(x) = x^2 + 1$$

即 $S = \begin{bmatrix} 1 & 0 & 1 \end{bmatrix}^T$。

而

$$h(x) = (x^7 + 1)/g(x) = x^4 + x^2 + x + 1$$

即

$$H = \begin{bmatrix} 0 & 0 & 1 & 1 & 1 & 0 & 1 \\ 0 & 1 & 1 & 1 & 0 & 1 & 0 \\ 1 & 1 & 1 & 0 & 1 & 0 & 0 \end{bmatrix} = \begin{bmatrix} 1 & 1 & 0 & 1 & 0 & 0 & 0 \\ 0 & 1 & 1 & 1 & 0 & 1 & 0 \\ 1 & 1 & 0 & 1 & 0 & 0 & 1 \end{bmatrix}$$

伴随式是监督矩阵的第 1 列,因此码字的第 1 位出错,译码为 0001011,与发送方发送的码字一致,译码正确。

8.5.4 BCH 码

BCH 码是能够纠正随机错误的循环码。BCH 码有很多优点,它的纠错能力很强,构造方便,对它的分析研究也很透彻,在工程实践中得到了广泛的应用。

1959 年霍昆格姆（Hocquenghem）和 1960 年博斯（Bose）及查德胡里（Chaudhuri）分别提出的纠正多个随机错误的循环码,称为 BCH 码。1960 年彼得森（Peterson）找到了二元 BCH 码的第一个有效算法,后经多人的推广和改进,于 1967 年由伯利坎普（Berlekamp）提出了 BCH 码译码的迭代算法,从而将 BCH 码由理论研究推向实际应用阶段,使它成为应用广泛而有效的一类线性码。

1. BCH 码的生成多项式和参数

假设 $g(x)$ 是一个循环码的生成多项式,如果 $g(x) = 0$ 的根中包括 $2t$ 个连续根 β, β^2, β^3, $\cdots$, β^{2t},则由 $g(x)$ 生成的循环码称为 BCH 码。如何构造出满足该条件的生成多项式 $g(x)$ 是比较困难的,有兴趣的同学可以自学。

BCH 码有如下特点,对任何正整数 $m(\geqslant 3)$ 和 $t(<2^{m-1})$,总存在一个二元 BCH 码,具有下面的参数:

(1) 码长:$n = 2^m - 1$;

(2) 校验元的数目:$n-k \leqslant mt$;

(3) 最小汉明距离:$d_{\min} \geqslant 2t+1$;

(4) 能纠正 $n = 2^m - 1$ 个码元中任意不超过 t 个错误。

即,给定符合条件 $m \geqslant 3$、$t < 2^{m-1}$ 的 m 和 t 之后,总能设计出一个二元 BCH 码,满足码长为 $2^m - 1$,并能纠正 t 个随机错误。

2. 部分常用 BCH 码的生成多项式

由于 BCH 码的生成多项式的构造比较困难,前人将已经构造好的生成多项式列成 BCH 码表供后人使用。表 8-7 列出了 BCH 码表的前 10 行,更多内容请参考附录 B。

表 8-7 常用 BCH 码的生成多项式

n	k	t	$g(x)$(八进制)	$g(x)$(二进制)	$g(x)$(多项式)
7	4	1	13	1 011	x^3+x+1
15	11	1	23	10 011	x^4+x+1
15	7	2	721	111 010 001	$x^8+x^7+x^6+x^4+1$
15	5	3	2467		
31	26	1	45		
31	21	2	3551		
31	16	3	107657		
31	11	5	5423325		
31	6	7	313365047		
31	26	1	75		

【例 8-20】 对 $(7,4)$BCH 码,一个码字为 1101001,若该码字在传输过程中发生错误,接收方接收到的码字为 1101000,试对其译码。

解:由表 8-7 可知,$(7,4)$BCH 码的生成多项式为 x^3+x+1,则生成矩阵为

$$\boldsymbol{G} = \begin{bmatrix} 1 & 0 & 1 & 1 & 0 & 0 & 0 \\ 0 & 1 & 0 & 1 & 1 & 0 & 0 \\ 0 & 0 & 1 & 0 & 1 & 1 & 0 \\ 0 & 0 & 0 & 1 & 0 & 1 & 1 \end{bmatrix} = \begin{bmatrix} 1 & 0 & 0 & 0 & 1 & 0 & 1 \\ 0 & 1 & 0 & 0 & 1 & 1 & 1 \\ 0 & 0 & 1 & 0 & 1 & 1 & 0 \\ 0 & 0 & 0 & 1 & 0 & 1 & 1 \end{bmatrix}$$

监督矩阵为

$$\boldsymbol{H} = \begin{bmatrix} 1 & 1 & 1 & 0 & 1 & 0 & 0 \\ 0 & 1 & 1 & 1 & 0 & 1 & 0 \\ 1 & 1 & 0 & 1 & 0 & 0 & 1 \end{bmatrix}$$

因此伴随式

$$S^{\mathrm{T}} = HR^{\mathrm{T}} = \begin{bmatrix} 1 & 1 & 1 & 0 & 1 & 0 & 0 \\ 0 & 1 & 1 & 1 & 0 & 1 & 0 \\ 1 & 1 & 0 & 1 & 0 & 0 & 1 \end{bmatrix} \begin{bmatrix} 1 \\ 1 \\ 0 \\ 1 \\ 0 \\ 0 \\ 0 \end{bmatrix} = \begin{bmatrix} 0 \\ 0 \\ 1 \end{bmatrix}$$

是监督矩阵的最后 1 列，则译码结果为 1101001，译码正确。

8.5.5 RS 码

里德-索罗蒙(Reed-Solomon)码，简称 RS 码。RS 码是 q 元 BCH 码，它的编码方式与 BCH 码类似，不同之处是 BCH 码以比特为单位进行编码，RS 码以数据块为单位进行编码，因此 RS 码又称为分块 BCH 码。例如，如果 $q=4$，RS 码的数据块的长度就是 2；如果 $q=8$，RS 码的数据块的长度就是 3。正是 RS 码的这种对数据块进行编码的特点，使得它既可以纠随机错误，又可以纠突发错误。随机错误指的是单蹦随机出现的错误，突发错误指的是成片的连续错误。

8.6 卷积码

1955 年埃里亚斯(Elias)最早提出卷积码的概念，现在卷积码已经在工程实践中得到了广泛的应用。

8.6.1 卷积码的基本概念和基本原理

卷积码是与分组码相对应的一个概念，分组码的特点是校验元只与本组的信息元有关，卷积码（又称连环码）指的是编码器输出的 n_0 个码元中，每一个码元不仅与本组的 k_0 个信息元有关，还与前面连续 m_0 组信息元有关，可以用 (n_0, k_0, m_0) 表示。即 n_0 个码元与 m_0+1 组信息元有关，每组信息元的长度均为 k_0。典型的卷积码一般选较小的 n_0 和 k_0 $(k_0 < n_0)$，但存储器数 m_0 则取较大的值，不过一般也小于 10。

卷积码的编码效率为

$$R = \frac{k_0}{n_0}$$

在同样的编码效率 R 下，卷积码的性能优于分组码，至少不低于分组码。

8.6.2 卷积码的编码

设卷积码编码器的输入，即信息元为

| $u_{s-m0}(1)u_{s-m0}(2)\cdots u_{s-m0}(k_0)$ | $\cdots$ | $u_{s-1}(1)u_{s-1}(2)\cdots u_{s-1}(k_0)$ | $u_s(1)u_s(2)\cdots u_s(k_0)$ |

编码器的输出，即码字为

| $c_s(1)c_s(2)\cdots c_s(k_0)c_s(k_0+1)\cdots c_s(n_0)$ |

则非系统码的编码规则为

$$c_s(j) = \sum_{i=1}^{k_0} \sum_{t=0}^{m_0} u_{s-t}(i) g_t(i,j) = \sum_{t=0}^{m_0} \sum_{i=1}^{k_0} u_{s-t}(i) g_t(i,j), \quad j = 1, 2, \cdots, n_0 \quad (8\text{-}4a)$$

系统码的编码规则为

$$c_s(j) = u_s(j), \quad j = 1, 2, \cdots, k_0$$

$$c_s(j) = \sum_{i=1}^{k_0} \sum_{t=0}^{m_0} u_{s-t}(i) g_t(i,j)$$

$$= \sum_{t=0}^{m_0} \sum_{i=1}^{k_0} u_{s-t}(i) g_t(i,j), \quad j = k_0 + 1, \cdots, n_0 \quad (8\text{-}4b)$$

其中 $g_t(i,j)$ 的值为 0 或 1，定义 $\boldsymbol{g}(i,j) = [g_0(i,j) \quad g_1(i,j) \quad \cdots \quad g_{m_0}(i,j)]$ 是卷积码的生成序列，共有 $k_0 * n_0$ 个生成序列，每个序列的长度为 $m_0 + 1$ 比特，它的作用与线性分组码中的生成矩阵类似，表明如何由信息元得到码字。

【例 8-21】 $(3,1,2)$ 系统卷积码的生成序列为

$$\boldsymbol{g}(1,1) = [100]$$
$$\boldsymbol{g}(1,2) = [110]$$
$$\boldsymbol{g}(1,3) = [101]$$

试构造它的编码规则。

解：$(3,1,2)$ 系统卷积码中 $n_0 = 3, k_0 = 1, m_0 = 2$。

根据式(8-4b)，得

$$c_s(1) = u_s(1)$$

$$c_s(2) = \sum_{t=0}^{2} u_{s-t}(1) g_t(1,2) = u_s(1) + u_{s-1}(1)$$

$$c_s(3) = \sum_{t=0}^{2} u_{s-t}(1) g_t(1,3) = u_s(1) + u_{s-2}(1)$$

【例 8-22】 $(3,2,2)$ 系统卷积码的生成序列为

$$\boldsymbol{g}(1,1) = [100], \boldsymbol{g}(1,2) = [000], \boldsymbol{g}(1,3) = [101]$$
$$\boldsymbol{g}(2,1) = [000], \boldsymbol{g}(2,2) = [100], \boldsymbol{g}(2,3) = [110]$$

试构造它的编码规则。

解：$(3,2,2)$ 系统卷积码中 $n_0 = 3, k_0 = 2, m_0 = 2$。

根据式(8-4b)，得

$$c_s(1) = u_s(1)$$

$$c_s(2) = u_s(2)$$

$$c_s(3) = \sum_{i=1}^{2} \sum_{t=0}^{2} u_{s-t}(i) g_t(i,3) = u_s(1) + u_{s-2}(1) + u_s(2) + u_{s-1}(2)$$

8.6.3 卷积码的矩阵表述

类似 (n,k) 线性分组码，卷积码也可以用生成矩阵和监督矩阵来描述。对于任意一个 (n_0, k_0, m_0) 卷积码，其生成矩阵 $\boldsymbol{G}_\infty$ 是一个半无限矩阵，即

$$G_\infty = \begin{bmatrix} g_0 & g_1 & g_2 & \cdots & g_{m_0} & 0 & 0 & \cdots \\ 0 & g_0 & g_1 & g_2 & \cdots & g_{m_0} & 0 & \cdots \\ 0 & 0 & g_0 & g_1 & g_2 & \cdots & g_{m_0} & \cdots \\ \vdots & \vdots & \vdots & \vdots & \vdots & \vdots & \vdots & \vdots \end{bmatrix}$$

其中 $g_\infty = [g_0 \quad g_1 \quad g_2 \quad \cdots \quad g_{m_0} \quad 0 \quad \cdots]$ 称为基本生成矩阵。$g_0, g_1, g_2, \cdots, g_{m_0}$ 称为生成子矩阵。生成子矩阵 g_t 与生成序列 $g(i,j)$ 的关系是

$$g(i,j) = [g_0(i,j) \quad g_1(i,j) \quad \cdots \quad g_{m_0}(i,j)], \quad i=1,2,\cdots,k_0; \; j=1,2,\cdots,n_0$$

而

$$g_t = \begin{bmatrix} g_t(1,1) & g_t(1,2) & \cdots & g_t(1,n_0) \\ g_t(2,1) & g_t(2,2) & \cdots & g_t(2,n_0) \\ \vdots & \vdots & \ddots & \vdots \\ g_t(k_0,1) & g_t(k_0,2) & \cdots & g_t(k_0,n_0) \end{bmatrix}, \quad t=1,2,\cdots,m_0$$

有了生成矩阵后,用卷积码的输入序列(即信息序列)乘以生成矩阵,就可以得到输出序列(即码字序列)。

【例 8-23】 接例 8-21,试构造 $(3,1,2)$ 系统卷积码的生成矩阵,并计算当输入序列(即信息序列)为 $U = [1011010100\cdots]$ 时,卷积码的输出序列(即码字序列)。

解：在例 8-21 中已经给出,$(3,1,2)$ 系统卷积码的生成序列为

$$g(1,1) = [100], g(1,2) = [110], g(1,3) = [101]$$

因此,生成子矩阵为

$$g_0 = [111], g_1 = [010], g_2 = [001]$$

所以生成矩阵为

$$G_\infty = \begin{bmatrix} 111 & 010 & 001 & 000 & 000 & \cdots \\ & 111 & 010 & 001 & 000 & \cdots \\ & & 111 & 010 & 001 & \cdots \\ & & & 111 & 010 & \cdots \\ & & & & 111 & \cdots \\ & & & & & \vdots \end{bmatrix}$$

序列 $U = [1011010100\cdots]$ 的输出序列为

$$UG_\infty = [1011010100\cdots] \begin{bmatrix} 111 & 010 & 001 & 000 & 000 & \cdots \\ & 111 & 010 & 001 & 000 & \cdots \\ & & 111 & 010 & 001 & \cdots \\ & & & 111 & 010 & \cdots \\ & & & & 111 & \cdots \\ & & & & & \vdots \end{bmatrix}$$

$$= [111 \quad 010 \quad 110 \quad 101 \quad 011 \quad \cdots]$$

【例 8-24】 (3，2，1)卷积码的生成子矩阵分别为

$$\boldsymbol{g}_0 = \begin{bmatrix} 1 & 0 & 1 \\ 0 & 1 & 0 \end{bmatrix}, \quad \boldsymbol{g}_1 = \begin{bmatrix} 0 & 0 & 1 \\ 0 & 0 & 1 \end{bmatrix}$$

求卷积码的生成矩阵，并计算当输入序列(即信息序列)为 $\boldsymbol{U} = [1011010100\cdots]$ 时，卷积码的输出序列(即码字序列)。

解：由生成子矩阵构造生成矩阵为

$$\boldsymbol{G}_\infty = \begin{bmatrix} 101 & 001 & 000 & 000 & \cdots \\ 010 & 001 & 000 & 000 & \cdots \\ & 101 & 001 & 000 & \cdots \\ & 010 & 001 & 000 & \cdots \\ & & 101 & 001 & \cdots \\ & & 010 & 001 & \cdots \\ & & & & \vdots \end{bmatrix}$$

序列 $\boldsymbol{U} = [1011010100\cdots]$ 的输出序列为

$$\boldsymbol{U}\boldsymbol{G}_\infty = [1011010100\cdots] \begin{bmatrix} 101 & 001 & 000 & 000 & \cdots \\ 010 & 001 & 000 & 000 & \cdots \\ & 101 & 001 & 000 & \cdots \\ & 010 & 001 & 000 & \cdots \\ & & 101 & 001 & \cdots \\ & & 010 & 001 & \cdots \\ & & & & \vdots \end{bmatrix}$$

$$= [101 \quad 110 \quad 010 \quad 011 \quad 001 \quad \cdots]$$

以上两个卷积码的码字序列中，各码字都具有系统码的特征。例如(3，2，1)卷积码的码字序列 $\boldsymbol{C} = [101 \quad 110 \quad 010 \quad 011 \quad 001 \quad \cdots]$ 中，每个码字的前两位就是输入信息序列 $\boldsymbol{U}$ 中对应的信息元 $\boldsymbol{U} = [10 \quad 11 \quad 01 \quad 01 \quad 00 \quad \cdots]$。

8.7 突发错误的纠正

大部分实际信道中，随机错误与突发错误并存。但是前面讨论的纠错码主要是针对随机错误的，如果用这些码纠正突发错误，虽然也能纠，但是纠错能力会下降，因此有必要对突发错误的纠正另作讨论。

8.7.1 基本概念

突发错误指的是成片的连续错误，用错误长度 b 衡量，错误长度 b 指的是连续错误的比特数。例如图 8-10 中，三个突发错误的长度分别为 $b_1 = 7$、$b_2 = 6$、$b_3 = 3$。

错误长度 b 与纠错码的检错纠错能力有很大关系：

(1) 若要求检测长度不大于 b 的突发错误，则 $n - k \geqslant b$；

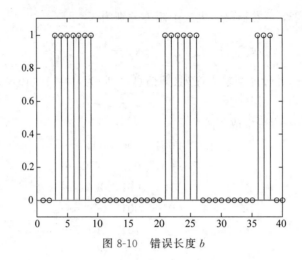

图 8-10   错误长度 b

（2）若要求纠正长度不大于 b 的突发错误，则 $n-k \geqslant 2b$。

目前能够纠正突发错误的码有 RS 码、法尔（Fire）码、伯顿（Burton）码等。这些方法较之前述的汉明码、BCH 码等，无论是描述、构造和使用都更加复杂，本书中不展开讨论。

8.7.2   级连码

在实际通信信道中，多表现为随机错误与突发错误并存。因此采用仅能纠正随机错误或者仅能纠正突发错误的码都不太合适。可以考虑采用一些方法改造码的检错和纠错能力，常用的方法有级联码和交织码，它们并不是新构造的编码方法，而是已有编码方法的组合或者对已有编码方法的改进。

级联码的原理是对信息元编两次码，如图 8-11 所示，先编的码称为外码，后编的码称为内码。外码一般用来纠正突发错误，常采用非二进制的码，如 RS 码；内码一般用来纠随机错误，常采用二进制码，既可以采用分组码，也可以采用卷积码。

图 8-11   级联码

8.7.3   交织码

交织与数学上所讲的置换是一个概念，即按照一定的规则改变数据中各个比特所在的位置。常见的交织方法是将数据按列写入一个矩阵中，读出时按行读出。例如一个 25 比特的数据 $x_1 x_2 \cdots x_{25}$，按列写入一个 5×5 的矩阵中

$$
\begin{bmatrix}
x_1 & x_6 & x_{11} & x_{16} & x_{21} \\
x_2 & x_7 & x_{12} & x_{17} & x_{22} \\
x_3 & x_8 & x_{13} & x_{18} & x_{23} \\
x_4 & x_9 & x_{14} & x_{19} & x_{24} \\
x_5 & x_{10} & x_{15} & x_{20} & x_{25}
\end{bmatrix}
$$

读出时按行读出,得到 $x_1 x_6 x_{11} x_{16} x_{21} x_2 \cdots x_{25}$。通过这种变换,可以把突发错误变为随机错误,图 8-12 就是一个例子。原始错误为突发错误,经过 5×5 矩阵交织之后变为随机错误。

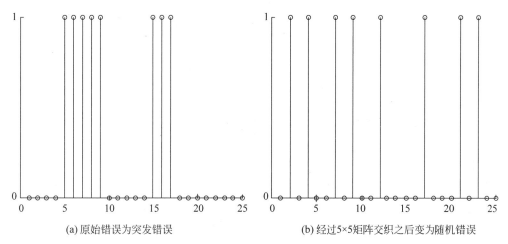

(a) 原始错误为突发错误   (b) 经过5×5矩阵交织之后变为随机错误

图 8-12 通过交织将突发错误变为随机错误

将突发错误变为随机错误之后,就可以用能纠正随机错误的码来纠错。因此交织码的原理如图 8-13 所示。

图 8-13 交织码

其中的解交织指的是交织过程的逆过程。

8.7.4 Turbo 码

Turbo 码又称并行级联卷积码,是由 Berrou 等在 1993 年召开的 ICC 会议上提出的。它巧妙地将卷积码和交织技术结合在一起,是目前主要的一种卷积码,在工程实践中得到了广泛应用。

Turbo 码的编码原理如图 8-14 所示。输入信息 d_k 被并行地分为三支。第一支是直通通道,由于未作任何处理,时间上必然比其他分支快,所以要加上一个延时,以便与另外两支在时间上匹配。第二支经过延时、编码、删除处理后送入复合器,编码方式大多是卷积码,也可以是分组码。第三支经过交织、编码、删除处理后送入复合器。Turbo 码采用了交织技术,以便能够处理突发错误。编码器 1 和编码器 2 称为 Turbo 码的子编码器,可以相同,也可以不同,工程实践中常采用相同的卷积码。

删除是通过删除部分校验位来调整码长的。由于 Turbo 码采用了两个编码器,因此产生的校验位比特数比一般情况多一倍。为了减少校验位的比特数,常采用的办法是按一定规律轮流选用两个编码器的校验位。

Turbo 码译码器采用反馈结构,以迭代方式译码。由于译码过程较为复杂,本书中不展开讨论。

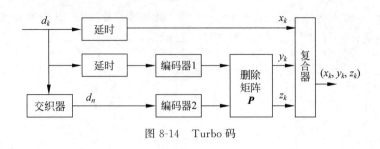

图 8-14　Turbo 码

8.8　移动通信中的新型信道编码

近年来,移动通信技术极大地改变了人们的生产和生活方式。信道编码是移动通信中不可或缺的一个重要组成部分,随着移动通信的发展,所使用的信道编码技术也在不断发展。在第二代移动通信 GSM 系统中,采用了卷积以及交织等信道编码方式。到了第三代移动通信 WCDMA 系统,引入了 Turbo 编码,实现了性能的跃进。由于 Turbo 编码性能优异,在 LTE 系统中也继续沿用。到了 5G 系统,引入了 LDPC 以及 Polar 编码。

LDPC(Low Density Parity Check Code,低密度奇偶校验码)最早在 20 世纪 60 年代由 Gallager 在他的博士论文中提出,但限于当时的技术条件,缺乏可行的译码算法,此后的 30 多年间基本上被人们忽略；1995 年前后 MacKay 和 Neal 等人在 Turbo 码的启发下,对 LDPC 码重新进行了研究,提出了可行的译码算法,从而进一步发现了 LDPC 码所具有的良好性能,迅速引起强烈反响和极大关注。目前,LDPC 码已经成为第五代移动通信标准中数据信道的编码方案。

极化码(Polar 码)是编码界新星,于 2008 年由土耳其毕尔肯大学 Erdal Arikan 教授首次提出。构造的核心是通过信道极化处理,使各个子信道呈现出不同的可靠性,当码长持续增加时,部分信道将趋向于信道剩余度近于 0 的完美信道(无误码),另一部分信道趋向于容量接近于 0 的纯噪声信道,选择在信道剩余度近于 0 的信道上直接传输信息以逼近信道容量。目前,Polar 码已经成为第五代移动通信标准中控制信道的编码方案。

8.9　本章小结

本章讲的是信道编码,分理论和方法两部分,见表 8-8。

理论部分重点在于建立信道编码的基本概念,包括编码和译码规则、检错和纠错能力、平均错误译码概率、有噪信道编码定理(香农第二定理)。

方法部分主要包括线性分组码和卷积码两部分,还简单介绍了突发错误的纠正。在线性分组码中着重介绍了循环码。

表 8-8　本章小结

<table>
<tr><td rowspan="3">理论</td><td colspan="2">平均错误译码概率：$P_e = \sum_{i=1}^{n} p(x_i) p_{ei}$，它与编码规则和译码规则都有关系</td></tr>
<tr><td colspan="2">极大似然译码：能够使平均错误译码概率最小的译码规则</td></tr>
<tr><td colspan="2">有噪信道编码定理（香农第二定理）：能纠正所有错误的信道编码方法总是存在的</td></tr>
<tr><td rowspan="20">方法</td><td rowspan="9">线性分组码</td><td>分组：校验元只与本组的信息元有关
线性：校验元与信息元之间是线性关系</td></tr>
<tr><td>性质：封闭、一定包含全 0 码字</td></tr>
<tr><td>编码效率：$R = \dfrac{k}{n}$</td></tr>
<tr><td>最小汉明距离：$d_{\min} \geq e+1$、$d_{\min} \geq 2t+1$</td></tr>
<tr><td>生成矩阵和监督矩阵的关系：
一般关系 $HG^{\mathrm{T}} = \mathbf{0}^{\mathrm{T}}$，$GH^{\mathrm{T}} = \mathbf{0}$
系统码的生成矩阵（$G = \begin{bmatrix} I_k & P \end{bmatrix}$）与监督矩阵标准形式（$H = \begin{bmatrix} Q & I_r \end{bmatrix}$）之间的关系 $P = Q^{\mathrm{T}}$ 或者 $Q = P^{\mathrm{T}}$</td></tr>
<tr><td>对偶码：交换生成矩阵和监督矩阵的作用</td></tr>
<tr><td>伴随式译码过程：
(1) 计算伴随式 $S^{\mathrm{T}} = HR^{\mathrm{T}}$。
(2) 看伴随式是监督矩阵中几列的和，将此列数记为 l。如果 l 的值不唯一，取最小值。
(3) 如果 l 小于或等于码的纠错能力 t，则转向第（4）步；否则，转向第（5）步。
(4) 伴随式是监督矩阵中 l 列的和，则能够判断这 l 列对应的码元发生错误，可以纠错，译码结束。
(5) 错误数大于码的纠错能力，无法译码，但能够判断肯定发生了错误</td></tr>
<tr><td>汉明码：汉明码的监督矩阵 H 的列为所有非零的 r 维向量组成</td></tr>
<tr><td rowspan="4">循环码</td><td>如果任意一个码字经任意循环移位之后仍然是许用码字，就称此码是一个循环码。循环码属于线性分组码</td></tr>
<tr><td>生成多项式和监督多项式：$h(x) = (x^n + 1)/g(x)$</td></tr>
<tr><td>生成矩阵：$G = \begin{bmatrix} g_{n-k} & g_{n-k-1} & \cdots & g_1 & g_0 & 0 & \cdots & 0 \\ 0 & g_{n-k} & g_{n-k-1} & \cdots & g_1 & g_0 & \cdots & 0 \\ \vdots & & \ddots & & & & \ddots & \vdots \\ 0 & \cdots & 0 & g_{n-k} & g_{n-k-1} & \cdots & g_1 & g_0 \end{bmatrix}$</td></tr>
<tr><td>监督矩阵：$H = \begin{bmatrix} 0 & \cdots & 0 & h_0 & h_1 & \cdots & h_{k-1} & h_k \\ 0 & \cdots & h_0 & h_1 & \cdots & h_{k-1} & h_k & 0 \\ \vdots & \ddots & & & & & & \vdots \\ h_0 & h_1 & \cdots & h_{k-1} & h_k & 0 & \cdots & 0 \end{bmatrix}$</td></tr>
<tr><td>BCH 码</td></tr>
<tr><td rowspan="3">卷积码</td><td>卷积码（又称连环码）指的是编码器输出的 n_0 个码元中，每一个码元不仅与本组的 k_0 个信息元有关，还与前面连续 m_0 组信息元有关</td></tr>
<tr><td>编码：$c_s(j) = \sum_{i=1}^{k_0} \sum_{t=0}^{m_0} u_{s-t}(i) g_t(i,j) = \sum_{t=0}^{m_0} \sum_{i=1}^{k_0} u_{s-t}(i) g_t(i,j), \quad j = 1,2,\cdots,n_0$</td></tr>
<tr><td>生成矩阵：$G_\infty = \begin{bmatrix} g_0 & g_1 & g_2 & \cdots & g_{m_0} & & 0 & \cdots \\ 0 & g_0 & g_1 & g_2 & \cdots & g_{m_0} & 0 & \cdots \\ 0 & 0 & g_0 & g_1 & g_2 & \cdots & g_{m_0} & \cdots \\ \vdots & \vdots & \vdots & \vdots & \vdots & \vdots & \vdots & \end{bmatrix}$</td></tr>
<tr><td rowspan="2">突发错误的纠正</td><td>级联、交织</td></tr>
<tr><td>Turbo 码</td></tr>
</table>

8.10 习题

8-1 设某二进制码字空间为{00011,10110,01101,11000,10010,10001}，则码的最小汉明距离是_____，检错能力为_____，纠错能力为_____。

8-2 $(3,2,3)$系统卷积码共有_____个生成序列，每个序列的长度为_____，其中$g(1,1)=$_____，$g(2,1)=$_____。

8-3 某交织方法为 $x_1 x_2 x_3 x_4 x_5 x_6 x_7 x_8 x_9 \xrightarrow{\text{交织}} x_1 x_4 x_7 x_2 x_5 x_8 x_3 x_6 x_9$，若接收码字的错误图样为 011110000，则解交织后的错误图样为_____。

8-4 设有一离散无记忆信道，其信道矩阵为

$$\boldsymbol{P} = \begin{bmatrix} \dfrac{1}{2} & \dfrac{1}{3} & \dfrac{1}{6} \\[2mm] \dfrac{1}{6} & \dfrac{1}{2} & \dfrac{1}{3} \\[2mm] \dfrac{1}{3} & \dfrac{1}{6} & \dfrac{1}{2} \end{bmatrix}$$

若 $p(x_1) = \dfrac{1}{2}, p(x_2) = p(x_3) = \dfrac{1}{4}$，试求极大似然译码规则的平均错误概率。

8-5 设有一离散无记忆信道，其信道矩阵为

$$\boldsymbol{P} = \begin{bmatrix} \dfrac{1}{2} & \dfrac{1}{2} & 0 & 0 & 0 \\[2mm] 0 & \dfrac{1}{2} & \dfrac{1}{2} & 0 & 0 \\[2mm] 0 & 0 & \dfrac{1}{2} & \dfrac{1}{2} & 0 \\[2mm] 0 & 0 & 0 & \dfrac{1}{2} & \dfrac{1}{2} \\[2mm] \dfrac{1}{2} & 0 & 0 & 0 & \dfrac{1}{2} \end{bmatrix}$$

（1）计算信道容量 C；

（2）采用码长为 2 的重复码，其信息传输率为 $\dfrac{1}{2}\log 5$。当输入码字为等概分布时，如果按最大似然译码规则设计译码器，求译码器输出端的平均错误概率。

8-6 已知一个线性分组码的生成矩阵为

$$\boldsymbol{G} = \begin{bmatrix} 1 & 0 & 0 & 0 & 1 & 1 & 1 \\ 0 & 1 & 0 & 0 & 1 & 0 & 1 \\ 0 & 0 & 1 & 0 & 0 & 1 & 1 \\ 0 & 0 & 0 & 1 & 1 & 1 & 0 \end{bmatrix}$$

求该码的校验矩阵。

8-7 已知某系统汉明码的校验矩阵为

$$H = \begin{bmatrix} 1 & 1 & 1 & 0 & 1 & 0 & 0 \\ 0 & 1 & 1 & 1 & 0 & 1 & 0 \\ 1 & 1 & 0 & 1 & 0 & 0 & 1 \end{bmatrix}$$

求其生成矩阵。当输入序列为 1 1 0 1 0 1 1 0 1 0 1 0 时,求编码器编出的码序列。

8-8 假设信道编码为 $(7, 4)$ 汉明码,请将下述接收序列译码。

(1) $r = 1101011$

(2) $r = 0110110$

(3) $r = 0100111$

(4) $r = 1111111$

8-9 $(7, 4)$ 汉明码可以纠错 1 比特的差错,请问是否存在一个 $(14, 8)$ 码能纠正 2 比特的差错?

8-10 下述问题针对 $(15, 11)$ 汉明码:

(1) 写出此码的校验矩阵 H;

(2) 写出此码的生成矩阵 G;

(3) 写出此码的一个译码函数 $g : \{0, 1\}^{15} \to \{0, 1\}^{11}$,要求它能纠正所有的 1 比特的错误;(提示:用有效码字 x^{15} 与接收序列 y^{15} 之间的汉明距离来构造 g)

(4) 如果将此码放在一个错误概率为 $p = 0.01$ 的二进制对称信道 BSC 上传输,请计算一个 11 比特的消息发生译码错误的概率。

8-11 请在 $(7, 4)$ 汉明码中找出那些使得伴随式全为零的噪声矢量。这样的噪声矢量共有多少个?

8-12 证明:如果两个错误图样 e_1、e_2 的和是一个有效的码字,那么它们有相同的伴随式。

8-13 设有 $(7, 4)$ 循环码的生成多项式为 $g(x) = x^3 + x + 1$,当接收码字为 0010011 时试问接收码字是否有错。

8-14 选用一个最短的生成多项式设计一个 $(6, 2)$ 循环码。

(1) 计算该码的生成矩阵(系统形式);

(2) 找到所有可能的码字;

(3) 该码能纠多少错?

凸函数与 Jensen 不等式

A.1 一元函数的凸性

凸性是反映函数变化关系的一种基本性质。在信息论的讨论中,凸性是描述信息度量关系的一个很有意义的性质。下面首先由一元函数的几何意义观察和了解函数的凸性。

设有一元函数 $f(x)$ 如图 A-1 所示,由 $f(x)$ 的函数图形可以看出,此函数是下凸的。现在需要找出函数凸性的一般描述方式。

在函数 $f(x)$ 的定义域 K 上任取两点 x_1 和 x_2(不妨设 $x_1 < x_2$),对任意的 $0 \leqslant t \leqslant 1$,它们的线性组合 $x = tx_1 + (1-t)x_2$ 满足 $x_1 \leqslant x \leqslant x_2$。为了观察函数 $f(x)$ 的凸性,经过$(x_1, f(x_1))$ 和 $(x_2, f(x_2))$ 两点作一条直线,此直线的方程 $f_1(x)$ 为

$$f_1(x) = tf(x_1) + (1-t)f(x_2)$$

由图 A-1 所示的图形可以看出,在 $x_1 \leqslant x \leqslant x_2$ 中,$f(x) \leqslant f_1(x)$,即

$$f(tx_1 + (1-t)x_2) \leqslant tf(x_1) + (1-t)f(x_2) \tag{A-1}$$

满足式(A-1)的函数 $f(x)$ 称为在定义域 K 上是下凸的,仅当不等式成立时称 $f(x)$ 为严格下凸。若

$$f(tx_1 + (1-t)x_2) \geqslant tf(x_1) + (1-t)f(x_2) \tag{A-2}$$

则函数 $f(x)$ 称为在定义域 K 上是上凸的,仅当不等式成立时称 $f(x)$ 为严格上凸。上凸函数的图形如图 A-2 所示。

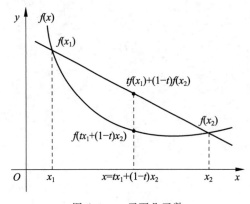

图 A-1　一元下凸函数

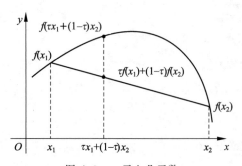

图 A-2　一元上凸函数

A.2 函数凸性的判别

定义在 K 上的一元函数 $f(x)$ 的凸性可以通过其一阶和二阶导数加以判断。

【定理 A-1】 若 $f(x)$ 的一阶导数 $f'(x)$ 在 K 上存在且非递减,则 $f(x)$ 下凸;若 $f'(x)$ 递增,则 $f(x)$ 严格下凸。

反之,$f(x)$ 上凸或严格上凸。

【定理 A-2】 若 $f(x)$ 的二阶导数 $f''(x)$ 在 K 上存在且 $f''(x) \geqslant 0$,则 $f(x)$ 下凸;若只有不等式成立时,则 $f(x)$ 严格下凸。

反之,$f''(x) \leqslant 0$ 时 $f(x)$ 上凸或严格上凸。

【定理 A-3】 设函数 $f(x)$ 在区间 $[a, b]$ 上可导,则下面条件等价:

(1) 为 $[a, b]$ 上的上凸函数;

(2) 为 $[a, b]$ 上的增函数;

(3) 对 $[a, b]$ 上的任意两点 x_1、x_2 有

$$f(x_2) \geqslant f(x_1) + f'(x_1)(x_2 - x_1)$$

若 $f(x)$ 为区间 $[a, b]$ 上的下凸函数,则不等号反向。

A.3 Jensen 不等式

设函数 $f(x)$ 为区间 $[a, b]$ 上的上凸函数,则对任意一组 $x_i \in [a, b]$,$\lambda_i > 0$,$\sum_{i=1}^{n} \lambda_i = 1$,$i = 1, 2, \cdots, n$,有 Jensen 不等式:

$$f\left(\sum_{i=1}^{n} \lambda_i x_i\right) \geqslant \sum_{i=1}^{n} \lambda_i f(x_i)$$

当且仅当 $x_1 = x_2 = \cdots = x_n$ 时等号成立。若 $f(x)$ 为区间 $[a, b]$ 上的下凸函数,则不等号反向。

证明:利用数学归纳法。根据上凸函数的定义,有

$$f(tx_1 + (1-t)x_2) \geqslant tf(x_1) + (1-t)f(x_2)$$

其中,$0 \leqslant t \leqslant 1$。假设它对 n 个变量时成立,考虑 $n+1$ 个变量时的情况。令 $t = \sum_{i=1}^{n} \lambda_i$,则有

$$\lambda_1 f(x_1) + \cdots + \lambda_n f(x_n) + \lambda_{n+1} f(x_{n+1})$$
$$= t\left[\frac{\lambda_1}{t} f(x_1) + \cdots + \frac{\lambda_n}{t} f(x_n)\right] + \lambda_{n+1} f(x_{n+1})$$
$$\leqslant tf\left(\frac{1}{t} \sum_{i=1}^{n} \lambda_i x_i\right) + \lambda_{n+1} f(x_{n+1})$$
$$\leqslant f\left(\sum_{i=1}^{n} \lambda_i x_i + \lambda_{n+1} x_{n+1}\right) = f\left(\sum_{i=1}^{n+1} \lambda_i x_i\right)$$

A.4 凸域和凸函数

上面关于一维欧氏空间中函数凸性的结论可以推广到 n 维欧氏空间中。

1. 凸域

设有 n 维欧氏空间中的子空间 K，对于 K 中任意两个点（矢量）$\boldsymbol{x}_1 = (x_1^1, x_1^2, \cdots, x_1^n)$，$\boldsymbol{x}_2 = (x_2^1, x_2^2, \cdots, x_2^n)$，若它们的线性组合 $\boldsymbol{x} = t\boldsymbol{x}_1 + (1-t)\boldsymbol{x}_2$ 仍在 K 中，则称子空间 K 是凸状的或者凸域。

2. 凸函数

n 维空间中凸函数的定义可以仿照一维函数凸性的定义推广给出。

对于 n 维空间中的实函数 $f(\boldsymbol{x})$，如果 K 是 $f(\boldsymbol{x})$ 定义域上的一个凸的子集，那么对于任意的 $\boldsymbol{x}_1, \boldsymbol{x}_2 \in K, t \in [0, 1]$，若满足

$$f(t\boldsymbol{x}_1 + (1-t)\boldsymbol{x}_2) \leqslant tf(\boldsymbol{x}_1) + (1-t)f(\boldsymbol{x}_2)$$

则称 $f(\boldsymbol{x})$ 为下凸函数（杯型）。若只有不等式成立，则称 $f(\boldsymbol{x})$ 是严格下凸的。

若不等号反向，则 $f(\boldsymbol{x})$ 为上凸函数（帽型）或严格上凸函数。

此处将 $f(\boldsymbol{x})$ 的定义域局限在凸域，是为了保证矢量 $\boldsymbol{x} = t\boldsymbol{x}_1 + (1-t)\boldsymbol{x}_2$ 仍在域 K 中。

3. 凸函数的性质

(1) 若 $f(\boldsymbol{x})$ 是下凸函数，则 $-f(\boldsymbol{x})$ 是上凸的，反之也成立。

(2) 设 $f_1(\boldsymbol{x}), f_2(\boldsymbol{x}), \cdots, f_m(\boldsymbol{x})$ 均为 K 中的下凸函数，若 $C_1, C_2, \cdots, C_m$ 为正实数，则它们的线性组合 $f(\boldsymbol{x}) = \sum\limits_{i=1}^{m} C_i f_i(\boldsymbol{x})$ 也是下凸函数；反之，当 $f_1(\boldsymbol{x}), f_2(\boldsymbol{x}), \cdots, f_m(\boldsymbol{x})$ 均为上凸函数时，$f(\boldsymbol{x})$ 是上凸的。

(3) 若 $f_1(\boldsymbol{x}), f_2(\boldsymbol{x}), \cdots, f_m(\boldsymbol{x})$ 中至少有一个是严格下凸的，则 $f(\boldsymbol{x})$ 严格下凸；反之，若 $f_1(\boldsymbol{x}), f_2(\boldsymbol{x}), \cdots, f_m(\boldsymbol{x})$ 中至少有一个是严格上凸的，则 $f(\boldsymbol{x})$ 严格上凸。

A.5 凸域中的 Jensen 不等式

对 n 维欧氏空间中的凸域 K，设有随机矢量 $\boldsymbol{x}$，若随机矢量 $\boldsymbol{x}$ 的数学期望存在，且 $f(\boldsymbol{x})$ 是 K 内的下凸函数，则有

$$f(E[\boldsymbol{x}]) \leqslant E[f(\boldsymbol{x})]$$

若 $f(\boldsymbol{x})$ 是 K 内的上凸函数，则不等号反向。

例如，对于随机变量 X，设它有 m 种取值可能，即 $x_1, x_2, \cdots, x_m \in X$，已知 x_i 发生的概率为 $P(x_i)$ $(i=1, 2, \cdots, m)$，且 $0 \leqslant P(x_i) \leqslant 1, \sum\limits_{i=1}^{m} P(x_i) = 1$。设有随机变量的函数 $f(X)$，如果 $f(X)$ 在凸域 K 内是下凸的，则由 Jensen 不等式，有

$$f\left(\sum_{i=1}^{m} P(x_i)x_i\right) \leqslant \sum_{i=1}^{m} P(x_i)f(x_i)$$

BCH 编码表

n	k	t	$g(x)$（八进制）
7	4	1	13
15	11	1	23
15	7	2	721
15	5	3	2467
31	26	1	45
31	21	2	3551
31	16	3	107657
31	11	5	5423325
31	6	7	313365047
31	26	1	75
31	21	2	2303
31	16	3	135273
31	11	5	6163305
31	6	7	331722561
31	26	1	67
31	21	2	3557
31	16	3	141225
31	11	5	6715141
31	6	7	230745335
63	57	1	103
63	51	2	12471
63	45	3	1701317
63	39	4	166623567
63	36	5	1033500423
63	30	6	157464165547
63	24	7	17323260404441
63	18	10	1363026512351725
63	16	11	6331141367235453
63	10	13	472622305527250155
63	7	15	5231045543503271737
63	57	1	147
63	51	2	11253

n	k	t	$g(x)$（八进制）
63	45	3	1431377
63	39	4	156615307
63	36	5	1715374561
63	30	6	105065105421
63	24	7	10611427654563
63	18	10	1207106757642651
63	16	11	6625720617154137
63	10	13	743065712726034051
63	7	15	4567515266076214705
63	57	1	155
63	51	2	16223
63	45	3	1125063
63	39	4	102673553
63	36	5	1537210637
63	30	6	106054077561
63	24	7	14225100247067
63	18	10	1142177532557273
63	16	11	7456576205014441
63	10	13	7553340223164461443
63	7	15	6534604245447336175
127	120	1	211
127	113	2	41567
127	106	3	11554743
127	99	4	447023271
127	92	5	624730022327
127	85	6	130704476322273
127	78	7	262230002166130115
127	71	9	6255010713253127753
127	64	10	120653402557077310045
127	57	11	3352652525057050535517721
127	50	13	54446512523314012421501421
127	43	14	17721772213651227521220574343
127	36	15	31460746665220750447645747721735
127	29	21	40311446136767060366753014117 6155
127	22	23	1233760704047225224354456266376 47043
127	15	27	2205704244560455477052301376221 7604353
127	8	31	704726405275103065147622427156773 3130217
127	120	1	217
127	113	2	54505
127	106	3	14517623
127	99	4	2320637377
127	92	5	616051466261

n	k	t	$g(x)$（八进制）
127	85	6	152055627024155
127	78	7	35647104545000377
127	71	9	6402400420033061235
127	64	10	1346342546425521305535
127	57	11	25767162011323336610015
127	50	13	7236412431124704232775245
127	43	14	1656341131676214152320256577
127	36	15	3033145113365036627465666704563
127	29	21	4034567656062741613240616415354
127	22	23	1043244442722335015171705271735744
127	15	27	37071231012177064120650613540236515175
127	8	31	4220564640737462343050754765226654156257
127	120	1	235
127	113	2	76533
127	106	3	10513165
127	99	4	2113100037
127	92	5	530405706075
127	85	6	145007126304221
127	78	7	30222671041133777
127	71	9	5056513565374533677
127	64	10	1337626055235540411717
127	57	11	22260270302304536723211
127	50	13	730660703240154764377474
127	43	14	1615621071616725661503142516
127	36	15	3145167034442312151474354252557
127	29	21	4110342205400560040363323655365
127	22	23	1515712376553573675204546677054620
127	15	27	24220353103706645134226343657675776433
127	8	31	6772370523071332110623245010363565460527
255	247	1	435
255	239	2	267543
255	231	3	156720665
255	223	4	75626641375
255	215	5	23157564726421
255	207	6	16176560567636227
255	199	7	7633031270420722341
255	191	8	2663470176115333714567
255	187	9	52755313540001322236351
255	179	10	22624710717340432416300455
255	171	11	15416214212342356077061630637
255	163	12	7500415510075602551574724514601
255	155	13	3757513005407665015722506464677633

续表

n	k	t	$g(x)$（八进制）
255	147	14	164213017353716552530416530544l011711
255	139	15	461401732060175561570722730247453567445
255	131	18	215713331471510151261250277442142024165471
255	123	19	120614052242066003717210326516141226272506267
255	115	21	60526665572100247263636404600276352556313472737
255	107	22	2220577232206625631241730023534742017657475015444l
255	99	23	1065666725347317422274141620157433225241107643230343l
255	91	25	67502650303274441727236317247325110755507627207243445 61
255	87	26	110136763414743236435231634307172046206722545273311721317
255	79	27	66700035637657500002027034420736617462101532671176654l342355
255	71	29	24024710520644321515554172112331163205444250362557643221706035
255	63	30	1075447505516354432531521735770700366611172645526761365670 25433014
255	55	31	731542520350110013301527530603205430541326755010557044426035473617
255	47	42	2533542017062646563033041377406233175123334145446045005066024552543173
255	45	43	1520205605523416113110134637642370156367002447076237303320215702505154l
255	37	45	5136330255067007414177447245437530420735706174323432347644354737403044003
255	29	47	3025715536673071465527064012361377115342242323420117411406025465741040356 5037
255	21	55	125621525706033265600177315360761210322734140565307454252115312161446651017 3725
255	13	59	464173200505256454442657371425006600433067744547656140317467721357026134460 500547

参 考 文 献

[1] 田丽华.编码理论[M].西安：西安电子科技大学出版社，2007.
[2] 周荫清.信息理论基础[M].北京：北京航空航天大学出版社，2006.
[3] 王新梅，肖国镇.纠错码——原理与方法[M].西安：西安电子科技大学出版社，2001.
[4] McElicec R J.信息论与编码理论[M].李斗，殷悦，罗燕，译.2 版.北京：电子工业版社，2004.
[5] 沈世镒，陈鲁生.信息论与编码理论[M].北京：科学出版社，2002.
[6] 叶中行.信息论基础[M].2 版.北京：高等教育出版社，2007.
[7] 邓家先，康耀红.信息论与编码[M].西安：西安电子科技大学出版社，2007.
[8] 田宝玉.工程信息论[M].北京：北京邮电大学出版社，2004.
[9] 仇佩亮.信息论与编码[M].北京：高等教育出版社，2003.
[10] Wells R B.工程应用编码与信息理论[M].尹长川，罗涛，藤勇，译.北京：机械工业出版社，2003.
[11] Cover T M，Thomas J A.信息论基础[M].阮吉寿，张华，译.北京：机械工业出版社，2005.
[12] 曹雪虹.信息论基础[M].北京：清华大学出版社，2009.
[13] Bose R.信息论、编码与密码学[M].武传坤，译.北京：机械工业出版社，2005.
[14] 平西建，童莉，巩克现，等.信息论与编码[M].西安：西安电子科技大学出版社，2009.
[15] 陈杰，徐华平，周荫清.信息理论基础习题集[M].北京：清华大学出版社，2005.
[16] 李梅，李亦农.信息论基础教程习题解答与实验指导[M].北京：北京邮电大学出版社，2005.
[17] 交叉熵在机器学习中的使用[EB/OL].https://blog.csdn.net/tsyccnh/article/details/79163834，2020.9.27.
[18] 通俗理解条件熵[EB/OL].https://zhuanlan.zhihu.com/p/26551798，2020.10.13.
[19] 傅里叶变换交互式入门[EB/OL].http://www.jezzamon.com/fourier/zh-cn.html，2020.11.20.

图书资源支持

感谢您一直以来对清华大学出版社图书的支持和爱护。为了配合本书的使用，本书提供配套的资源，有需求的读者请扫描下方的"书圈"微信公众号二维码，在图书专区下载，也可以拨打电话或发送电子邮件咨询。

如果您在使用本书的过程中遇到了什么问题，或者有相关图书出版计划，也请您发邮件告诉我们，以便我们更好地为您服务。

我们的联系方式：

教学资源·教学样书·新书信息

地　　址：北京市海淀区双清路学研大厦 A 座 701

邮　　编：100084

人工智能科学与技术
人工智能|电子通信|自动控制

资料下载·样书申请

电　　话：010-83470236　010-83470237

资源下载：http://www.tup.com.cn

客服邮箱：tupjsj@vip.163.com

QQ：2301891038（请写明您的单位和姓名）

书圈

用微信扫一扫右边的二维码，即可关注清华大学出版社公众号。